JN237668

本書の使い方

本書では、Amazon 輸出の基本的な情報から、得するお役立ちテクニックまでを 1 冊にまとめました。これから Amazon 輸出をはじめてみたいという方にも、わかりやすく手順を解説しています。

SECTION のタイトル
各 SECTION のテーマを表すタイトルです

強調部分
特に大事な部分は、色を変えて表現しています

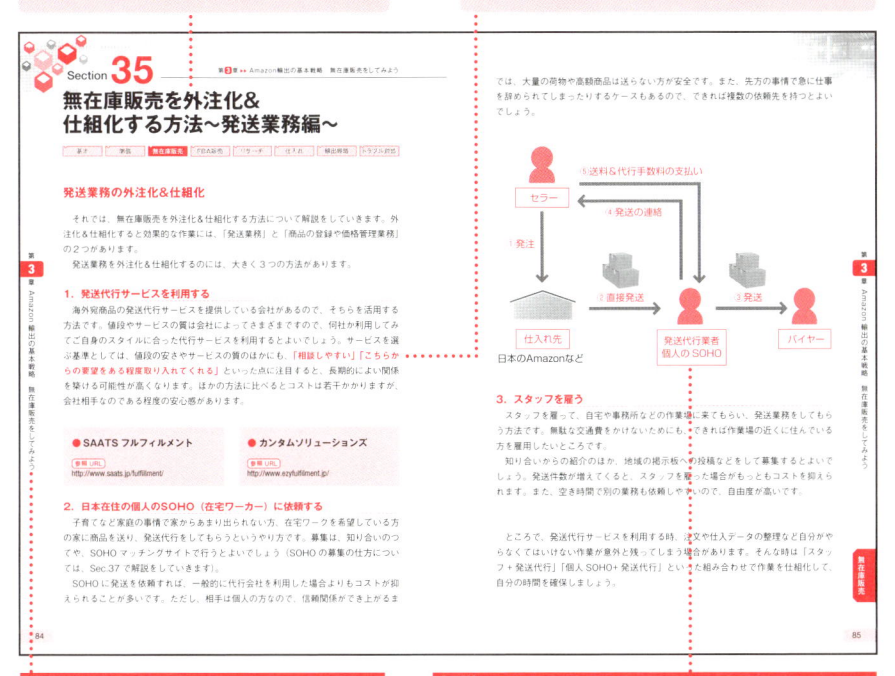

章タイトル
そのページの章タイトルが書かれています

解説
内容や手順を、図を用いて丁寧に説明してあります

■『ご注意』ご購入・ご利用の前に必ずお読みください

　本書に記載された内容は、情報の提供のみを目的としています。したがって、本書を参考にした運用は、必ずご自身の責任と判断において行ってください。本書の情報に基づいた運用の結果、想定した通りの成果が得られなかったり、損害が発生しても弊社および著者はいかなる責任も負いません。

　本書に記載されている情報は、特に断りがない限り、2014 年 5 月時点での情報に基づいています。ご利用時には変更されている場合がありますので、ご注意ください。

　取材者の実績・プロフィールはインタビュー時のものです。

　本書では、「売上」「月商」をひと月あたりに得られる商材の売上の合計金額、「利益」「月収」を売上から卸価格、広告費、送料、手数料などの費用を差し引いた金額として記載しています。

　本書は、著作権法上の保護を受けています。本書の一部あるいは全部について、いかなる方法においても無断で複写、複製することは禁じられています。

　本文中に記載されている会社名、製品名などは、すべて関係各社の商標または登録商標、商品名です。なお、本文中には TM マーク、Ⓡマークは記載しておりません。

はじめに

　本書をお手に取っていただき、ありがとうございます。「ネットでらくらく! Amazon個人輸出 はじめる&儲ける 超実践テク103」著者の柿沼と申します。

　あなたは、「何か本業以外の副収入を得たい」「将来的に独立をして自由な生活を手に入れたい」と思われたので、本書を開かれたのではないでしょうか？　長引く日本経済停滞の影響により、ここ15年ほどでサラリーマンの平均年収は10%以上下がり、パートなどを含めた非正規雇用者の数は6百万人以上も増加しています。

　さらに、近年はインターネットの発達によって、遠く離れた国の人材や情報に簡単にアクセスができるようになってきました。その結果、小規模な会社でも人件費の安い国の優秀な人材に、気軽に仕事が依頼できるようになりました。そして、私たち日本人は、それらの優秀な人材と仕事を取り合っていく形になることでしょう。「会社に与えられた仕事だけをこなして、収入が増えるか減るかも国の景気や会社任せ」。そんな状態で毎日をすごすのは、将来に不安が残るのではないでしょうか。

　では、そんな不安から解放されるためには、いったいどうすればよいのでしょうか？

　不安の原因は、自分の収入を自分自身でコントロールできていないからですね。収入が増えるも減るも、自分ではどうしようもできないということです。

　自分の収入を自分でコントロールするためには、「自分で稼げる力を身につける」必要があります。誰かに与えられた仕事をこなして、その対価として報酬を受け取るのではなく、小さくてもいいので自分でビジネスをやってみて、利益を手にすることが、収入的な不安から解放される第一歩です。

　私の回りには実際、サラリーマンの副業や主婦の傍らで、インターネットを通じた小資本のビジネスを立ち上げ、独立起業された方はたくさんいらっしゃいます。インターネットを使って自分でビジネスを立ち上げるには、たくさんの方法がありますが、その1つが「インターネット物販ビジネス」です。

インターネット物販ビジネスとはその名前の通り、インターネットを通じて物を売買して利益を得るというビジネスです。物販ビジネスのよいところは「難しい知識がほとんど必要ない」という点です。というのも物販ビジネスは「商品を安く仕入れてきて、高く売る」という単純な構造でできているからです。

　1,000円で仕入れた商品を1,500円で売ることができれば、その取引は成功ですし、500円にしかならなければ、失敗です。成功した場合はその手法を繰り返して精度を上げていけばいいですし、失敗したら原因を考えてやり方を修正していくだけです。

　本書では、物販ビジネスの中でも円安の影響でいま注目されている輸出ビジネス、特にAmazonを使って個人輸出をする「Amazon輸出ビジネス」で稼ぐ方法にテーマを絞って、解説をしていきます。

　お金を稼ぐことは人生のすべてではありません。しかし、お金を稼ぎ自分のビジネスを持つことで、大切な人を守り、誰かを幸せにできることもあるのではないでしょうか？　少なくとも私はそう思い、自分の会社を経営し、本書の執筆や全国での講演をさせていただいております。本書をお読みいただいた一人でも多くの方が、収入的な不安から解放され、今よりもさらに自由で幸せな毎日をすごせるようになることを願っております。

2014年　4月
柿沼たかひろ

Contents
目次

第1章　Amazon輸出ビジネスの基本を知る

- Section 001　Amazon 輸出ビジネス　10
- Section 002　成長を続けるEコマース（電子商取引）市場　12
- Section 003　世界で注目されている JAPAN ブランド　14
- Section 004　Amazon 輸出と eBay 輸出　16
- Section 005　海外の Amazon で売れている商品にはこんなものがある　18
- Section 006　Amazon 輸出の成功者たち　20
- Column　英語ができなくても、Amazon 輸出はできますか？　22

第2章　Amazon輸出ビジネスを始めるための準備をしよう

- Section 007　Amazon 輸出を始めるための準備をしよう　24
- Section 008　売上を受け取る準備をしよう　26
- Section 009　海外法人設立のメリット・デメリット　28
- Section 010　Amazon セラーアカウントを作ろう　30
- Section 011　セラーセントラルの使い方　32
- Section 012　商品を仕入れるための準備をしよう　34
- Section 013　輸出できない商品を知っておこう　36
- Section 014　知らずに販売すると、思わぬリスクのある商品　38
- Section 015　Amazon の規約を知っておこう　40
- Column　関税や消費税について知っておこう　42

第3章　Amazon輸出の基本戦略　無在庫販売をしてみよう

- Section 016　Amazon 輸出で使える、3種類の基本販売手法　44
- Section 017　まずは、在庫リスクのない無在庫販売で稼いでみよう　46
- Section 018　無在庫販売をする上での注意点　48
- Section 019　Amazon 販売の鍵をにぎる、アカウントヘルスとは？　50
- Section 020　Amazon の送料設定はこうすれば OK　52
- Section 021　無在庫販売の利益計算はこうすれば OK　56
- Section 022　Amazon に出品する商品を探してみよう　58
- Section 023　利益の出る商品を派生させて、芋づる式に商品を見つけていこう　60

Section 024	たった1分で完了 Amazonに商品を出品してみよう	62
Section 025	無在庫販売の注文が入ったら？	64
Section 026	発送伝票の作り方や梱包はどうする？	66
Section 027	国際郵便の発送方法について学ぼう	68
Section 028	誰にでもできるお得な送料節約術	70
Section 029	売れた商品が在庫切れや価格高騰していたらどうする？	72
Section 030	注文のキャンセルや返品、返金の要求がきた時に気を付けるポイントとは？	74
Section 031	評価依頼を送って、しっかりと評価を稼ごう	76
Section 032	悪い評価をもらってしまったら？	78
Section 033	要注意！ 思わぬ赤字を出してしまう可能性のある商品	80
Section 034	無在庫大量出品をして利益を伸ばそう	82
Section 035	無在庫販売を外注化＆仕組化する方法～発送業務編～	84
Section 036	無在庫販売を外注化＆仕組化する方法～出品価格編～	86
Section 037	国内SOHOに仕事を依頼しよう	88
Section 038	海外SOHOを上手に活用しよう	90
Section 039	新規商品登録をして、プチ・ブルーオーシャンを作ってみよう	92
Section 040	新規登録する商品はこう探す	94
Section 041	無在庫販売戦略①ショッピングカートを取得しよう	96
Section 042	無在庫販売戦略②利益の出る価格で出品しよう	98
Section 043	JANコードのない商品を出品してみよう	100
Column	Amazonの返品ポリシー	102

第4章　在庫を持って、FBA販売で利益を伸ばしていこう

Section 044	AmazonのFBA販売とは？	104
Section 045	FBA販売をすると、なぜ利益が伸びるのか？	106
Section 046	FBA販売の手数料計算はこうすればOK	108
Section 047	FBA販売の送料＆関税計算はこうすればOK	110
Section 048	現地荷受人を経由したFBA納品の方法	112
Section 049	倉庫に直送するFBA納品の方法	114
Section 050	FBAシッピングプランの作り方	116
Section 051	FBA納品する時の商品の梱包方法	120

Contents

Section 052	FBA販売において特別な包装が必要な商品とは？	122
Section 053	EMSとDHLどちらで送るのがお得か？	124
Section 054	FBAの納品完了後にやるべきこと	126
Section 055	注文のキャンセルや返品の問い合わせがきたら？	128
Section 056	FBA納品の各種設定について	130
Section 057	FBA納品にかかる時間を短縮しよう	132
Section 058	Amazonランキングの仕組み	134
Section 059	FBA販売用商品のリサーチ術	136
Section 060	本当に仕入れてもよい商品かチェックしよう	138
Section 061	利益率と同じくらい大切なこと	140
Section 062	不良品や不良在庫をうまくさばこう	142
Section 063	eBayとのマルチチャネル販売で在庫リスクを減らそう	144
Section 064	仕入れリスクを的確に取るために大切な思考	146
Column	日本の転送会社を利用して、1度も商品を見ないでFBA納品をする	148

第5章　ライバルに差を付ける商品リサーチ術

Section 065	精度の高いリサーチを行うために大切なこと	150
Section 066	効率的にリサーチを行うために大切なこと	152
Section 067	Amazonの検索機能を使いこなすテクニック	154
Section 068	キーワードを連想して派生リサーチしてみよう	156
Section 069	逆方向からリサーチする発想	158
Section 070	Terapeakを使ってeBayの市場を分析しよう	160
Section 071	Googleを使った商品リサーチをしてみよう	162
Section 072	Google Chromeの拡張機能を活用しよう	164
Section 073	商品情報をリスト化して効率を上げる方法	166
Column	船便を活用する	168

第6章　ライバルに差を付ける商品仕入れ術

Section 074	まずは、Amazonや楽天などの小売りサイトで安い商品を探してみよう	170
Section 075	卸、まとめ買い交渉でライバルに差を付けよう	172
Section 076	自動で安い商品を見つけてくる方法	174
Section 077	実店舗仕入れを活用しよう	176
Section 078	もらえるマイルやポイントは確実にもらっておこう	178

Section 079	セール品を仕入れて差を付けよう	180
Section 080	仕入れるだけではもったいない！ここでも逆リサーチを活用しよう	182
Section 081	商品の新着情報やトレンドを敏感にキャッチして、一気に稼ごう	184
Column	意外とやっかいな、EMSのサイズ制限	186

第7章　さらに一歩進んだAmazon輸出戦略

Section 082	Amazon販売で売上を伸ばすための基本戦略を確立しよう	188
Section 083	在庫の構成比を考えよう	190
Section 084	Amazonを集客力の高いネットショップと考えよう	192
Section 085	ビジネスレポートを活用して、利益を最大化しよう（FBA販売編）	194
Section 086	ビジネスレポートを活用して、利益を最大化しよう（新規商品登録編）	196
Section 087	国際間転売で稼ぐ方法	198
Section 088	中国製品を欧米に売る方法①（仕入れ編）	200
Section 089	中国製品を欧米に売る方法②（商品選定編）	202
Section 090	30分で海外ネットショップを出店してみよう	204
Section 091	まだ埋もれているお宝商品を発掘して販売する方法	206
Section 092	リバース輸出	208
Section 093	海外せどり	210
Section 094	パラレル販売でリサーチ効率をアップさせよう	212
Section 095	外注やスタッフを雇うタイミングはいつがよいのか？	214
Section 096	効率よく仕組化を行うために気を付けるべきポイント	216
Section 097	失敗しないための、海外現地パートナーとの関係構築方法	218
Section 098	Amazon輸出ビジネスで成果を出したあとの展開	220
Section 099	送金（両替）のタイミングはどうするべきか？	222
Column	消費税還付を受けよう	224

第8章　目標に向かって進んでいこう

Section 100	はじめの一歩を踏み出そう	226
Section 101	目標設定をしよう	228
Section 102	将来的にどのようにビジネスに関わりたいかを考えておこう	230
Section 103	あせらずに、少しずつステージを上げていけば大丈夫	232
Column	資金があまりないのですが大丈夫でしょうか？	234

Contents

第9章 Amazon個人輸出のこんな時どうする？

税金の申告と支払いはどうすればよいですか？ ……… 236
参入者がたくさん入って来ると稼げなくなりませんか？ ……… 237
Amazonが仕組みを変えたら稼げなくなりませんか？ ……… 238
バイヤーに追加で代金を請求したいのですが ……… 238
アカウント審査が入った時はどのように対処すればよいのでしょうか？ ……… 240
価格差のある商品がなかなか見つからないのですが、どうしたらよいでしょうか？ ……… 241
基本＋αで商品が見つかってきましたが、もっと効率を上げる方法はないのでしょうか？ ……… 243
ASINコードで商品がヒットしなかったのですが、どうすればよいでしょうか？ ……… 244
新規登録した商品にアクセスが集まらないのですが、どうしたらよいでしょうか？ ……… 246
出品しようとすると、エラーが表示される商品があるのですが…… ……… 247
中国から仕入れる商品が本物かどうか確認することはできますか？ ……… 248
海外PL保険とは何でしょうか？ ……… 249
Column「行動すれば必ず結果は付いてくる」 ……… 250

おわりに ……… 252
索引 ……… 254

第1章

Amazon輸出ビジネスの基本を知る

Amazon輸出ビジネス ………………… 10	Amazon輸出とeBay輸出 ………………… 16
成長を続けるEコマース （電子商取引）市場 ……………………… 12	海外のAmazonで売れている商品には こんなものがある ………………………… 18
世界で注目されている JAPANブランド …………………………… 14	Amazon輸出の成功者たち ……………… 20

Section 01　　　　　　　　　　　第❶章 ▶▶ Amazon輸出ビジネスの基本を知る

Amazon輸出ビジネス

| 基本 | 準備 | 無在庫販売 | FBA販売 | リサーチ | 仕入れ | 輸出戦略 | トラブル対処 |

世界最大級のオンラインストア Amazon

　世界最大級のオンラインストア Amazon は、2014 年現在、アメリカや日本など世界 13 カ国に存在し、その売上は年々増加しています。Amazon は 1995 年にオンライン書店としてのサービスを開始して以来、取り扱う商品のジャンルをおもちゃ、家電、ファッション、電子書籍などへと大きく広げ、それに伴いユーザー数も右肩上がりに伸びています。

　Amazon は、オンラインストアとして商品を購入するだけではなく、セラー（出品者）登録をすることで、誰でも簡単に自分が持っている商品や不要品などを販売することが可能です。売り手と買い手が自由に参加して取引ができる場所、両者をつなげるマーケットプレイスとしての役割が、Amazon の大きな魅力の 1 つです。

　そして Amazon の持つ、このマーケットプレイス機能を最大限活用することで商品を販売し、稼いでいこうというのが **Amazon 輸出ビジネス** なのです。

　Amazon に商品を出品し販売することの最大のメリットは、Amazon の持つ集客力を活かしてビジネスができるという点にあります。通常、自分でネットショップを作成して商品を並べたとしても、バイヤーはなかなか集まってくれません。しかし、Amazon に自分のショップを出店することによって、多くの Amazon ユーザーに自分の商品を見てもらうことが可能になるからです。

▲ Amazon の圧倒的な集客力を利用しましょう。

また Amazon に商品を出品することで、ショップの信頼性も高まります。どこの誰が運営しているかわからないショップで商品を購入するのは、なかなか勇気がいることです。Amazon では、セラーが出品した商品は、Amazon が販売している商品と同列に商品ページに並べられることになります。セラーの評価システムもしっかりしているので、バイヤーは安心して商品を購入できるのです。

▲ Amazon に出品しているだけで、聞いたことのないショップでもある程度の安心感が与えられます。

　セラー登録は、誰でも簡単に行うことができます。世界最大級のオンラインストア Amazon の集客力と信頼を活用して、世界中に商品を販売してみてはいかがでしょうか。

　サラリーマンの副業や主婦業の傍らで Amazon 輸出ビジネスに取り組み、毎月5万円、10万円の副収入を稼いでいる方はたくさんいます。また、Amazon 輸出は「これからビジネスを始めて独立したい」という方や「ほかにいろいろなビジネスをやってみたけど、新しいことにチャレンジしたい」という方にもおすすめです。Amazon 輸出で月に100万円以上の利益を出している方や、中には月に1千万円以上の売上を上げている、パワーセラーの方たちも存在しているからです。

　本書では、世界13カ国にある Amazon サイトの中でも、最大の売上規模を誇るAmazon.com（アメリカの Amazon）での販売を中心に話を進めていきます。今後、特に注意書きがなく、単純に「Amazon」と表記した場合は、Amazon.com のことであると考えてください。

　さぁ、あなたも Amazon 輸出ビジネスの世界に足を踏み入れましょう。

Section 02　　　　　　　　　　　　　第1章 ▶▶ Amazon輸出ビジネスの基本を知る

成長を続けるEコマース（電子商取引）市場

| 基本 | 準備 | 無在庫販売 | FBA販売 | リサーチ | 仕入れ | 輸出戦略 | トラブル対処 |

インターネット輸出ビジネスは進化し続けている

　インターネットを使った輸出ビジネスを始めようと思っている方から、こんな質問をもらうことがよくあります。
　「インターネットでの輸出ビジネス市場は、すでに飽和しているのではないですか？」
　私はこう答えます。
　「あなたの言う飽和が何を指しているのかにもよりますが、飽和はしていないと思います。というのも、インターネットを活用した輸出ビジネス全体が成長を続けているからです。」
　確かに、数年前までは輸出や輸入をはじめとした、インターネットを活用した物販ビジネス市場は販売者側にとっては、ある意味「バブル」のような状態でした。市場の規模に比べて、参入者が極端に少なかったからです。当時は単純に右から左に商品を流すだけで、大きな利益を出した人たちもいました。その頃から比べると、市場への参入者は増えているので、稼ぎにくくなっているのは確かです。
　しかし、Eコマース（電子商取引）や輸出の市場が成長し続けている以上、しっかりとしたノウハウを学んで実践していけば、継続して利益を上げていくことは可能です。
　世界のEコマースの市場規模は、2013年で約1兆3千億ドル。その規模は**年々増加**しており、2016年には2兆ドルを超えることが予想されています。さらに、す

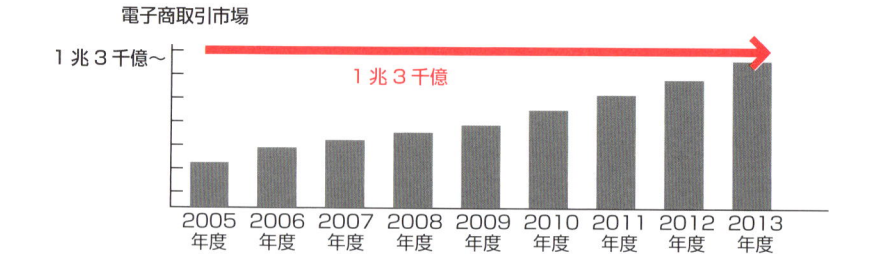

電子商取引市場

1兆3千億〜　　　　　　　　　　　　　　　　　　　　　　　→
　　　　　　　　1兆3千億

2005年度　2006年度　2007年度　2008年度　2009年度　2010年度　2011年度　2012年度　2013年度

でに E コマースが普及している、欧米や日本などの先進国に続いて、アジア圏の市場も加速度的に増加しており、アジア圏の E コマース市場は北米圏や西ヨーロッパ圏を超えて、世界で最大の舞台になりつつあります。

● **Amazon輸出はアジア諸国でも活発化してくる**

　現在、Amazon 輸出は北米や西ヨーロッパに向けての販売が中心となっています。しかし現在の状況を考えると、近い将来、Amazon.cn（Amazon チャイナ）などをはじめとした、アジア諸国へ向けての Amazon 輸出ビジネスも活発になってくることでしょう。

　アジアや南米などには、まだインターネットやカード決済のシステム自体が普及していない国も数多く存在します。それらの国に E コマースが広まれば、市場はさらに拡大することでしょう。世界中に E コマースが広がり、優秀なサービスや企業が参入して市場が安定してきた時が、ある意味「飽和」と呼ばれる状態に近くなるのかもしれません。

　ということは、Amazon 輸出をきっかけとして、今後世界を舞台にビジネスを展開していくには、今が最後のチャンスになる可能性もあるということです。

　成長市場に参入するのは、ビジネスで結果を出すために大切な要素の 1 つです。あなたも Amazon 輸出をきっかけにして、ぜひ世界を舞台に輸出ビジネスで稼いでみてください。

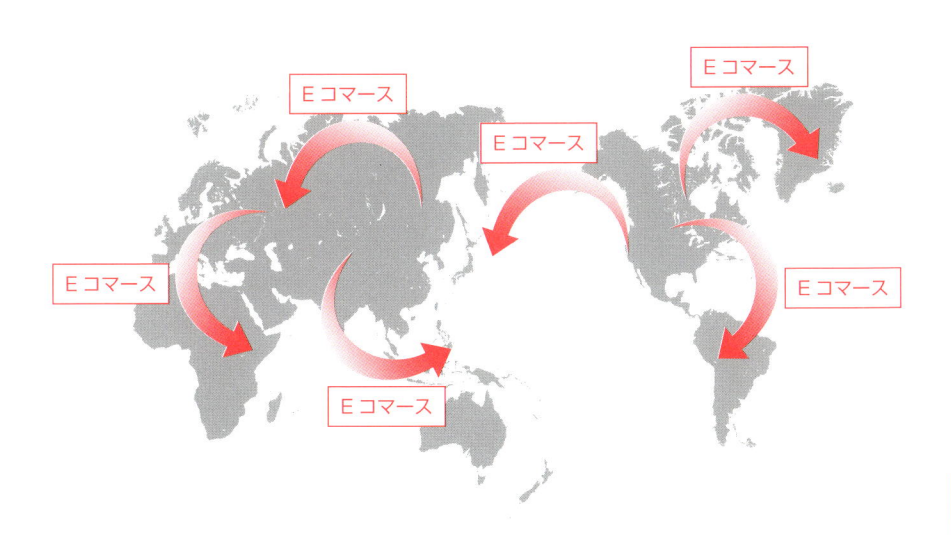

▲ もしかしたら、E コマースは飽和状態に近づいているかもしれません。だからこそ、今が参入の最後のチャンスと言えるのではないでしょうか。

Section 03 世界で注目されている JAPANブランド

第1章 ▶▶ Amazon輸出ビジネスの基本を知る

| 基本 | 準備 | 無在庫販売 | FBA販売 | リサーチ | 仕入れ | 輸出戦略 | トラブル対処 |

日本の商品力で勝負する

メイド・イン・ジャパン（made in Japan）とは、その言葉の通り「日本で作られた製品であること」を表しています。今でこそ、「メイド・イン・ジャパン＝高品質」という代名詞のように使われていますが、数十年前はそれほど評価が高かったわけではありません。1990年代に始まったグローバル化で、日本を拠点として生産されていた商品の製造が、中国やタイなどの人件費の安い拠点に次々と移されていきました。そのような中、日本の製造業社は生き残りをかけ、品質重視の生産方針に切り替えていったのです。

近年では、これまで主流だった日本大手メーカーを中心とした精密機器や自動車などのほかにも、日本の伝統文化から日用品、食品に至るまで、さまざまな商品が、海外で人気を集めています。

◀ 買い手側は、日本の高品質な商品を求めているのです。

さらに、アニメや漫画などのサブカルチャーや、音楽など無形のコンテンツ、それに関連するグッズなどにも多くのファンが存在します。フランスや台湾では日本のアニメキャラクターのコスプレをした人たちが集まるイベントなども定期的に開催されており、会場には多くの来場者が訪れます。

◀ クールジャパンなどのポップカルチャーも立派な市場の1つです。

また、商品の生産自体は日本国外で行うものでも、品質管理は日本のクオリティで行う、プロデュース・バイ・ジャパン（produced by Japan）という製品も海外で高い評価を受けています。

◀ UNIQLO はプロデュース・バイ・ジャパンで急成長を遂げた企業の1つです。
UNIQLO
参照 URL http://www.uniqlo.com/jp/

　政府機関の中小企業庁では「JAPAN ブランド育成支援事業」を発足して、地域の伝統的な技術や素材などを活かした製品の価値を高める取り組みを支援しています。今後海外進出を果たす日本の中小企業は、どんどん増えていくでしょう。

　そんな中で、海外の Amazon を使って世界に向けて商品を販売していく方法を身に付けておくことは、今後ビジネスを行っていく上で非常にメリットが大きいでしょう。自分で商品を開発して販売するだけでなく、すでに素晴らしい製品を持っていて、海外進出をしたいと考えている日本の中小企業にアプローチし、Amazon で販売していくことも可能です。

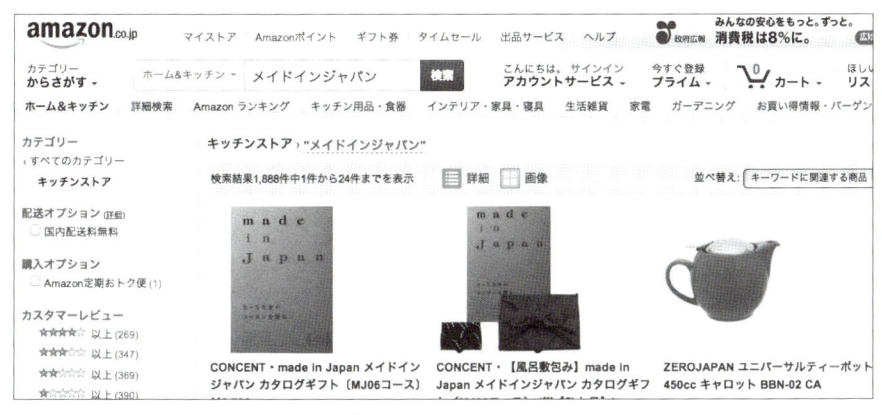

▲ メイド・イン・ジャパン は、もはや1つのブランドなのです。

Section 04

第1章 ▶▶ Amazon輸出ビジネスの基本を知る

Amazon輸出とeBay輸出

| 基本 | 準備 | 無在庫販売 | FBA販売 | リサーチ | 仕入れ | 輸出戦略 | トラブル対処 |

Amazonと双璧をなすeBay市場

　個人が世界に向けて、インターネットでの輸出ビジネスに取り組もうと思った時、実はAmazon以外にも、もう1つ有効な市場があります。それは、世界最大のオークションサイトeBayです。

　eBayは個人輸出ビジネスをしている方たちの中では、Amazonと並ぶ人気を誇るオンラインストアです。それでは、Amazon輸出とeBay輸出の違いはどのようなところにあるのでしょうか？　Amazon輸出とeBay輸出、それぞれの魅力や特徴について、日本最大規模のeBay輸出サポートサービスを運営されている、株式会社SAATS代表の林一馬さんにお話をおうかがいします。

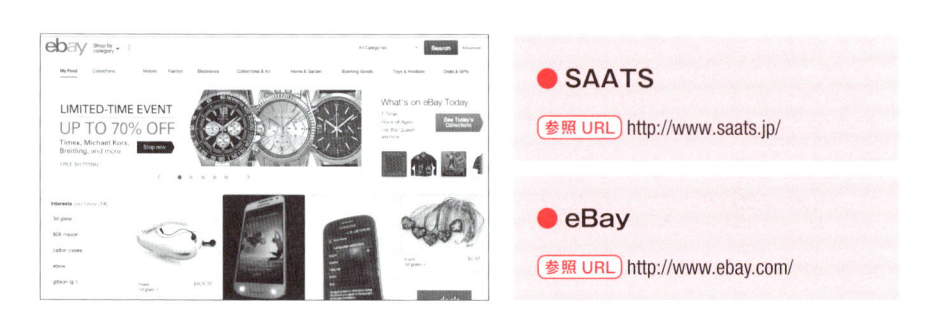

● SAATS
参照URL http://www.saats.jp/

● eBay
参照URL http://www.ebay.com/

● Amazon輸出のメリット、デメリットとは？

――林さんはeBay輸出のサポートサービスを6年間に渡り運営されていらっしゃいますね。数年前と比べて、輸出ビジネスに取り組む人たちの意識や市場の変化でお感じの点があれば、教えていただけますでしょうか？

　弊社はeBayリサーチツールTerapeakを日本総代理店として運営していますが、数年前と比較して同じ商品の月間取引高がぐんと増えています。それから、数年前まではAmazon.comに出品するセラーはほとんどいなかったのに、今では数多くの方

が出品されています。また、2013年に為替が円安に大きく振れたことで、海外販売に興味を持つ方が増えてきていると感じます。海外の顧客を相手にビジネスを展開し、外貨を稼げるeBay、Amazon輸出はどんどん注目を集めてきていますね。

――eBay輸出とAmazon輸出を比較した時の、Amazon輸出のメリットはどんなところでしょうか？

　はい、大きく3つあると思っています。1つ目として、AmazonはすぐにビジネスI展開を始められる点が大きいと思います。eBayには、新規ユーザーにはとても厳しい出品制限というものがあり、稼げるビジネスとしてしっかり展開できるようになるまでには、最低半年近くかかります。eBay輸出に取り組まれる方の中には、そこに至るまでにモチベーションを失い、脱落してしまう方も多いですね。

　それからeBayでは、英語を使ってのやりとりがAmazonと比較すると頻繁にあるので、ハードルが高いと思う方が多いです。その点Amazonは、優れた一貫性のあるプラットフォームがあるため、出品や落札後の取引が簡単にできるので、英語に対して苦手意識の強い日本人にとっては、Amazon輸出の方が取り組みやすい環境が整っていると思います。

　最後に、AmazonのFBAは外せないですね。いったん商品をAmazon FBAに納品してしまえば、納品後の受注管理、発送まで対応してくれるFBAのシステムは、現在のeBayにはない、とても便利な機能だと思います。副業で取り組まれている方などは、eBayではやることが多すぎて取り組めないが、AmazonではFBAを使うことによって片手間でもできると言われることも多いですね（FBAについては第4章で解説）。

――では、反対にAmazon輸出よりもeBay輸出が優れているとお感じの点があればお聞かせくださいますか？

　私は、先ほどのデメリットが逆にeBayへの参入障壁となり、Amazonよりも飽和しにくい市場であると思っています。

　長年きちんとeBay輸出ビジネスに取り組まれてきた方にとっては、新規参入セラーの方と比較して圧倒的に有利であることは言うまでもありません。

　それからAmazonはどうしても価格のみが差別化の要素になりやすいのですが、eBayでは各セラーの出品ページをそれぞれ作ることができるので、必ずしも最安値でないと商品が売れないということもありません。

　あとはTerapeakを使うことにより、正確なeBay市場の取引高やトップセラーが瞬時にわかるため、Amazon輸出よりもデータに基づいた的確なビジネス展開ができるところがメリットかなと思います。

Section 05　　　　　　　　　　第1章 ▶▶ Amazon輸出ビジネスの基本を知る

海外のAmazonで売れている商品にはこんなものがある

| 基本 | 準備 | 無在庫販売 | FBA販売 | リサーチ | 仕入れ | 輸出戦略 | トラブル対処 |

海外の売れ筋商品をチェックする

　続いて、海外のAmazonでどのような商品が売れているのかを見ていきましょう。ここでは、実際によく売れている代表的なカテゴリをあげていきます。とはいえ、ここにあげたもの以外にも売れる商品はたくさんあります。Amazonの検索ボックスに「japan import」と入力し、次にカテゴリを絞って上から順番に見ていくことで、売れる商品のイメージを視覚的にすり込むようにしましょう。

🏷 フィギュアやおもちゃ

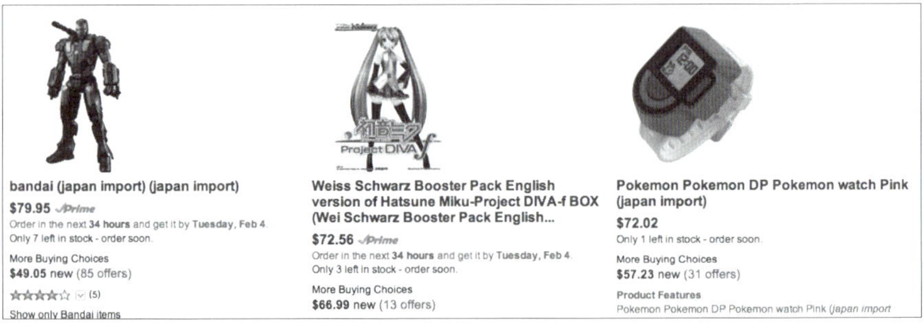

▲ おもちゃは日本のアニメーション作品などが人気です。

🏷 キッチン用品

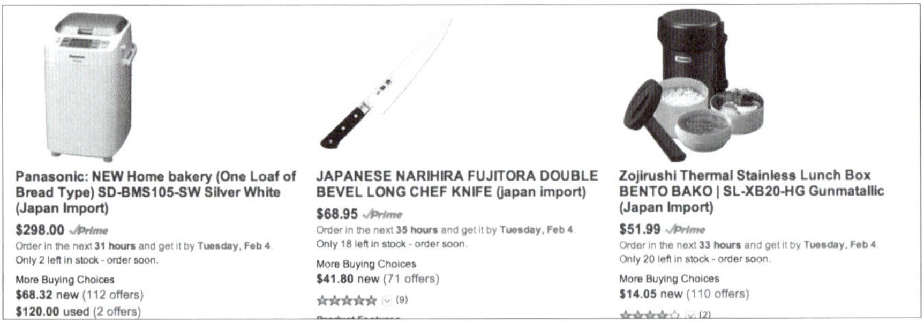

▲ Panasonicなどの有名ブランドは売れ筋商品です。

🏷️ 美容グッズ

Panasonic KURUKURU Low-Noise Dryer PINK EH-KA15-P(Japan Import) $24.89 ($8,058.06/100 g) Prime Order in the next 33 hours and get it by Tuesday, Feb 4.	M in Your Spats Medikyutto Dr. Scholl(Japan Import) $37.00 Prime Order in the next 33 hours and get it by Tuesday, Feb 4.	Rohto Hada-Labo Goku-jun Hyaluronic Facial Mask 20ml x 4 sheets (Japan Import) $15.99 Prime Order in the next 34 hours and get it by Tuesday, Feb 4.

▲ 美容グッズは、消耗品が継続的に売れます。

🏷️ 食品

Maruchan Seimen Japanese Instant Udon Noodles, Curry Soup, 16.7oz (For 5 Servings) [Japan Import] $22.00 Prime	Nestle Fluffy Uji Matcha Latte 9 sticks Green Tea Latte (Japan Import) $13.50 Prime Order in the next 33 hours and get it by Tuesday, Feb 4.	Lotte Sasha Chocolate	Combination of Bitter Chocolate and White Chocolate	69g individually wrapped (Japan... $12.00 Prime

▲ インスタント食品やお菓子など、保存がきくものが人気です。

🏷️ 文房具

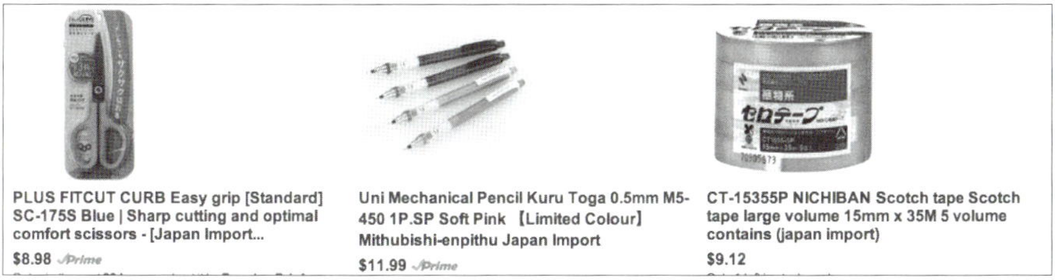

PLUS FITCUT CURB Easy grip [Standard] SC-175S Blue	Sharp cutting and optimal comfort scissors - [Japan Import... $8.98 Prime	Uni Mechanical Pencil Kuru Toga 0.5mm M5-450 1P.SP Soft Pink 【Limited Colour】 Mithubishi-enpithu Japan Import $11.99 Prime	CT-15355P NICHIBAN Scotch tape Scotch tape large volume 15mm x 35M 5 volume contains (japan import) $9.64

▲ 文房具も、消耗品を中心によく売れます。

🏷️ ゲームや電子機器

Nintendo Wii Black color [Japan Import] $348.00 Prime Order in the next 33 hours and get it by Tuesday, Feb 4. Only 2 left in stock - order soon. More Buying Choices	CITIZEN Solar Digital Clock AC8RZ121-003 (Japan Import) $61.54 Only 1 left in stock - order soon. More Buying Choices	Wacom Cintiq 22HD Interactive Pen Display Japan import Worldwide shipping (DTK2200/K0) $1,937.00 new (8 offers)

▲ 日本のゲーム機は海外でも人気が高く、対応したソフトもよく売れます。

Section 06　Amazon輸出の成功者たち

第1章　Amazon輸出ビジネスの基本を知る

| 基本 | 準備 | 無在庫販売 | FBA販売 | リサーチ | 仕入れ | 輸出戦略 | トラブル対処 |

Amazon 輸出の成功談

　まったくの未経験から Amazon 輸出をスタートされて、短期間で成果を出されたお2人の方にインタビューをさせていただきました。お2人は 2013 年後半に私の個別コンサルティングを受講。今年に入ってからは Amazon 輸出セミナーの講師として講演もしていただきました。

　最初に、Amazon 輸出、開始 3 ヶ月で月商 250 万円を突破した、村瀬 巧真様。次に、主婦業の傍らで Amazon 輸出開始から 1 年弱で、目標としていた月収 100 万円を達成された、たまちゃん様です。

●「脱サラ後、開始3ヶ月で月商250万円」

　私は Amazon 輸出を始める前は、東京都内の不動産会社でサラリーマンをしていました。もともと、副業で eBay での輸出を 10 ヶ月ほどやっていましたが、なかなか集中することができず、思うような結果を出せない日々が続いていました。そんな時、柿沼さんの個別コンサル募集のメルマガが届き、直感的にですが、人生を変えるタイミングが来たと思いました。すぐに会社に辞表を提出し、柿沼さんの 3 ヶ月の個別コンサルがスタートしました。

　私は、無在庫販売はまったくせずに、最初から FBA 販売をスタートしました。FBA 販売をするには、当然たくさんの商品の仕入れをする必要がありますので、資金が多い方が有利になります。しかし、私は十分な資金がありませんでしたので、なんとかして少ない資金でも、短期間で成果を出す必要に迫られていました。

　そこで私の取った戦略は、仕入れ金額は少なくても、ほかの FBA セラーが出品しているよりも多くの種類の商品を出品するという方法でした。例えば、同じ仕入れ資金 300 万円があったとしても、250 種類の商品で 300 万円分出すのではなく、**500 種類の商品で 300 万円分**の商品を出すことにしたのです。扱う商品の種類が増えれば、それだけ、1 ヶ月当たりの販売個数は増えます。もちろん登録や梱包の手間は増えますが、資金が少ないうちはできるだけフットワークを軽く、手間をかける必要があると思いました。

また、ほかのセラーよりも多くの商品を出すために、かなりの時間をリサーチに費やしました。初期の頃は1日10時間以上リサーチしていたと思います。今ではリサーチのコツを掴み、2～3時間で十分な量の商品を見つけることができるようになりました。

今年のホリデーシーズンまでにコツコツとリサーチを続け、1,500種類の商品を1ヶ月で回せるように計画しています。今はリサーチのさらなる効率化と、1,500種類の商品を効率的にFBA納品する物流の流れを作っています。今年の目標は月商1,000万円です！

◀ 本書の中にも商品数を重視したリサーチ術が登場するので、覚えておきましょう。

●「主婦業の傍ら1年で月収100万円」

私がAmazon輸出を始めてから1年弱が経過しました。主婦業をしながら自宅でできるビジネスはないかと始めたものの、当時は輸出をされている女性はまだ少なく、主に男性が主体のビジネスだったのかもしれません。しかしながらこの1年弱で、私の周囲の話ではありますが、女子会ができるほどの人数までに増えました。今では女子のみのチャットグループができ、オンライン上で情報の交換をしながら、みんなで切磋琢磨しております。

チャットなどで瞬時に情報を交換することにより、まるでオフィスで仕事をしているかのような感覚にもなります。その中でも主婦の割合は非常に高く、小額の資金で手軽に始められて、家計の助けにもなるという理由で始められた主婦がとても多いのが実態です。その勢いは留まることを知らず、主婦でも法人化されるまでに成長をするといったケースが見受けられます。女性でも短期間で法人化までに成長できるのも、Amazon輸出の魅力と言ってよいでしょう。

私は現在、FBAでの販売方法に力を入れてビジネスを展開しています。FBAでの販売方法は、梱包と発送に費やす時間を短縮することで、ほかの実務に費やす時間が確保しやすいという特徴があります。私もFBA発送に切り替えることで、販売数を大きく伸ばすことができました。今後の展開としてはさらなる外注化を進め、FBA在庫の海外での多チャネル販売を目標としています。そして、女性の輸出ビジネスへの進出は、今後も増加傾向になるだろうと強く感じています。

> Column

英語ができなくても、Amazon 輸出はできますか？

　私はこれまで、コンサルティングやサポートサービスを通じて数千件の相談を受けてきました。Amazon 輸出にこれから取り組まれようとする方から、もっともよく聞かれる質問の 1 つが「英語ができなくても、Amazon 輸出はできますか？」ということです。例えば、

- 英語のサイトなんて見たことない……
- バイヤーとのコミュニケーションはどうするの？
- 規約が英語で書かれているから、全然わからない……

などといった不安があるようです。

　「海外に向けて商品を輸出する」というと、真面目な人ほど英語の壁を感じて臆病になってしまいがちです。しかし、Amazon 輸出で稼ぐための要素として、「英語力」というのは絶対条件ではありません。もちろん、英語ができないよりも、できるに越したことはありません。しかし、Amazon 輸出で稼ぐためには「英語力」よりも大切なポイントが山のようにあるのです（Amazon 輸出で稼ぐための大切なポイントはこの本を読めばひと通り理解ができるように書いております）。

　それでも英語が不安で前に進めない、という方も安心していただきたいと思います。以下の方法を活用すれば、Amazon 輸出は英語ができなくても問題なく実践できます。

- Google Chrome の翻訳機能や、無料の翻訳ツールを使う
- 日本の Amazon を参考に話を考える
- 日本の Amazon のサポートセンターに電話をかけ相談する
- 「Gengo」などの翻訳サービスを活用する

　バイヤーとのコミュニケーションを取るのにも、そもそも 100% 完璧な英語を使う必要はありません。「意思の疎通がちゃんとできていれば問題ない」くらいの気持ちで、勇気を持って取り組んでいただきたいと思います。

第 2 章

Amazon輸出ビジネスを始めるための準備をしよう

Amazon輸出を始めるための
準備をしよう ……………………………… 24
売上を受け取る準備をしよう ……………… 26
海外法人設立のメリット・デメリット ……… 28
Amazonセラーアカウントを作ろう ……… 30
セラーセントラルの使い方 ………………… 32

商品を仕入れるための準備をしよう ……… 34
輸出できない商品を知っておこう ………… 36
知らずに販売すると、
思わぬリスクのある商品 …………………… 38
Amazonの規約を知っておこう …………… 40

Section 07　第❷章 ▶▶ Amazon輸出ビジネスを始めるための準備をしよう

Amazon輸出を始めるための準備をしよう

| 基本 | 準備 | 無在庫販売 | FBA販売 | リサーチ | 仕入れ | 輸出戦略 | トラブル対処 |

Amazon 輸出に必要なもの

それでは早速、Amazon 輸出を始めるための準備をしましょう。

Amazon 輸出を始めるためには、必ず用意しなくてはいけないものがいくつかあるので、まずはそれらを準備していきましょう。

1. クレジットカード（デビットカード）

Amazon.com にセラーアカウントを作る時に必要になります。クレジットカードの種類はなんでもかまいません。クレジットカードの発行国は、日本のもので大丈夫です。一般的なクレジットカードには、ポイント還元システムがあり、利用した金額に応じてポイントやマイルが還元され買い物に使ったり、航空券と引き換えたりすることができます。ですので、せっかくなら還元率の高いカードを選びたいところです。またクレジットカードには、商品の仕入れをする時に「仕入れ代金の支払い日を先延ばしにできる」というメリットがあります。中には、「商品が売れてからクレジットカードで支払いをする」やり方で、資金がほぼ0の状態から Amazon 輸出で稼げるようになった方も数多くいらっしゃいます。

なんらかの理由でクレジットカードが作れない方は、デビットカードを作りましょう。りそな銀行が発行している VISA デビットカードなどがおすすめです。このカードを利用すると、支払いのたびにポイントやマイルも貯まります。また、海外の ATM で現地通貨での引き出しも可能なので、旅先で急な現金が必要になった時にも便利です。

▲ ポイントやマイルが貯まるりそな銀行の VISA デビットカードがおすすめです。

参照 URL 「りそな銀行」
http://www.resona-gr.co.jp/resonabank/kojin/service/hiraku/visa_debit/card/original/index.html

2. 電話番号、住所

　電話番号と住所も、Amazon.com にセラーアカウントを作る時に必要になります。

　電話番号は、日本の固定電話や携帯電話で OK です。住所も日本のもので大丈夫なので、自宅の住所を登録しておきましょう。Amazon から電話がかかってきたり書類が届いたりといったことは基本的にはありませんが、どうしても自宅と違う場所にしたいという場合は、月数千円から使えるレンタルオフィスや電話番号のレンタルサービスを利用するとよいでしょう。

▲ レンタルオフィスを利用すると、自宅とは異なる住所で始めることができます。

3. 海外の銀行口座

　海外の銀行口座は、Amazon での売上を受け取る時に必要になります。銀行口座だけは、日本のものは使えません。海外の Amazon からの売上を受け取れる銀行口座については、次のセクションで詳しく解説をしていきます。

Section 08

売上を受け取る準備をしよう

| 基本 | 準備 | 無在庫販売 | FBA販売 | リサーチ | 仕入れ | 輸出戦略 | トラブル対処 |

アメリカやユーロ圏の銀行口座を用意する

　ここでは、Amazonで販売した商品の売上を受け取るための準備を行います。前のセクションでもお伝えしたように、Amazon.comから支払われる売上の受け取りには日本の銀行口座は利用できません。アメリカやユーロ圏などの銀行の口座を準備する必要があるのです。「アメリカの銀行口座？　なんだか難しそうだな……」と思われたかもしれませんが、大丈夫です。しっかりご説明するのでついてきてください。

　本書ではアメリカのAmazonでの販売が中心になっていますので、アメリカの銀行口座を受け取りに使うことを考えていきましょう。まず、アメリカに旅行や留学で行った経験のある方の中には、すでに「アメリカの銀行口座は持っているよ」と言う方がいらっしゃるかもしれません。また、三菱東京UFJ銀行経由で、日本にいながら作れるアメリカの銀行口座として、ユニオンバンクのカリフォルニアアカウントというものがあります。

　これらの銀行口座でも、Amazonからの売上を受け取ることは可能です。しかし、これらの口座には1つ問題があるのです。

　実は、**アメリカの銀行口座には「パーソナルアカウント」と「ビジネスアカウント」**というものが存在しており、「パーソナルアカウント」で事業性のある資金の出し入れをすると、最悪の場合、銀行口座が凍結されてしまう可能性があるのです。そして、旅行や留学時に作った口座の多くや、ユニオンバンクの口座は「パーソナルアカウント」なのです。

　そこで、Amazonからの売上を受け取るためには「ビジネスアカウント」を準備する必要があるのですが、これには2通りの方法があります。

| パーソナルアカウント | → | NG |
| ビジネスアカウント | → | OK |

◀ 海外旅行や留学で作成した口座は、まずパーソナルアカウントでしょう。

1. アメリカ法人の銀行口座を作る

　1つ目の方法は、アメリカ法人を設立し、その法人名義で銀行口座を開設するという方法です。アメリカで法人を設立するには、日本ほど費用がかかりません。また、日本で法人を設立するよりも優遇される面も多いのです。今後 Amazon 輸出を通じて事業を大きく展開させていきたいと思っている方は、アメリカ法人を設立して法人名義のビジネスアカウントを持たれるとよいと思います。

　アメリカ法人の設立とビジネスアカウントの開設には、専門の代行業者を利用すれば問題ありません。

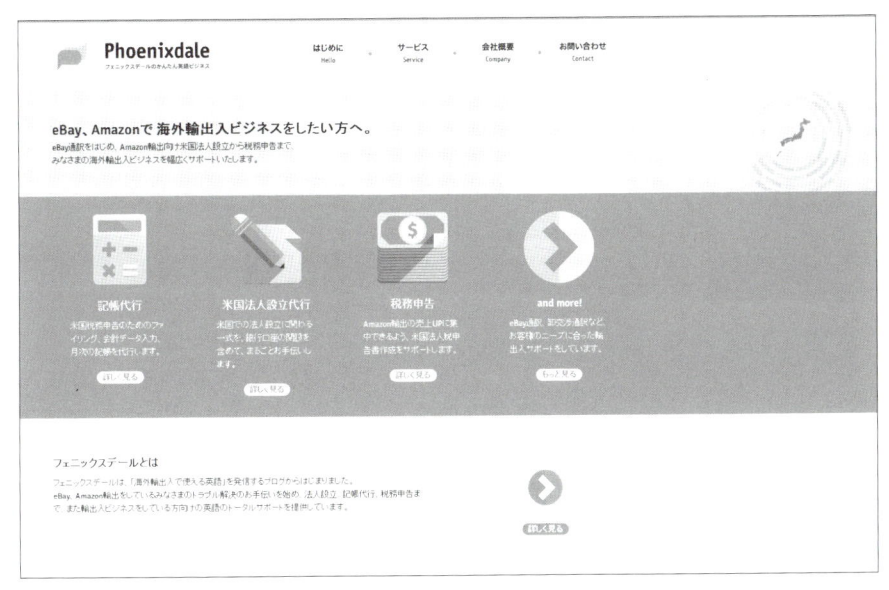

▲ 代行業者を利用するのが便利です。

参照 URL 「フェニックスデール」
http://www.phoenixdale.com/

2. 米国決済サービスのビジネスアカウントを利用する

　「アメリカ法人設立はハードルが高い」と言う方には、米国企業からの売上をかわりに受け取ってくれる、ペイオニアというサービスがあります。ペイオニアが準備をしてくれたビジネスアカウントで Amazon での売上を入金すれば、問題なくAmazon 輸出をスタートできます。ペイオニアのアカウント作成については別途オンラインマニュアルを作成したので、こちらを活用してみてください。

参照 URL マニュアル URL
http://professionalmerchandise.com/payoneer/

海外法人設立のメリット・デメリット

基本 | 準備 | 無在庫販売 | FBA販売 | リサーチ | 仕入れ | 輸出戦略 | トラブル対処

海外法人のメリットとデメリットを把握する

　海外法人口座を開設するのと、ペイオニアのアカウントを開設するのでは、お互いどのようなメリット・デメリットがあるのでしょうか。具体的な売上を例にあげて見ていきましょう。

　特に大きく差が出るのが「コスト」面です。ペイオニアを使って売上を受け取り＆日本へ送金した場合と、弊社の運用しているアメリカ法人口座を使った場合を例にして、手数料の比較をしてみましょう。

　まず、ペイオニアのデビットカードを利用して、日本のATMからお金を引き出した場合の手数料について説明します。ペイオニアは$20,000未満の残高を日本の銀行に直接送金することができません。そこで、$20,000未満の残高を受け取りたい場合は、ペイオニアが発行したデビットカードを使って日本のATMから引き出すことになります。その際にかかる手数料の合計は**Amazonからの着金時1％**、**為替両替手数料3％程度（変動あり）**、**ATMからの引き出し手数料$3.15**、となっています（2014年5月現在）。

　一方アメリカ法人で売上を受け取り、日本の銀行に送金した際にかかる手数料は**アメリカの銀行からの送金手数料が$50（送金額などにより変動あり）**、**為替両替手数料が$1につき14銭（約0.14％）**となります。

　ペイオニアの為替両替手数料を3％、アメリカの銀行からの送金手数料を$50とすると、$500を送金した場合の手数料は以下のようになります。

ペイオニア	$5 ＋ $15 ＋ $3.15 ＝ **$23.15 (4.6％)**
法人口座	$50 ＋ $0.7 ＝ **$50.7 (10.1％)**

　また、$2,000を送金した場合の手数料は以下のようになります。

| ペイオニア | $20 ＋ $60 ＋ $3.15 ＝ **$83.15（4.2％）** |
| 法人口座 | $50 ＋ $2.8 ＝ **$52.8（2.64％）** |

　このように、数百ドル単位の送金（引き出し）ではペイオニアが、数千ドル単位の送金ではアメリカ法人口座が有利になります。

　次に、一度に $20,000 を送金したケースを考えましょう。2014 年 5 月現在、ペイオニアでは一度に $20,000 以上の送金を行うことで、日本の銀行口座に円で直接振込をすることが可能になります。その時の手数料は、**Amazon からの着金時に 1％**、**日本の銀行への送金時に 2％**、となります。
　その結果、日本に $20,000 送金した時の手数料は以下のようになります。

| ペイオニア | $200 ＋ $400 ＝ **$600（3％）** |
| 法人口座 | $50 ＋ $28 ＝ **$78（0.39％）** |

　なんと、一度に $20,000 の送金であれば、約 10 倍も手数料の差が付いてしまうことになります。
　しかし、米国法人の設立、運営にはそれなりにコストがかかります。具体的には、法人設立＆法人口座開設の費用、記帳代行、税務申告、その他法人の維持費などです。一方のペイオニアの年間アカウント維持費は、わずか $29.95 です。
　仮に、法人設立＆法人口座開設費用、税務申告などで初年度に $5,000（約 50 万円）程度のコストがかかったとしましょう。年間に $200,000 の売上があり、それを $20,000 ずつ 10 回に分けて日本に送金した場合、ペイオニア利用時の手数料は $6,000、アメリカ法人口座利用時の手数料は $780、アメリカの法人維持費が $5,000 なので、合計 $5,780 となり、ほぼ同じ金額になります。
　ということで、月間 $15,000 ～ $20,000 くらいの売上が見込めるのであれば、コスト的には法人設立をするメリットが出てきます。さらに、2 年目以降は法人設立や口座開設の手数料はかからないこと、法人を設立することで、税制面で有利になったり、代表者の責任範囲が有限になったりすることを考えると、法人設立はもう少し早めでもよいかもしれません。
　以上のことを踏まえつつ、ご自身の未来の展望とも併せて、ベストな選択をしていただければと思います。なお、ペイオニアの手数料や取り扱いサービスなどは、変更になる場合もありますので、最新の情報については、公式サイトでご確認をお願いします。

Section 10　第❷章 ▶▶ Amazon輸出ビジネスを始めるための準備をしよう

Amazonセラーアカウントを作ろう

| 基本 | 準備 | 無在庫販売 | FBA販売 | リサーチ | 仕入れ | 輸出戦略 | トラブル対処 |

セラーアカウントを作成する

　海外のAmazonで商品を販売するためのセラーアカウントを作りましょう。Amazonのトップページ（http://www.amazon.com/）のいちばん下に、「Sell on Amazon（Amazonで売る）」という項目があるのでそちらをクリックして作成を始めます。

▲ ＜Sell on Amazon＞クリック後、プランを決めます。

● 2つのプランから選択

　Amazonへの出店方式には「プロフェッショナルプラン（Professional）」と「インディビジュアルプラン（Individual）」があります。2つのプランの大きな違いをまとめると、以下の表のようになっています。

	Professional Plan	Individual Plan
月額手数料	$39.99	なし
販売手数料	通常のAmazon販売手数料	通常のAmazon販売手数料にプラスして1商品販売するごとに$0.99の手数料が発生
レポートやcsvアップロードなどの機能	すべて利用可能	一部のみ利用可能

● Amazonの出店プラン

　プロフェッショナルプランを選ぶと、月額手数料$39.99が毎月発生するかわりに、通常のAmazon手数料にプラスして、1商品販売するごとに追加で発生する$0.99の手数料が免除されます。ですので、**手数料面だけで考えると月間に41商品以上販売するとプロフェッショナルプランの方が得になる計算です**。

　出店プランの切り替えは、あとで自由に行えますが、プロフェッショナルプランで出店すると、あとのセクションで解説するcsvアップロードやビジネスレポートな

どのすべての機能が利用可能になります（P.194〜197参照）。今後継続してAmazon輸出に取り組んで行こうと思うのであれば、はじめからプロフェッショナルプランで出店することをおすすめします。それでは、実際にセラーアカウントを作成していきましょう。

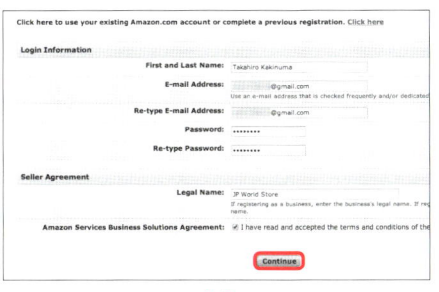

❶ ここでは左ページの画面で＜Sell as a Professional＞をクリックしたものとして操作を始めます。表示される画面で、新規のアカウント情報を入力します。海外のサイトですので、入力はすべて英語表記で行います。
入力後＜Continue＞をクリックし、続けてクレジットカードの情報を入力していきます。

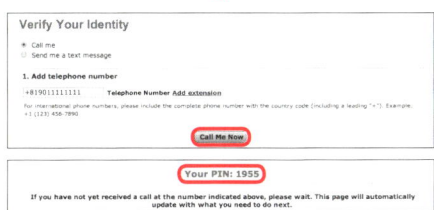

❷ クレジットカードの情報を入力したあとに、電話番号の確認を行います。日本の固定電話や携帯電話の番号で問題ありません。頭の「0」を省いてかわりに「+81」と入力し、ハイフンを除いて入力します。例えば「090-1111-1111」という電話番号の場合は「+819011111111」となります。
＜Call Me Now＞をクリックすると自動音声で電話がかかってくるので、画面に表示されている4桁のPIN番号を電話で入力します。

❸ 最後に納税情報のインタビューに答えます。＜Launch Interview Wizard＞をクリックして開始します。アメリカ法人を設立してその法人名義でAmazonでの販売を開始する場合はYes、個人名義や日本法人名義で販売を開始する場合はNoを選択します。ほとんどの方が後者のケースだと思いますので、ここでは後者の登録方法を解説します。

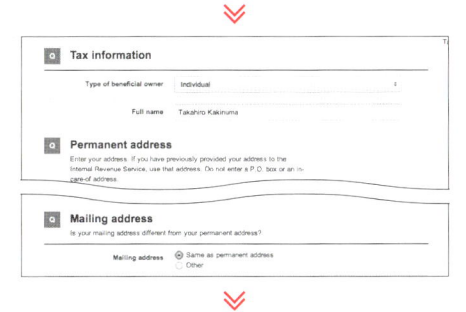

❹ ＜No＞を選択した場合、情報を入力していきます。各項目の意味は次の通りです。
Type of beneficial owner → Individual
Full name →本名
Permanent address →住所
Mailing address →郵便物の届け先住所（住所と同じ場合はSame as Permanent addressを選択）

❺ 内容に間違いがないことを確認したら＜Save and continue＞をクリックすればOKです。

Section 11

第❷章 ▶▶ Amazon輸出ビジネスを始めるための準備をしよう

セラーセントラルの使い方

| 基本 | **準備** | 無在庫販売 | FBA販売 | リサーチ | 仕入れ | 輸出戦略 | トラブル対処 |

セラーセントラルを把握する

Amazonで商品を販売する際には、セラーセントラルと呼ばれる操作画面を利用します。セラーセントラルでは商品登録から在庫や注文、出荷の管理、アカウントヘルスや評価、メッセージの確認などのほか、売上やアクセスの分析、各種設定変更などを行うことができます。

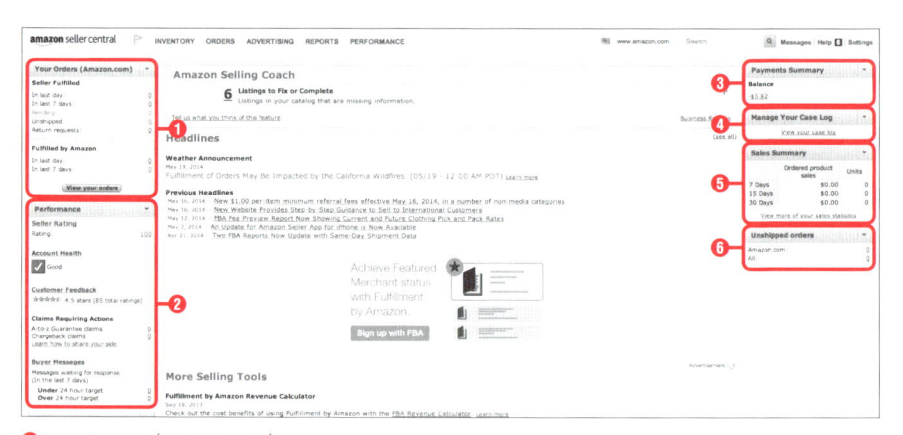

❶ Your Orders（Amazon.com）
注文の管理を行います。発送通知や納品書の印刷、バイヤーへの連絡、返品返金対応などもこちらから行います。
　Seller Fulfilled：無在庫販売など出品者出荷の商品
　Fulfilled by Amazon：FBA商品

❷ Performance
アカウントヘルスや評価の確認、バイヤーからのメッセージ確認を行います。

❸ Payments Summary
ペイメント（Amazonからの売上の支払）の管理を行えます。

❹ Manage Your Case Log
Amazonへの問い合わせ履歴が確認できます。

❺ Sales Summary
売上の集計メニューです。

❻ Unshipped orders
未出荷の商品が確認できます。

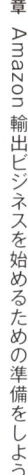

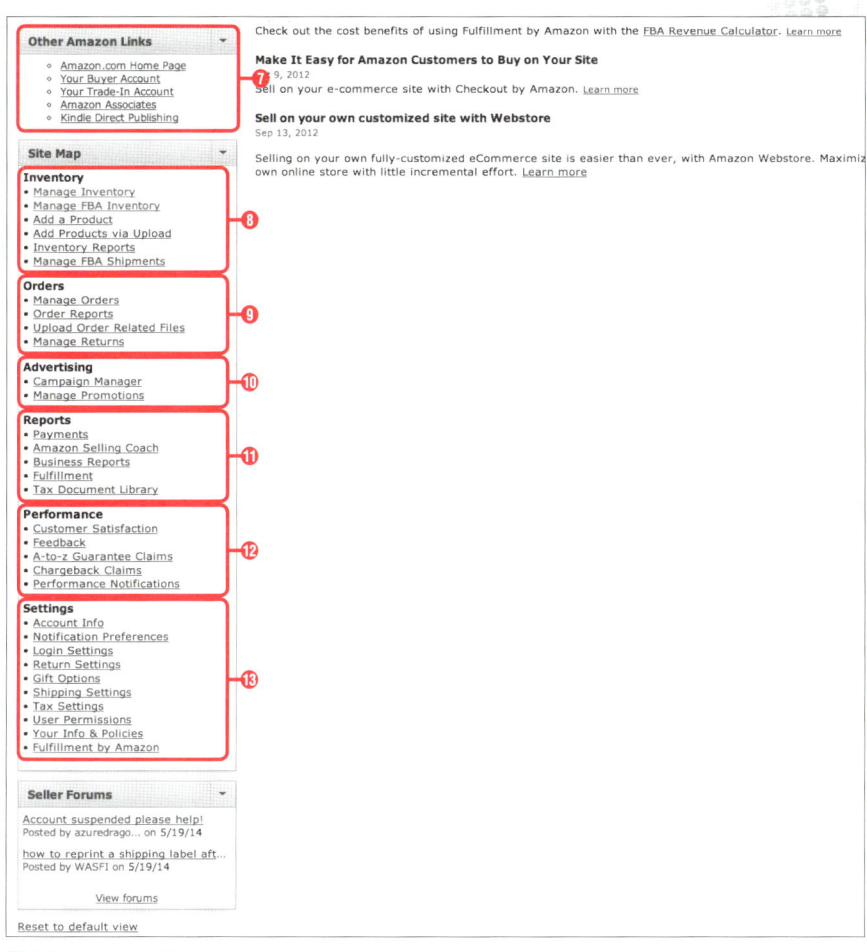

❼ **Other Amazon Links**
購入者アカウントやアマゾンアフィリエイトなど、他のAmazonサービスへのリンク集です（基本的には利用しません）。

❽ **Inventory**
在庫管理関連メニューです。

❾ **Orders**
注文管理関連メニューです。

❿ **Advertising**
キャンペーンやプロモーションの設定が行えます。

⓫ **Reports**
各種レポートが利用できます。

⓬ **Performance**
アカウントヘルスや評価の確認、バイヤーからのメッセージ確認を行います。

⓭ **Settings**
アカウントや送料など各種設定が行えます。

Section 12

第2章 ▶▶ Amazon輸出ビジネスを始めるための準備をしよう

商品を仕入れるための準備をしよう

| 基本 | 準備 | 無在庫販売 | FBA販売 | リサーチ | 仕入れ | 輸出戦略 | トラブル対処 |

仕入れ用の購入者アカウントを作成する

　商品を仕入れるためにも準備が必要です。Amazon輸出のメインの仕入れ先となるサイトの購入者用のアカウントを作成していきましょう。

● Amazon.co.jp

参照URL http://www.amazon.co.jp/

　Amazon輸出をスタートした頃は、Amazon.co.jpがメインの仕入れ先になると思います。AmazonにはASINコードというAmazon独自の商品番号があります。基本的には全世界のAmazonで共通するようにできているので、商品検索の時に非常に便利です。

　Amazon.co.jpは仕入れ値がネット最安値になることも多く、もっとも頻繁に商品を購入するサイトの1つになるでしょう。また、3,900円の年会費を払って**Amazonプライムというサービスに加入すると、お急ぎ便や配達日時指定が、無料で何度でも利用可能になります。**お急ぎ便を利用すると、注文をしてから商品を受け取るまでの時間をかなり短縮することが可能になります。あとのセクションで出てくる無在庫販売をする上で、このお急ぎ便は外せないサービスになるので、余裕があればこちらも一緒に契約をしておくとよいでしょう。

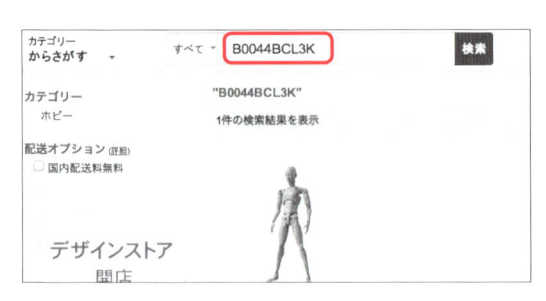

◀ ASINコードで検索をすると、商品がピンポイントで探せます。

Amazon.co.jpの次に商品を購入する可能性が高いのが、楽天市場とYahoo!ショッピングです。楽天市場、Yahoo!ショッピングでは送料別で商品価格が設定されている商品も多く、複数の商品を一度に購入した場合に1商品あたりの価格がAmazonよりも安くなるケースがあります。また、この2つのサイトはポイント還元システムが充実しており「ポイント10倍イベント」なども頻繁に行われています。

◀ 期間限定で行われるポイントサービスなどが狙い目です。

● 楽天市場
参照URL http://www.rakuten.co.jp/

● Yahoo!ショッピング
参照URL http://shopping.yahoo.co.jp/

　ヨドバシ・ドット・コムは、ほぼすべての商品で10％のポイントバックがあり、ポイントの還元率を考慮した価格がネット上の最安値になることも多いです。商品の配送はかなりスピーディで、首都圏であれば基本的には翌日か翌々日に商品が到着します。また、Amazonのように別途有料のプライムサービスに加入しなくても、このスピーディな配送サービスの恩恵を受けられるという点も大きなメリットです。

● ヨドバシ・ドット・コム
参照URL http://www.yodobashi.com/

　以上の4サイトの購入者アカウントを作成しておけば、商品の仕入れに困ることは、ほとんどなくなります。

　ただし、これらのネットショップから商品を購入する際に1つだけ注意しなくてはいけない点があります。それは、これらのショップが「転売用の商品購入を認めていない」場合が多いということです。商品によっては購入数に制限があったり、複数個購入した場合に一方的にキャンセルをされたりするケースも出てきます。警告を受けても派手なまとめ買いを繰り返し、悪質な購入者だと判断された場合は、購入者アカウントを剥奪されてしまう可能性もあるので、十分注意しましょう。

Section 13　第❷章 ▶▶ Amazon輸出ビジネスを始めるための準備をしよう

輸出できない商品を知っておこう

| 基本 | 準備 | 無在庫販売 | FBA販売 | リサーチ | 仕入れ | 輸出戦略 | トラブル対処 |

輸出禁制品・輸出規制品を確認する

　日本からの輸出が禁止されている商品や、販売先の国で輸入が禁止されている商品があります。これらの商品は取り扱わないように注意しましょう。輸出できない商品には、輸出入自体が禁止されている禁制品と、申請や認可を取れば取り扱いが可能な規制品があります。さらに、禁制品、規制品ともに、輸出元の国、輸出先の国で、それぞれの国の法令に従う必要があります。それらをまとめると、以下の4つに分類されます。

1. 日本からの「輸出禁制品」
2. 日本からの「輸出規制品」
3. 販売先の国での「輸入禁制品」
4. 販売先の国での「輸入規制品」

　1.と2.に関しては、どの商品が該当するのかをJETROなどに問い合わせをすることで確認できます。一方3と4に関しては、すべての商品について各国の輸入規制を細かく調べていくのはなかなか難しいのが現実です。「**相手先の国で輸入できるかどうか怪しい**」**と感じたら、取り扱いをやめるか、販売先の国の税関に事前に確認を取る**ようにしましょう。ここでは、輸出入の規制対象になる可能性のある商品を紹介しますので、参考にしてください。

▲ 税関のWebページには、外国の税関へのリンクが紹介されています。

参照 URL
http://www.customs.go.jp/link/

● **食品関連**

　食品関連の商品を輸出する際は、厚生労働省医薬食品局の許可を取得する必要があります。また輸出先の国でも、定められた輸入規制をクリアする必要がある場合が多いです。特に食品そのものの輸入は各国で厳しく規制されています。販売にあたっては、外務省や各国の食品医薬局のホームページで事前にしっかり確認するようにしてください。

● **動植物関連**

　海外で人気のある盆栽など、動植物も、輸出に際しては許可が必要になります。

● **高性能な電子機器類**

　高性能な赤外線カメラやGPSは、軍用技術への転用を防止するために、該非判定をしなくては輸出できない場合があります。またカーボンシャフトのゴルフクラブなど、国内では普通に利用されている商品が輸出規制の対象であるケースも多いので、うっかり販売してしまわないように注意してください。

● **特許権、意匠権、商標権などを侵害する物品**

　中国製品を欧米へ輸出する際には特に注意しましょう。偽物やコピー品の販売は「知らなかった」ではすまされないケースもあるので、事前にしっかりと確認してください。

● **化粧品、医薬品**

　日本の化粧品や目薬などの医薬品類は、海外でも人気が高いです。しかしこれらを輸出するには許可が必要になります。また、これらの商品の場合、バイヤーが使用したあとにトラブルになるというケースもありますので、併せて注意しましょう。

● **その他**

　酒類、タバコ、武器類、可燃性の物質品なども、各国で輸入規制の対象となっている場合があります。事前に確認しましょう。

Section 14

第❷章 ▶▶ Amazon輸出ビジネスを始めるための準備をしよう

知らずに販売すると、思わぬリスクのある商品

| 基本 | 準備 | 無在庫販売 | FBA販売 | リサーチ | 仕入れ | 輸出戦略 | トラブル対処 |

販売後のリスクについて知る

前のセクションでは、輸出ができない商品について解説しました。しかし、輸出できる商品の中にも、販売に注意しなくてはいけないものがあります。**ここでは輸出は可能でも、販売後に何らかのリスクがある商品**について解説していきます。

1. 電化製品

日本とアメリカ、ヨーロッパの、家庭用電源の電圧や周波数はそれぞれ異なります。具体的には、日本の電圧が100V、アメリカは110V～120V、ヨーロッパの多くの国では220Vになっています。また、国によってはコンセントの形状が違う場合もあるので、そちらも注意が必要です。

	日本	アメリカ	ヨーロッパ
電圧	100V	110V～120V	220V
周波数	50～60Hz	60Hz	50Hz

日本で生産された電化製品は、日本国内での使用を前提に作られていますので、100Vの電源および日本のコンセントの形状に対応している商品がほとんどです。これらの商品を海外で利用しようとした場合、変圧器やコンセントの変換プラグを使う必要があります。変圧器を使わずにコンセントに挿し電化製品を利用してしまうと、商品の破損や火災、感電など大きな事故の原因になることもあります。

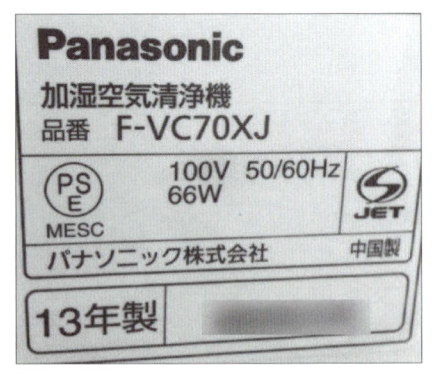

▲ 商品の説明書やラベルなどで、電圧や周波数を事前に確認しておきましょう。

しかし、日本国内で販売されているすべての電化製品が、海外で利用するのに変圧器などを必要とするわけではありません。パソコンや携帯電話などは100V～240Vの電圧に対応するものが多く、コンセントの形状さえ合えば、そのまま海外で利用しても問題はありません。自分の取り扱う電化製品が海外の電圧やコンセントに対応しているかどうかは、事前にチェックを行い、必要であれば商品説明欄に記載したり、変圧器とのセットで販売したりするとよいでしょう。

2. 乳幼児用の製品

乳幼児用の製品は、誤って飲み込んでしまったり、衛生面の問題で乳幼児が体調をくずしたりしてしまう可能性があるので、販売には注意が必要です。また、販売に際して許可が必要なものも多くなっています。事故が起きてしまってからでは遅いので、なるべく取り扱わない方がよいでしょう。

3. メーカーが並行輸出を規制しようとしている製品

日本メーカーの中には、アメリカやヨーロッパに正規販売店（代理店）を持ち、各国での販売を委託しているケースがあります。そうしたメーカーおよび海外の販売店は、自分たちの利益を守るために、並行輸出をして正規販売店より安く販売しているセラーに対して、訴訟をしてこようとする場合があります。これらの行為は独占禁止法に触れるという意見もありますが、実際の個人輸出の現場レベルでは、メーカーや正規販売店から警告を受けたら素直に引き下がるのが現実的です。特にヨーロッパでは、欧州内に正規販売店のある商品の並行輸出が禁止されているので注意が必要です。

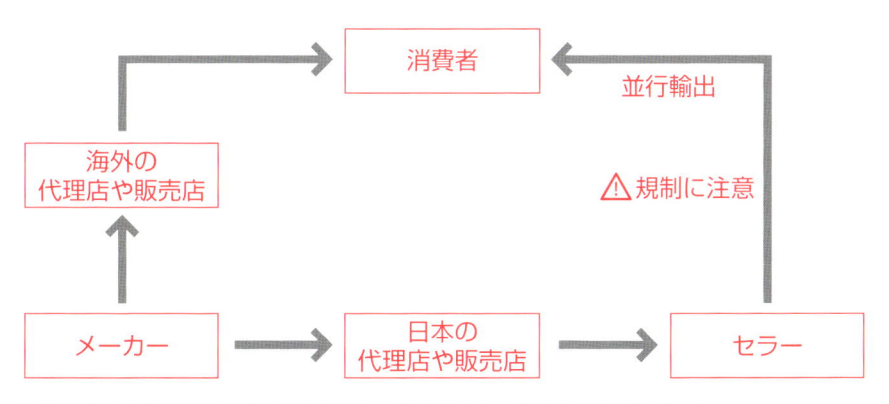

▲ 並行輸出が規制されている商品を販売すると、訴訟になるケースもあるので注意しましょう。

Section 15　第❷章 ▶▶ Amazon輸出ビジネスを始めるための準備をしよう

Amazonの規約を知っておこう

| 基本 | 準備 | 無在庫販売 | FBA販売 | リサーチ | 仕入れ | 輸出戦略 | トラブル対処 |

Amazonの規約を確認する

　Amazon輸出に取り組むにあたって、Amazonの規約を把握しておくことは非常に大切です。なぜなら、私たちはAmazonというプラットフォームに出店させてもらい、商品の販売をしているので、**プラットフォームの運営者であるAmazonの決めた規約は原則守らなければいけない**からです。

　しかし、規約の細かいところまですべてを理解するのは、現実的には難しいですし、実際は規約自体があいまいなところもあります（規約があいまいな原因は、柔軟性を持たせていたり、整備が追いついていなかったりという場合が多いです）。

　そこで、どうしても外してはいけない「Amazonの基本スタンス」を理解して、それに沿った形でAmazon輸出に取り組んでいき、それ以外はその都度丁寧に対応していくというスタンスで販売を行うのがよいでしょう。

　ここではアカウント停止などにつながる可能性が高い、Amazonで特に厳しい規約について解説していきます。

参照URL　Amazonマーケットプレイス出品規約
http://www.amazon.co.jp/gp/help/customer/display.html?nodeId=1085374

● 出品禁止商品を出品する

　食品や化粧品、医薬品など、商品の販売に許可が必要な商品を無許可で販売する行為です。DVDやCDなどメディア製品の複製品販売や偽物、非合法商品の販売も禁止されています。

● バイヤーの外部誘導

　バイヤー（購入者）をAmazonの外部に誘導して、直接取引を持ちかけるような行為は禁止されています。具体的には、代金の不足分を銀行に振り込んでもらおうとしたり、自分のメールアドレスを教えたりするだけでも「手数料逃れや外部取引に誘導している」とみなされる可能性があるので注意が必要です。

● 遅延配送や注文のキャンセルを繰り返す行為

　Amazonでは、注文の入った商品は、出荷期限内に発送しなくてはいけません。何らかの理由で、商品の出荷が遅れたり注文をキャンセルしたりしなくてはいけない場合もありますが、このような行為を繰り返し行うと、アカウントの停止につながる可能性があります。

● 評価や商品レビューの操作

　公平性を保つため、評価や商品レビューの操作は禁止されています。評価の依頼は問題ありませんが、金銭で評価を削除してもらう行為は規約違反に当たります。また、関係者によって営利目的の商品レビューを投稿したり、報奨金を提供するような商品レビューを依頼したりすることも禁止されています。イギリスなど、商品レビューの操作（ステルスマーケティング）自体が違法とされている国もあります。

● メーカーの知的財産権を侵害する行為

　国内代理店の権利を守るために、並行輸入を規制および禁止しているメーカーがあります。これらのメーカーの商品をAmazonに出品していると、メーカーからAmazonにクレームが入り、アカウント停止などにつながります。もちろんそれらのメーカーの商品を出品していても問題ないケースもありますが、注意が必要です。

🏷 警告を受ける可能性があるメーカーの一部

・Bose	・SEIKO	・TASCAM
・CANNON	・CITIZEN	・LEATHERMAN
・FUJIFILM	・Zippo	・Audio-Technica
・TASCAM	・Abdominal	・Korg
・Olympus	・Orient	など

💡 **Column**

関税や消費税について知っておこう

　日本から海外に商品を輸出した場合、商品の受け取り先の国の輸入品に課される税として「関税」や「消費税」などがあります。関税や消費税は基本的には、商品を受け取った（輸入した）側が支払うことになっているので、無在庫販売の時はバイヤー（購入者）が、FBA販売の時はセラー（販売者）が支払います。

　関税の額はインボイス（税関申告用書類）に記載されている商品価格を元に計算されるので、無在庫販売の場合は「販売価格」、FBA販売の場合は「仕入れ価格」に対して課税されることになります。

　FBA納品をする際に、関税の支払い金額を抑えたいからインボイスに記載する金額を低めに書きたいと相談をされることがありますが、これは基本的には「アンダーバリューと呼ばれる脱税行為」なので絶対にやめておきましょう。

　無在庫販売の場合も、バイヤーが関税を支払いたくないからという理由で「商品代金を低く書いてくれ」とか「贈り物として記載してくれ」と言ってくるケースがあります。こちらも「脱税の幇助行為」とみなされる可能性があるので、応じないようにしましょう。

　ただ、実質的にはアメリカ向けの無在庫販売で関税が発生することは稀で、FBA販売の場合もEMSで数箱送る程度であれば関税が発生しないケースが多くなっています。一方、DHLなどのクーリエで、ある程度まとまった金額の商品をアメリカに送った場合は、きっちり課税されることも多いです。この差はEMSをはじめとする「国際郵便」は個人の利用も多く、簡易通関手続きの対象になっていることが原因だと思われます。

　それに対してヨーロッパ向けの荷物はEMSで送っても課税対象になることが多く、バイヤーから「たくさん税金を払わされた！」とクレームが来たり、荷物の受け取りを拒否されたりするケースもあるので、注意が必要です。

　また、中国の中小規模の代行会社では、インボイスをアンダーバリューするのが当たり前のような慣習があるので、「中国のパートナー→アメリカのパートナー」など自分を介さないで荷物を送る場合は、事前に中国のパートナーに「アンダーバリューは絶対にしないように」と伝えておかないと、思わぬトラブルに発展してしまう可能性があります。

第3章

Amazon輸出の基本戦略 無在庫販売をしてみよう

- Amazon輸出で使える、3種類の基本販売手法 …… 44
- まずは、在庫リスクのない無在庫販売で稼いでみよう …… 46
- 無在庫販売をする上での注意点 …… 48
- Amazon販売の鍵をにぎる、アカウントヘルスとは？ …… 50
- Amazonの送料設定はこうすればOK …… 52
- 無在庫販売の利益計算はこうすればOK …… 56
- Amazonに出品する商品を探してみよう …… 58
- 利益の出る商品を派生させて、芋づる式に商品を見つけていこう …… 60
- たった1分で完了 Amazonに商品を出品してみよう …… 62
- 無在庫販売の注文が入ったら？ …… 64
- 発送伝票の作り方や梱包はどうする？ …… 66
- 国際郵便の発送方法について学ぼう …… 68
- 誰にでもできるお得な送料節約術 …… 70
- 売れた商品が在庫切れや価格高騰していたらどうする？ …… 72
- 注文のキャンセルや返品、返金の要求がきた時に気を付けるポイントとは？ …… 74
- 評価依頼を送って、しっかりと評価を稼ごう …… 76
- 悪い評価をもらってしまったら？ …… 78
- 要注意！ 思わぬ赤字を出してしまう可能性のある商品 …… 80
- 無在庫大量出品をして利益を伸ばそう …… 82
- 無在庫販売を外注化&仕組化する方法 〜発送業務編〜 …… 84
- 無在庫販売を外注化&仕組化する方法 〜出品価格編〜 …… 86
- 国内SOHOに仕事を依頼しよう …… 88
- 海外SOHOを上手に活用しよう …… 90
- 新規商品登録をして、プチ・ブルーオーシャンを作ってみよう …… 92
- 新規登録する商品はこう探す …… 94
- 無在庫販売戦略① ショッピングカートを取得しよう …… 96
- 無在庫販売戦略② 利益の出る価格で出品しよう …… 98
- JANコードのない商品を出品してみよう …… 100

Section 16　第3章 ▶▶ Amazon輸出の基本戦略　無在庫販売をしてみよう

Amazon輸出で使える、3種類の基本販売手法

| 基本 | 準備 | **無在庫販売** | FBA販売 | リサーチ | 仕入れ | 輸出戦略 | トラブル対処 |

Amazon輸出で使う基本販売手段とは？

　Amazon輸出では、3種類の販売方法を使って利益を上げていくことができます。それぞれの特徴について知っておきましょう。

1. 無在庫販売

　その名の通り、在庫を持たずに商品を販売する手法です。無在庫販売では、「売れそうだな」と思った商品をAmazonに出品しておき、商品が売れた時点で仕入れ、バイヤーに商品を発送する流れになります。インターネット販売に限らず、物販ビジネスでは一般的に「仕入れ」→「販売」の順序で行いますが、無在庫販売の場合はこれが逆になり、**「販売」→「仕入れ」**の順番になっているということです。

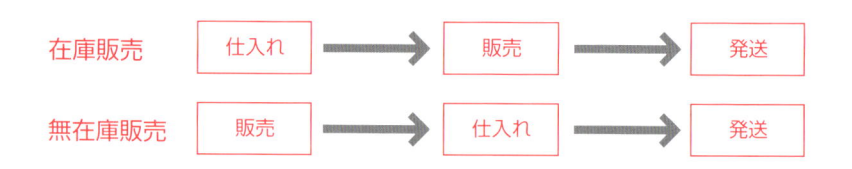

| 在庫販売 | 仕入れ | → | 販売 | → | 発送 |
| 無在庫販売 | 販売 | → | 仕入れ | → | 発送 |

　無在庫販売では商品が売れてから仕入れを行うので、在庫リスクを抱える心配がありません。そのため「仕入れた商品が売れ残ってしまった……」ということも起こりません（商品の仕入れ後にバイヤーからキャンセルがあった場合などは除きます）。ということで、無在庫販売であれば、手元の資金が少ない状態でも、気軽にAmazon輸出販売をスタートすることができるのです。

　ただし、無在庫販売にもデメリットはあります。在庫リスクを持たずに誰でも気軽に始められるということは、参入障壁が低いことを意味しています。Amazonでの販売は、商品の販売価格以外の要素でほかのセラーと差別化していくことが難しく、リスクを抱えずに販売できる無在庫販売では、セラーどうしの価格競争が起こりやすいのです。しかし、やり方によっては、無在庫販売だけで月に数十万円、人によっては100万円以上稼いでいくことも可能ですので、ぜひ実践してみてください。

2. 在庫販売

　あらかじめ在庫を持って商品を販売する、一般的な物販ビジネスのスタイルです。在庫販売を無在庫販売と比較した場合の一番のメリットは、**仕入れ値を安く抑えられる**可能性があることです。1つの商品をまとめ買いして仕入れ先との価格交渉を行ったり、複数の商品をまとめて注文して日本国内でかかる送料を節約できれば、その分はまるまる利益になります。また、在庫一掃セールなどで商品を底値で拾っておくことができれば、ほかのセラーに対して価格面でかなりのアドバンテージを取ることができます。

無在庫販売で商品を1つだけ仕入れた場合
　商品代金 1,000 円　＋　送料 500 円　＝　仕入れ総額　**1,500 円 / 個**

在庫販売であらかじめ商品を10個仕入れた場合
　商品代金 1,000 円 × 10 個　＋　送料 500 円　＝　仕入れ総額　**1,050 円 / 個**

3. FBA在庫販売

　最後の3つ目の販売手法は、FBA在庫販売です。これは前の2つと違い、Amazon特有の販売スタイルになります。FBAとはFulfillment by Amazonの略で、Amazonの**FBA倉庫にあらかじめ商品を納品**しておくことで、Amazonが私たちセラーの代わりに、商品の保管、商品発送や注文処理、さらに返品に関するカスタマーサポートを代行してくれるサービスです。FBA在庫販売のメリット・デメリットや詳しい仕組み、販売の流れについては第4章で解説しておりますので、そちらをご覧ください。

🏷 **FBA販売**

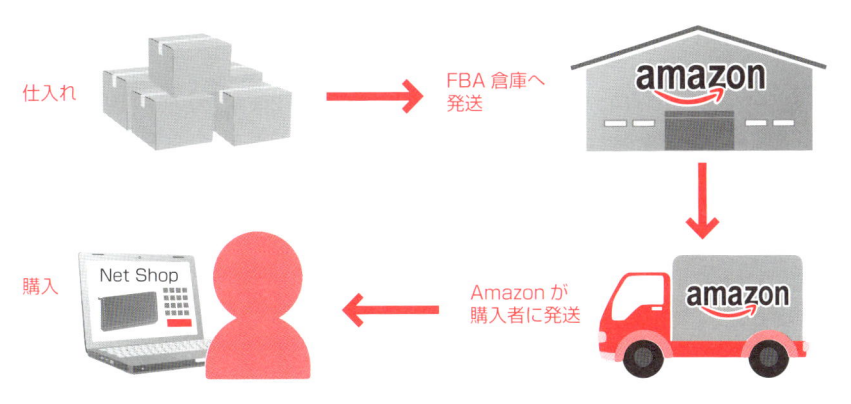

仕入れ　→　FBA倉庫へ発送　→　amazon　↓　Amazonが購入者に発送　→　購入　Net Shop

▲ Amazonが商品の保管、発送、注文処理を代行してくれます。

Section 17　第3章 ▶▶ Amazon輸出の基本戦略　無在庫販売をしてみよう

まずは、在庫リスクのない無在庫販売で稼いでみよう

| 基本 | 準備 | 無在庫販売 | FBA販売 | リサーチ | 仕入れ | 輸出戦略 | トラブル対処 |

「ハンドリングタイム」の考え方

　Amazon輸出を始めるにあたって、まずは在庫リスクのない無在庫販売で稼いでいくことを考えましょう。ここでもう一度、無在庫販売の流れについておさらいしておきましょう。

無在庫販売

販売 → 買い手がついてから仕入れ → 仕入れ → 発送

▲ 注文を受けてから商品を仕入れます。

　しかし、いったいなぜ、無在庫販売のような通常の販売とは逆の流れの販売ができるのでしょうか？　その理由は「ハンドリングタイム」という考え方にあります。**ハンドリングタイムとは、注文を受けてから商品を発送するまでの日数です**。このような話をすると、「注文が入ったらすぐに商品を発送しなくてもよいの？」という声が聞こえて来そうです。そうです、注文が入ってすぐに商品の発送をする必要はないのです。

　このハンドリングタイムは、デフォルトで2日以内に設定されていますが、実は14日までの期間で、商品ごとに自由に設定することが可能です（本やCDなど一部のカテゴリの商品ではハンドリングタイムの個別設定はできません）。

ハンドリングタイム7日間 → 余裕を持って仕入れを行える

▲ ハンドリングタイムのおかげで、無在庫販売が可能になります。

また、Amazon.co.jpの「プライムサービス」や楽天市場の「あす楽（楽天の販売サービス）」を利用し商品を仕入れれば、翌日に商品を受け取ることも可能です。ハンドリングタイムを5日や1週間など、長めに設定しておけば、注文が入ってから商品を仕入れても十分間に合うというのが、Amazon輸出で無在庫販売が可能なカラクリです。

　無在庫販売で出品する商品は何でもかまいませんが、在庫の供給が安定していない「初回限定品」「数量限定生産品」「メーカー生産終了品」などは避けることをおすすめします。と言うのも、こういった商品を取り扱っていると、出品した時の仕入れ予定価格より、実際に仕入れる時の価格が上がってしまう可能性があるからです。

　反対に無在庫販売に向いている商品というのは「日本国内で在庫の供給が安定していて、納期が短いもの」です。こうした商品を中心に、あらかじめ利益の出る価格で出品しておけば、無在庫販売で大きな赤字になるリスクは低くなります。

　このあとのセクションでお伝えする価格差のある商品のリサーチ法を活用して、無在庫販売商品の出品をしていくことで、500商品くらい出品した時点で月に数千円から数万円の利益を出せるようになる可能性が高いです。

　私が運営している「Amazon輸出プレミアムサポート」でも、初月の目標は「無在庫販売用の商品登録500点」として取り組んでもらい、多くの方が結果を残されています。

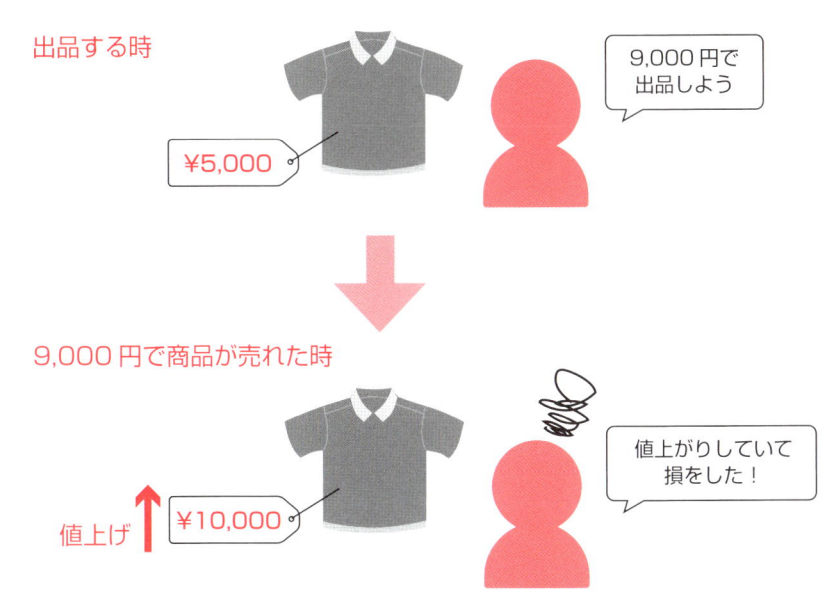

出品する時
¥5,000
9,000円で出品しよう

9,000円で商品が売れた時
値上げ ¥10,000
値上がりしていて損をした！

▲ 仕入れ値が上がりそうな商品の販売は避けましょう。

Section 18　第❸章 ▶▶ Amazon輸出の基本戦略　無在庫販売をしてみよう

無在庫販売をする上での注意点

| 基本 | 準備 | **無在庫販売** | FBA販売 | リサーチ | 仕入れ | 輸出戦略 | トラブル対処 |

ハンドリングタイムと在庫管理について

　ここまでの解説で、「無在庫販売はリスクがほとんどない」ということを理解していただけたかと思います。そこでこのセクションでは、**無在庫販売をするにあたって注意しなくてはいけない、とても重要なポイント**を解説していきます。

● ハンドリングタイムは何日に設定すればよいのか？

　前のセクションで解説したハンドリングタイムは、Amazon 輸出で無在庫販売を可能にしている大きな要素です。このハンドリングタイムは、デフォルトで 2 日の設定になっています。Amazon.co.jp の「プライムサービス」や「あす楽（楽天の販売サービス）」で在庫のある商品であれば、デフォルトのままの設定にしておいても注文が入ってすぐに商品を発注すれば、ハンドリングタイム内に発送は可能のように思えます。しかし、ハンドリングタイムはできればデフォルトの 2 日に加えて、+1 〜 5 日くらい長めに取っておくことをおすすめします。

　と言うのも、商品発注のタイミングや注文したショップの状況、また運送会社のトラブルなどによって、商品の到着が数日遅れてしまうケースがまれに発生するからです。特に会社勤めなどをされていて、平日の日中、家にいることが少ない方は、「仕入れた商品がなかなか受け取れない！」という事態も起こりえます。

　ハンドリングタイムをすぎても発送通知を送らない注文が頻繁に出てくると、アカウント停止などのペナルティを受けるリスクが出てきます。Amazon でセラーアカウントを永久停止されてしまうと、もう一度アカウントを作成するのはかなり困難です。せっかく Amazon 輸出を始めたのに、出荷遅延によってアカウントの永久停止をされてしまっては、しゃれになりません。そのため、Amazon 輸出を始めたばかりのタイミングでは、ハンドリングタイムは余裕を持って 3 日〜 7 日くらいに設定するとよいでしょう。次ページ上の画像は、実際の受注データです。このように余裕を持ったハンドリングタイムを設定するのがベストです。

```
Purchase Date:          January 27, 2014 6:50:39 AM PST
Expected Ship Date:     Jan 31, 2014 to Feb 3, 2014
Estimated Delivery:     Feb 27, 2014 to Mar 20, 2014
```

Purchase Date（注文日） → Expected Ship Date（出荷予定日） → Estimated Delivery（到着予定日）

ハンドリングタイム

▲余裕を持ってハンドリングタイムを設定しましょう。

● 在庫管理

　無在庫販売でもう1つ注意しなくてはいけないのが、「仕入れ値の値上がりや在庫切れ」です。前述したように、注文が入った時点で商品の出品時よりも仕入れ値が上がっていると、赤字になってしまう可能性もあります。

　また、在庫切れをしていた場合は注文のキャンセルをしなくてはいけません。この「注文のキャンセル」を繰り返していると、先程の「出荷遅延」と同じくアカウント停止のペナルティを受けるリスクが高くなります。ですので、なるべくなら、1日に1回、最低でも1週間に1回は仕入れ値や在庫切れのチェックをするようにしましょう。

▲ 在庫管理をしっかり行い、仕入れが行えないといった事態を避けましょう。

Section 19 第❸章 ▶▶ Amazon輸出の基本戦略　無在庫販売をしてみよう

Amazon販売の鍵をにぎる、アカウントヘルスとは？

| 基本 | 準備 | **無在庫販売** | FBA販売 | リサーチ | 仕入れ | 輸出戦略 | トラブル対処 |

カート取得や販売に影響するアカウントヘルス

　Amazonにはセラーのアカウントの健全性を指標とする、アカウントヘルス（Account Health）と呼ばれるものがあります。アカウントヘルスをよい状態で維持すれば、商品は売れやすくなります。しかし、悪い状態が続くとショッピングカート取得（P.96参照）や販売にマイナスなだけでなく、アカウントが停止されてしまう可能性も出てくるのです。アカウントヘルスの評価を定期的にチェックして、よい状態を保てるよう十分注意しましょう。

▲ アカウントヘルスの評価が悪いと、販売に悪影響を与えるだけでなく、アカウントが停止されてしまう可能性もあります。

・ ✅ **Good**：よい
Amazonが求める目標を達成している

・ ⚠ **Fair**：注意
Amazonが求める目標を達成していないが、アカウント停止の対象にはならない

・ ❌ **Poor**：悪い
Amazonが求める目標を達成しておらず、アカウント停止の可能性がある

● アカウントヘルスの内訳

　セラーアカウントからAccount Healthのページを開くと、さらに細かいステータスが表示されます。それぞれのステータスが示す状態について、解説していきます。

・**Order Defect Rate**：注文不良率
注文不良率は以下の3つで構成されており、トータルで1％以内に抑える必要があります。

　❶ **Negative Feedback Rate**：低評価率
　評価全体に占める低評価（1～3）の割合です。

❷ Filed A-to-Z Claim Rate：AtoZ クレームの申請率

AtoZ クレームとは、バイヤーを保護するための Amazon の保証プログラムです。商品が到着しなかった場合、商品が出品者の説明と著しく違っていた場合、返品の交渉でセラーとの話し合いがうまく進まなかった場合などに、バイヤーが申請することができます。

❸ Service Chargeback Rate：チャージバック申請率

チャージバックとは、クレジットカードの名義人がカード会社に対して、支払いの差止めを求めた時に申請されます。申請理由は商品未着などのほかに、カードが不正利用された時などさまざまです。

・**Pre-fulfillment Cancel Rate**：キャンセル率
出荷前に注文をキャンセルした割合で、2.5% 以内に抑える必要があります。

・**Late Shipment Rate**：出荷遅延率
発送期限内に商品を送らなかった取引の割合で、4% 以内に抑える必要があります。

・**Refund Rate**：返金率
セラーからバイヤーに返金された注文の割合です。

・**Delivered on time**：納期内の到着率
発送した商品が、納期内にバイヤーの元に到着している割合です。

・**Packages with tracking info**：トラッキング（荷物追跡）番号の付与率
トラッキング番号をバイヤーに教えている割合です。

・**Response times under 24 hours**：24 時間以内の質問への回答率

・**Late responses**：24 時間以内に質問へ回答しなかった割合

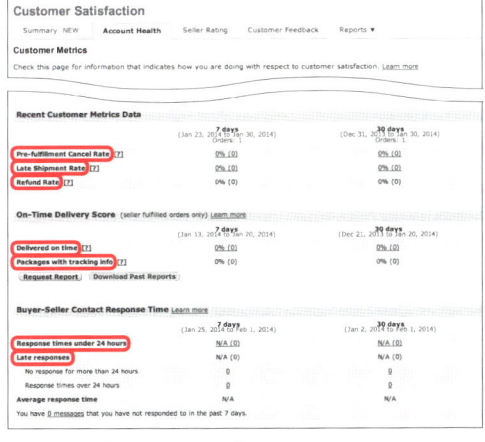

▲ すべての項目で Good を取得しましょう。

　この中で、特に注意をしなくてはいけないのは、**注文不良率、キャンセル率、出荷遅延率**の３つです。これらのステータスが低下すると、アカウント審査や停止のリスクが高まりますので、最低でも目標数値以内に抑えるようにしましょう。「納期内の到着率」「トラッキング（荷物追跡）番号の付与率」については、スコアが低下しても、基本的にはアカウント停止の対象にはなりません。

Section 20　第❸章 ▶▶ Amazon輸出の基本戦略　無在庫販売をしてみよう

Amazonの送料設定はこうすればOK

| 基本 | 準備 | 無在庫販売 | FBA販売 | リサーチ | 仕入れ | 輸出戦略 | トラブル対処 |

送料設定の仕組みを確認する

次は送料の設定をしましょう。AmazonTwenty基本的には商品ごとに送料を設定することはせずに、商品の発送エリア、配送スピード、商品重量などの組み合わせを基準に設定をしていくことになります。セラーセントラルの＜ Setting ＞→＜ Shipping Settings ＞を開いて、実際に送料設定をしていきます。

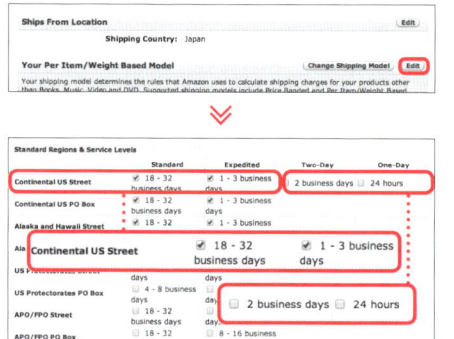

❶ Your Per Item/Weight Based Model の右側にある＜ Edit ＞ボタンをクリックして、編集を開始します。

❷ 最初に、チェックボックスにチェックを入れ、発送対象にするエリアと対応できる配送スピードの組み合わせを選択します。バイヤーが Amazon で商品を注文する際は、ここでチェックを入れたエリアと配送スピードの組み合わせが選択できるようになります。発送エリアは 12 種類、配送スピードは Standard、Expedited、Two-Day、One-Day の 4 種類があります。

配送エリア
- Continental US：一般的な米国本土宛て
- Alaska and Hawaii：アラスカ及びハワイ宛て
- US Protectorates：米国保護領宛て
- APO/FPO：米国軍関連の施設宛て

その他、Canada、Asia など米国以外のエリアへの発送にも対応することができます。Street は通常のアドレス、PO Box は私書箱のことです。注文の多くは米国本土から入りますので、最初のうちは Continental US の Street と PO BOX の 2 つだけを選択しておけばよいでしょう。

配送スピード
・Standard：通常配送
・Expedited：速達配送
・Two-Day：2日内の配送
・One-Day：24時間以内の配送

　配送スピードは、商品を出荷してから到着するまでの日数です。日本から商品を送る時には、「Two-Day」と「One-Day」で配達するのは現実的には難しいので、私たち海外セラーはStandardとExpeditedを使っていくことになります。バイヤーがStandardを選択した場合は、SAL便や通常の航空便、Expeditedを選択した場合はEMSで送るとよいでしょう。実際はEMSでアメリカに荷物を送ると、5日程度かかってしまう場合もありますので、不安な方はStandardのみの対応にしておきましょう。

　チェックボックスの隣にある日数は、商品を発送してから到着するまでの期間を表しています。例えばContinental US StreetへのStandard配送の場合は、商品を送ってから到着するまでに18〜32日かかるということです。この日数は、それほど厳密に意識する必要はありませんが、バイヤーがExpeditedを選択して注文をしたにも関わらず、SAL便などで商品を送り、到着まで2週間も待たせてしまっては、クレームにつながる可能性が高くなるので注意が必要です。

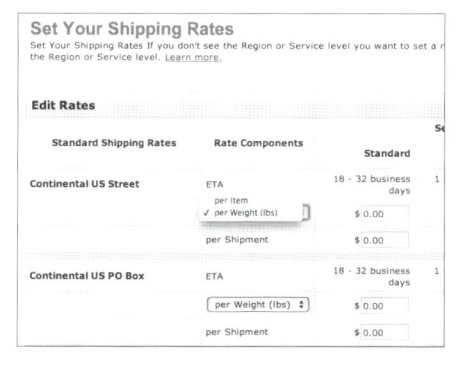

❸ Continueをクリックして進んでいくと、送料の設定ができます。送料はper Weight（lbs）かper Itemのどちらかと、per Shipmentの組み合わせで設定します。lbsとはポンドのことで、1ポンドは約454gです。

送料
・per Weight（lbs）：1ポンドあたりの送料
・per Item：1商品あたりの送料
・per Shipment：1発送（注文）あたりの送料

例えば、per Weight を $10、per Shipment を $4 に設定した場合、重量 0.5 ポンドの商品 1 つに注文が入ると、以下の送料が請求されます。

| $10 × 0.5（ポンド） per Weight | + | $4 × 1 出荷 per Shipment | = | $9 |

一方、per Weight ではなく per Item を選択した場合は、重量による送料の増減はありません。per Item を $10、per Shipment を $4 にした場合、重量 0.5 ポンドの商品 1 つに注文が入ると、

| $10 × 1 商品 per Item | + | $4 × 1 出荷 per Shipment | = | $14 |

となります。ここで送料をいくらに設定すればよいかと悩むかと思いますが、実は送料設定はそこまでシビアに考える必要はありません。というのも、バイヤーにとっては送料がいくらであるかはあまり関係がなく、商品代金＋送料の総額がいくらかが大切だからです。送料を安く設定したのであれば、その分の金額を商品代金に上乗せすればよいというわけです。ですので、送料設定はデフォルトの設定のままでも問題ありません。

商品代金		送料		合計
1,000 円	＋	500 円	＝	1,500 円
1,500 円		0 円		1,500 円

ただし、注意の必要なポイントが 2 点だけあります。1 つ目は Standard と Expedited の差額です。バイヤーがどちらの配送スピードを選択して注文しても、商品の出品価格は変わりません。ですので、仮に、Standard を SAL、Expedited を EMS で送ると決めているのであれば「Standard と Expedited の差額」＝「SAL と EMS の差額」となっている必要があります。

ここでは例として、Standard を送料無料として Expedited の送料を設定してみましょう。送料無料なので、Standard は per Weight（もしくは per Item）、per Shipment ともに $0 に設定します。

次にExpeditedの送料をSALとEMSの差額を元に決めていきましょう。EMSの送料の差額は、以下の表のようになっています。

	EMS	SAL	差額
100g	1,200 円	180 円	1,020 円
300g	1,200 円	380 円	820 円
500g	1,500 円	580 円	920 円
600g	1,680 円	680 円	1,000 円
700g	1,860 円	780 円	1,080 円
800g	2,040 円	880 円	1,160 円
900g	2,220 円	980 円	1,240 円
1,000g	2,400 円	1,080 円	1,320 円

▲ 送料無料にするメリットは、計算がしやすくなること。送料を高めに設定するメリットは、まとめ買いを誘いやすいということです。
例えば、1個1ポンドの商品を
①商品代金 $100、送料無料
②商品代金 $80、per Shipment$10、per Weight$10
でそれぞれ2つ販売したケースについて考えてみましょう。
①のケースは、単純に商品代金 $100×2=$200 となります。
②のケースでは、商品代金 $80×2+per Shipment$10+（per Weight×2）で合計 $190 になります。

　こうして見ると、SALとEMSでは最低でも800〜1,000円程度の送料の差額があることがわかります。そのためバイヤーがExpeditedを選択して注文した時に、送料で赤字にならないためには、最低800〜1,000円を追加で支払ってもらう必要があります。さらに、500g以降の差額は100g増えるごとに80円ずつ増えています。ということで、per Shipmentを800〜1,000円程度に設定し、per Weightを100gあたり80円程度になるように設定するとよいでしょう。これで、StandardとExpeditedの差額による送料での大きな赤字は出にくくなるはずです。

　2つ目は、Standardのper Shipmentの送料をどのように設定するかです。per Shipmentは「1出荷あたり」にかかる送料なので、1回の注文で1個の商品を注文しようが、10個の商品を注文しようが送料は変わりません。バイヤーからしてみれば、per Shipmentを高めに設定しているセラーからは、まとめ買いがしやすくなります。しかし、per Shipmentを高く設定しすぎると、一度に大量の商品をまとめ買いされた時に、送料で赤字を出してしまう可能性もあるので注意が必要です。

　以上のことを踏まえて、自分の販売スタイルに合わせてじっくりと送料を決めていきましょう。

Section 21 無在庫販売の利益計算はこうすればOK

第3章 ▶▶ Amazon輸出の基本戦略　無在庫販売をしてみよう

| 基本 | 準備 | 無在庫販売 | FBA販売 | リサーチ | 仕入れ | 輸出戦略 | トラブル対処 |

無在庫販売の利益計算を行う

送料の設定について理解できたら、次は無在庫販売の利益計算について学んでいきましょう。無在庫販売の利益計算は、次のようなイメージになります。

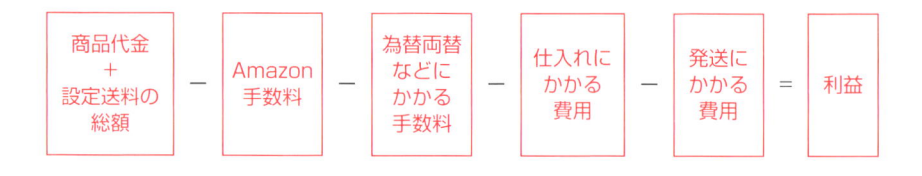

商品代金 + 設定送料の総額 − Amazon手数料 − 為替両替などにかかる手数料 − 仕入れにかかる費用 − 発送にかかる費用 = 利益

少しややこしいかもしれませんが、ここをしっかりと理解していないと、正しい利益計算ができません。続いて、それぞれの費用について解説をしていきます。

1. 商品代金＋設定送料の総額

前のセクションで「Amazonでは商品代金＋設定送料の総額をいくらにするかがポイント」とお伝えしました。利益計算を行う場合も同じように**「商品代金＋設定送料の総額がいくらになるか」**を基準に考えます。例えば、以下の商品の場合は商品代金 $25.74 ＋ 設定送料 $3.00 で合計 $28.74 ということになります。

▲ 商品の代金と送料をベースに利益を計算します。

2. Amazon手数料

　Amazonで商品を販売した時は、Amazonに手数料を支払う必要があります。Amazonで商売をさせてもらうための出店料のようなものです。手数料は商品のカテゴリによって異なりますが、ほとんどのカテゴリで15%となっています。これは左ページ1.の総額に対して15%かかるという計算です。さらに、Individualプランで契約をしている場合は、1商品販売するごとに$0.99の手数料が追加で発生します。Professionalプランで契約している場合、$0.99の手数料は発生しません。

3. 為替両替などにかかる手数料

　Amazon輸出の売上は、ドルで支払われます。そのドルで得た売上を日本円に換金する際にも、手数料がかかります。この手数料はペイオニアを利用するか、海外の銀行口座を利用するか、あるいは日本での受け取り方をどうするか、いくらずつ送金するかなどの条件によって大きく変わってきます。それぞれのケースをここであげているとキリがありませんので、ここではざっくりとしたイメージをお伝えします。ペイオニアを利用して数百〜数千ドルずつ送金した場合で4〜5%程度、アメリカの銀行口座から一度に数万ドルを日本の銀行に国際送金した場合で1〜2%程度と思っていてください。

4. 仕入れにかかる費用

　商品を仕入れた時にかかる費用です。具体的には、仕入れ代金、日本国内での送料、振込や代引きにかかる手数料などが考えられます。

◀ 代引きなどを行うと余分に手数料が発生してしまうので、なるべく費用を抑えましょう。

5. 発送にかかる費用

　郵便局で商品を発送した時にかかった国際郵便料金、梱包材などを利用した場合の費用などがこれにあたります。

　以上を踏まえて、もう一度先程のイメージ図を眺めてみてください。利益計算について理解が深まったら、次のセクションに進みましょう。

Section 22
Amazonに出品する商品を探してみよう

第3章 ▶▶ Amazon輸出の基本戦略　無在庫販売をしてみよう

| 基本 | 準備 | 無在庫販売 | FBA販売 | リサーチ | 仕入れ | 輸出戦略 | トラブル対処 |

価格差のある商品を探す

　それでは実際に、価格差のある商品を探していきましょう。まずはAmazonのトップページから「Japanese」「Japan」など、日本に関連するキーワード＋適当な単語（文字）の組み合わせで、検索をしてみましょう。

　組み合わせる適当な単語（文字）は、なんでもOKです。深く考える必要はなく、「e」「11」など、ただの文字や数字でもかまいません。もちろん「Japanese」「Japan」のキーワードだけで検索をしてもよいのですが、適当な単語（文字）と組み合わせることで、検索結果はさまざまに変化します。毎回同じような検索結果の商品を1つ1つ見ていくよりも、「こんな商品も海外で売られているのか」と新しい発見があり、商品探しが楽しく感じることでしょう。また、Amazonでは検索カテゴリを指定すると、価格帯、売れている順、新着順などで並び替えができるようになります。必要に応じて活用してください。

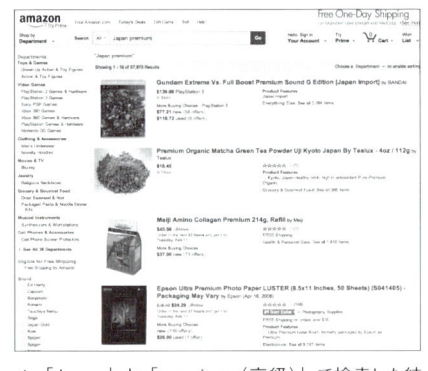

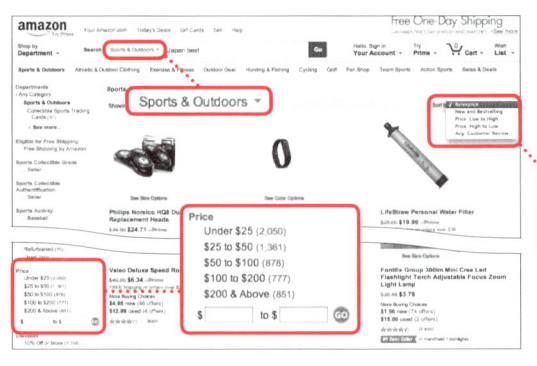

▲「Japan」と「premium（高級）」で検索した結果です。

◀ カテゴリや価格帯を変更して、何度も検索してみましょう。

● 利益の出る商品の周辺を検索する

　絞り込みや並べ替えが終わったら、表示された検索結果について、1つ1つ商品ページを開いていきます。前のセクションで学んだ利益計算方法を利用して、日本とアメリカのAmazonの価格差を比べていきましょう。日本のAmazonで商品を探す時は、ASINコード、JAN（EAN）コード、キーワードなどを使います。

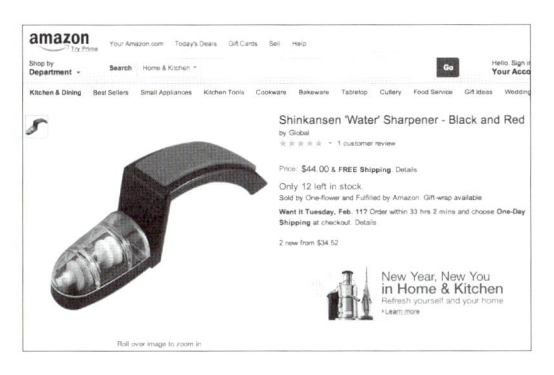

◀ ASINコード「B0000A33LJ」の商品です。

◀ 日本のAmazonでも同じASINコードで商品が検索できます。

　また、まったく売れた実績のない商品を出品するよりも、すでに売れている実績のある商品を出品した方が効率的です。「Amazon Best Sellers Rank（Amazonランキング）」が高かったり、「Average Customer Review（商品レビュー）」が書いてあったりする商品はすでにある程度売れている可能性が高いので、こちらも併せてチェックしてください。

　いくつかの商品を見ていくと、売れている実績があって、かつ利益が出る商品が見つかるはずです（出品価格の決め方についてはSec.42も参考にしてください）。

　そして、利益の出る商品が1つ見つかったら、そこでいったん作業をストップしてください。なぜなら「利益の出る商品の周りには、利益の出る別の商品が埋まっている可能性が高い」からです。

Section 23

第3章 ▶▶ Amazon輸出の基本戦略　無在庫販売をしてみよう

利益の出る商品を派生させて、芋づる式に商品を見つけていこう

| 基本 | 準備 | 無在庫販売 | FBA販売 | リサーチ | 仕入れ | 輸出戦略 | トラブル対処 |

利益の出る商品を芋づる式に見つける

　利益の出る商品が1つ見つかったら、その商品を起点にして芋づる式に商品を見つけていきましょう。

● メーカー名

　メーカー名で商品を派生させていきます。商品タイトルの下にメーカー名が表示されているので、そこをクリックすると、メーカー名のキーワードが入った商品の一覧が表示されます。

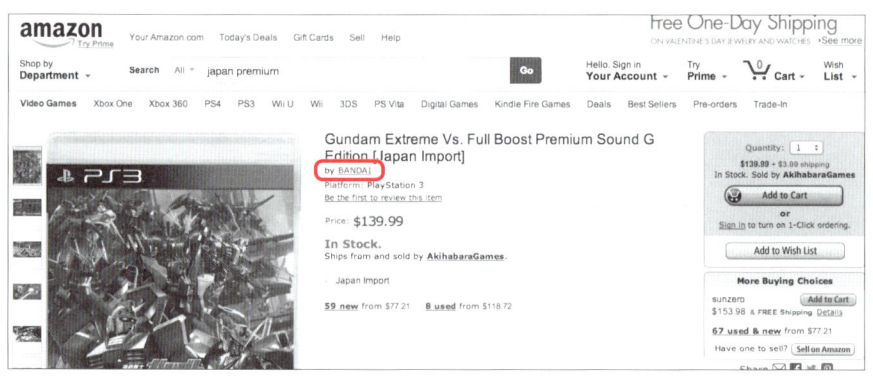

▲ 商品のメーカー名をクリックします。

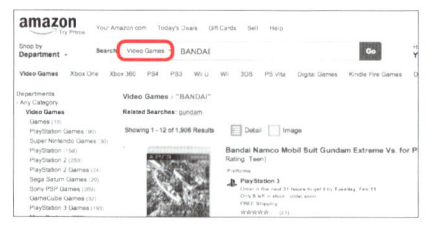

▲ 同一メーカーの商品が表示されますが、カテゴリが「Video Games」になっています。

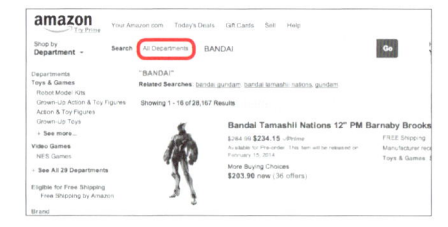

▲ 商品カテゴリを「All Departments（すべて）」に設定して、メーカーの人気商品をリサーチしましょう。

● Amazonの関連商品リンク

Amazon の関連商品リンクを使って、商品を派生させていきます。

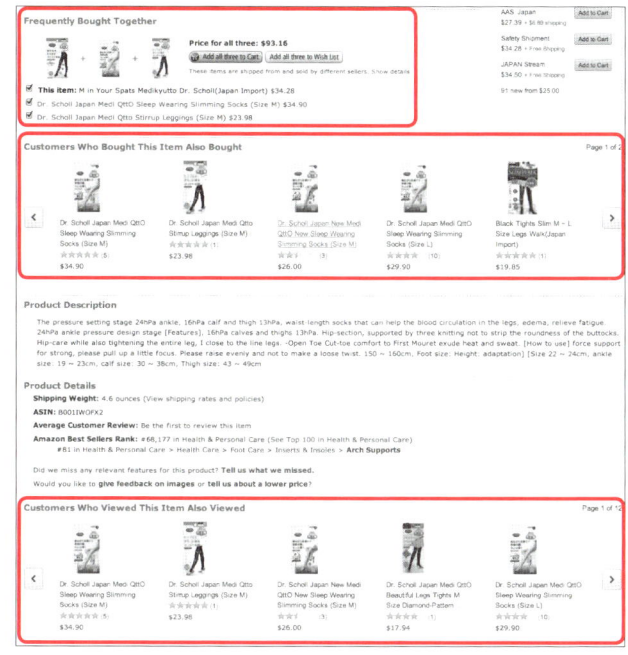

◀ 関連商品からは、派生する商品をお手軽に探せます。

- Frequently Bought Together：一緒に買っている商品
- Customers Who Bought This Item Also Bought：この商品のあとに買った商品
- Customers Who Viewed This Item Also Viewed：この商品のあとに見た商品

● キーワード

　商品タイトルなどに含まれているキーワードを元に、商品を派生させていきます。「Pokemon」のように１つのキーワードをピックアップしてもよいですし、「Pokemon import」「Japan cup drink」のように、２つ以上のキーワードを組み合わせても OK です。キーワード派生の詳しい方法については、Sec.68 で解説をしていきます。

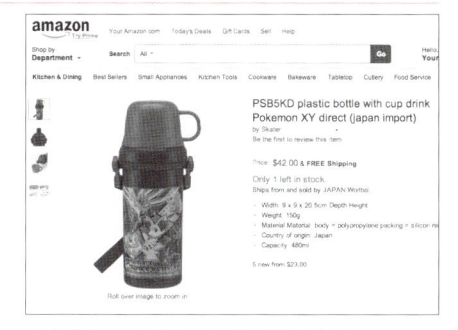

▲ 先入観を捨ててキーワードを派生させます。

Section 24

たった1分で完了
Amazonに商品を出品してみよう

第3章 ▶▶ Amazon輸出の基本戦略　無在庫販売をしてみよう

| 基本 | 準備 | **無在庫販売** | FBA販売 | リサーチ | 仕入れ | 輸出戦略 | トラブル対処 |

Amazonで商品を登録する

　価格差のある商品が見つかったら、次はAmazonに商品を出品していきましょう。
Amazonに商品を登録するには、2種類の方法があります。

1. 商品ページから直接商品を登録する

◀ 各商品ページの右側に＜Sell On Amazon＞というボタンが表示されています。ここをクリックすると、商品登録画面に進むので、必要な情報を入力して商品登録を進めましょう。

🏷 商品登録の解説

・Condition
商品の状態を選択します。新品を出品したければ「New」を選択します。Amazonにはコンディションガイドラインというものがあるので、中古品や付属品の足りないものなどを出品したい場合は、ガイドラインに沿って商品のコンディションを選択してください。

・Condition Note
付属品の有無など、商品の詳細なコンディションを記載します。発送方法や取引に関しての注意事項、バイヤーに対するメッセージなども盛り込むとよいでしょう。ほかのセラーの文章を参考に定型文を作ってみてください。

・Quantity
出品する商品の数を入力します。

・Your item's price
商品の販売価格を入力します。

・Your item's tax code
商品のタックスコードを選択するのですが、ここは空欄でかまいません。

・Your item's SKU

SKU というのは、出品者が個別に指定できる商品の管理番号です。出品した商品をあとから管理しやすいように、「無在庫か FBA 在庫か」「商品を登録したのは誰か」「通し番号」などを入れるとよいでしょう。また、商品を仕入れた日や、仕入れ値を SKU に入れて管理している方もいます。ただし、この場合 1 つ注意点があります。と言うのも、Amazon には「同コンディションの同じ商品を違う SKU で複数出品してはいけない」という規約があるからです。例えば、1/1 に 1,500 円で仕入れた商品の SKU を、次のように付けたとします。

A 20140101_1500_A0001

この商品の売れ行きがよいので、2/1 に追加で商品を納品しようとしたとします。仕入れ値が若干変わっていて 1400 円になっていたため、別の SKU を付けることにしました。

B 20140201_1400_A0001

この時、A の SKU を持つ在庫が残っているうちに B の在庫を納品してしまうと、Amazon の規約に触れてしまうというわけです。そのため、A の在庫が売り切れたあとに B を納品することになるのですが、A が売り切れるまで待っていたら、商品の販売機会を損失してしまう可能性もあります（中古品など状態が異なるものはその旨をコンディションノートに明記すれば複数出品可能です）。このように SKU に情報をなんでもかんでも入れてしまうと、後々困ることもあるので、SKU は慎重に付けていくべきです。ちなみに、SKU は空欄のまま登録することも可能です。その場合、Amazon 側でランダムに SKU が付与されます。

・Shipping speeds you want to offer

自己出荷（無在庫販売）か FBA 出荷かを選択します。自己出荷（無在庫販売）の場合は＜ I want to ship this item myself to the customer if it sells ＞を選択し、FBA 販売の場合は＜ I want Amazon to ship and provide customer service for my items if they sell ＞を選択します。

2. セラーセントラルで商品を登録する

　Health & Personal Care や Beauty など一部のカテゴリの商品では、商品ページに＜ Sell On Amazon ＞のボタンが表示されていない場合があります。その場合は、Amazon のセラーセントラル内にある Inventory の＜ Add a Product ＞から登録をしましょう。出品したい商品名や ASIN、EAN で検索をかけて、必要事項を入力すれば OK です。

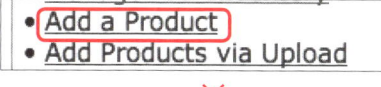

❶ セラーセントラル内の Inventory から＜ Add a Product ＞をクリックします。

❷ 「商品名や ASIN、EAN」を入力して、＜ Search ＞をクリックします。

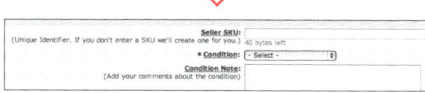

❸ セラーセントラルから商品を出品する場合は、ハンドリングタイムなど、より細かい情報まで登録することが可能です。

Section 25　第❸章 ▶▶ Amazon輸出の基本戦略　無在庫販売をしてみよう

無在庫販売の注文が入ったら？

[基本] [準備] [無在庫販売] [FBA販売] [リサーチ] [仕入れ] [輸出戦略] [トラブル対処]

注文に対応する

　無在庫販売の商品に注文が入ると、Amazonから注文確定を知らせるメールが届きます。また、セラーセントラル内のOrdersの＜Manage Orders＞にも、注文が表示されます。

❶ まずは＜Manage Orders＞をクリックして、注文の詳細を確認してみましょう。

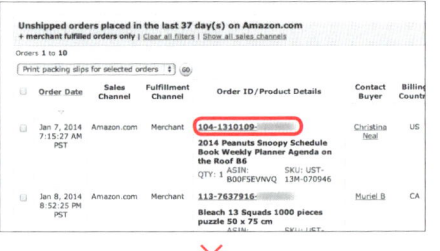

❷ チェックしたい商品の番号をクリックします。

❸ 商品の詳細が表示されます。

詳細画面には注文情報がいろいろと記載されていますが、商品の発送をするにあたってチェックするべき主な項目は以下の表の通りです。

Shipping Address	発送先です。この宛先に商品を発送します。
Purchase Date	注文日です。
Expected Ship Date	出荷期限です。この期限内に商品の発送通知を送る必要があります。
Estimated Delivery	商品到着の目安です。
Shipping Service	購入者が指定した発送方法です。
Contact Buyer	購入者へ連絡をしたい場合はこちらをクリックします。
ASIN	ASIN コードです。これを元に商品の仕入れを行います。
Print order packing slip	クリックすると、商品に同封する納品書を印刷するページが表示されます。
Confirm shipment	ここから発送通知を送ります。

無在庫販売で注文が入ったら、次のステップで発送処理を行います。

1. 商品を注文する

ASIN コードや商品名を元に、商品の仕入れをしましょう。仕入れは日本の Amazon からでも OK ですし、そのほかのネットショップが安ければそちらを活用します。

2. 届いた商品を梱包し、納品書を同封する

商品が手元に届いたら、日本での注文金額が記載されている領収書など、不要なものを抜き取ります。Print order packing slip から納品書を印刷し、商品を梱包しなおして発送します。梱包材などはそのまま利用すれば OK です。

3. 発送通知を送る

商品の発送を終えたら、Confirm shipment から、商品の発送通知を送ります。郵便局の国際郵便サービスを利用して商品を発送する場合、Carrier は Japan Post を選択しましょう。発送方法は EMS、SAL、e パケットなど、該当する発送方法を直接入力します。Tracking ID は空欄でもかまいませんが、**追跡番号がある場合は必ず入力しましょう。**

▲ 発送通知を送ります。

Ship Date	発送日
Carrier	発送会社
Shipping Service	発送方法
Tracking ID	荷物の追跡番号

Section 26

第3章 ▶▶ Amazon輸出の基本戦略　無在庫販売をしてみよう

発送伝票の作り方や梱包はどうする？

| 基本 | 準備 | 無在庫販売 | FBA販売 | リサーチ | 仕入れ | 輸出戦略 | トラブル対処 |

仕入れた商品を梱包する

　このセクションでは、商品を発送する時の、**発送伝票の作り方、梱包の仕方**について解説していきます。

● 発送伝票の作り方

　発送伝票の作り方には、以下の2つの方法があります。

・手書きで伝票を作成する

手書きの場合は、所定の伝票を近くの郵便局でもらってきましょう。SALの場合は、専用の伝票ではなく封筒などに直接宛先を記載してもOKです。また、税関告知書やインボイスといった内容品の申告書も必要になるので、それらも併せて作成しましょう。伝票やインボイスの作成方法については、お近くの郵便窓口で聞くか、郵便局のホームページを参考にしてください。最初は難しく感じるかもしれませんが、慣れれば日本国内で小包を送るのと、それほど手間は変わりません。

EMS、ラベルの記入方法　参照URL http://www.post.japanpost.jp/int/use/writing/ems.html
インボイスについて　参照URL http://www.post.japanpost.jp/int/use/writing/invoice.html

・国際郵便マイページサービスを使ってオンライン上で伝票を作成する

以下のURLにアクセスして、アカウントを作成します。そのあとは商品ごとに発送先や発送元、内容品などの登録をすれば、伝票と税関告知書やインボイスが作成されます。それらを印刷し、所定のパウチに封入して荷物に貼り付ければ完了です。なおeパケットは、国際郵便マイページサービスからしか伝票の作成ができません。

国際郵便マイページサービス　参照URL https://www.int-mypage.post.japanpost.jp/

● 商品の梱包方法

次に、商品の梱包について解説します。

❶ 届いた商品を開封し、商品と納品書を取り出します。

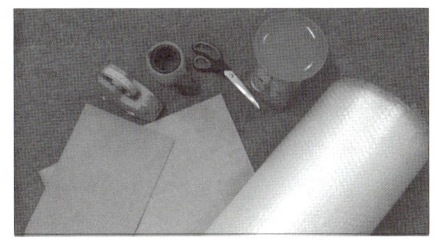

❷ 封筒（もしくは段ボール）、緩衝材、テープ類、ハサミ、2kgまで量れる計量器などを準備してください。

❸ 商品を緩衝材で保護します。

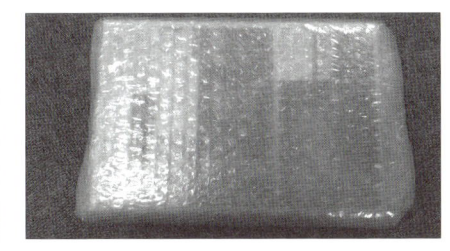

❹ 完成イメージです。商品が傷ついてトラブルにならないよう、しっかり梱包しておきましょう。

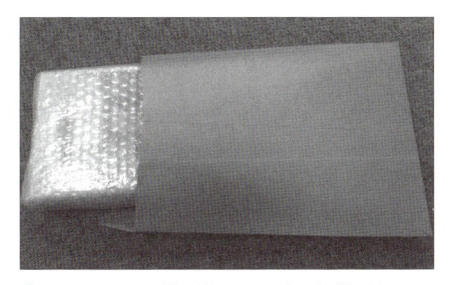

❺ こわれものや、横や縦からの圧力で簡単に潰れてしまいそうな商品は段ボール、それ以外は封筒などで梱包し直します。なお、郵便局に言えばEMS発送用のクッション付き封筒などを無料でもらえます。

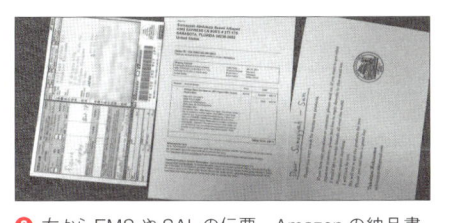

❻ 左からEMSやSALの伝票、Amazonの納品書、メッセージカードです。メッセージカードにはお礼と評価依頼を書いておきます。自分のメールアドレスを加えておけば、バイヤーから直接感謝のメッセージなどが届くこともあります。ただし、AmazonではAmazon外部に誘導して取引をすることが禁止されているので、その点だけ注意をしてください。

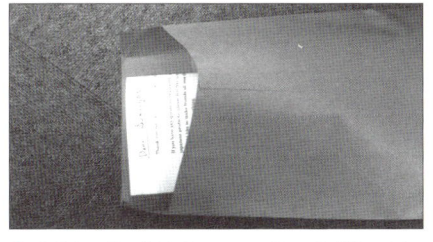

❼ 商品と一緒に納品書とメッセージカードを封入します。

❽ 伝票を貼り付けて完了です。

Section 27　第❸章 ▶▶ Amazon輸出の基本戦略　無在庫販売をしてみよう

国際郵便の発送方法について学ぼう

| 基本 | 準備 | **無在庫販売** | FBA販売 | リサーチ | 仕入れ | 輸出戦略 | トラブル対処 |

国際郵便で利用できるサービス

　商品が売れたら、国際郵便でバイヤーへ荷物を発送することになります。ここでは、国際郵便の発送方法について学んでいきましょう。一口に国際郵便と言っても、さまざまなサービスがあります。Amazon輸出で利用する発送方法は、主に以下の3つになります。

・EMS（国際スピード郵便）
・SAL小形包装物（スモールパケット）
・eパケット

　これら3つの発送方法の大きな違いは、送料、到着日数、損害補償です。それぞれの特徴をまとめると、以下の表のようになります。

	アメリカまでの商品到着目安	書留	損害補償	サイズ・重量制限	500gの商品をアメリカまで送った時の送料例
EMS（国際スピード郵便）	2-5日程度	可能	最高200万円まで補償。内容物2万円まで無料。以降2万円ごとに+50円保険追加必要	長さ＋横周2.75m以内／最長辺1.5m以内／重量30kgまで	1,500円
SAL小形包装物書留あり	10-14日程度	+410円で付帯可能	書留を設定することで6,000円まで補償	三辺合計90cm以内／最長辺60cm以内／重量2kgまで	580円
eパケット	5-8日程度	可能	6,000円まで補償	三辺合計90cm以内／最長辺60cm以内／重量2kgまで	1,235円

SAL の小型包装物（以降は単に SAL と表記します）がもっとも送料を節約できますが、到着日数がかかります。またオプションで書留を付けないと、万一の時に補償を受けることができません。一方、到着が早くて補償もしっかりと付いて安心な EMS で送ると、高い送料が利益を圧迫します。Amazon の無在庫販売では、バイヤーに発送方法を選択してもらう設定も可能になっているので、複数の発送方法に対応するように設定することで、左の３つの発送方法を上手に使い分けていきましょう。具体的な設定方法については、次のセクションで解説します。

　また国際郵便では、ライターや塗料、バッテリーなどの爆発や引火の危険があるものは発送できなかったり、制限があったりします。例えば、Zippo は綿にオイルを含んでいると発火する危険があるので、**新品の場合でもバラバラに分解しないと送ることができません**。いかに新品でも、バラバラになった商品が送られてきたら、バイヤーは怒ってしまうかもしれません。

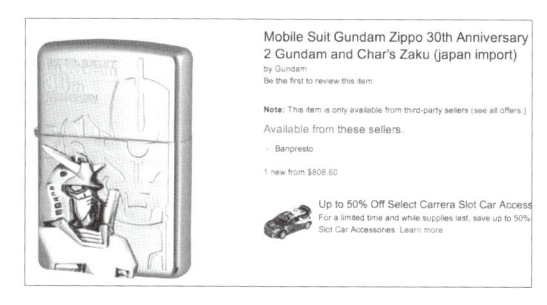

◀ この商品ページから購入したバイヤーは、当然この形で送られてくると思っているでしょう。

　また、デジタルカメラや PSP などの携帯用ゲーム機に付属しているリチウムイオン電池も、１箱で発送できる個数に制限があり、発送自体ができない国も存在します。
　これらの商品の郵便条件については、変更になることもありますので、定期的に国際郵便のホームページでチェックしたり、郵便局に問い合わせたりするようにしましょう。

◀ カメラや携帯ゲーム機のバッテリーとして使う電池にも気を付けましょう。

Section 28 第3章 ▶▶ Amazon輸出の基本戦略 無在庫販売をしてみよう

誰にでもできるお得な送料節約術

| 基本 | 準備 | 無在庫販売 | FBA販売 | リサーチ | 仕入れ | 輸出戦略 | トラブル対処 |

送料を賢く節約する

商品が売れるようになってくると、日々、結構な金額の送料を支払うようになってきます。ここでは、少しでも送料を節約するための方法をご紹介していきます。

● 国際郵便の割引サービスを受ける

EMS、eパケットなどは、一度にまとめて荷物を発送したり、月間・年間で大量の発送をしたりすると、国際郵便の割引サービスを受けることが可能になります。場合によっては送料が10％、20％と節約できてしまいますので、条件を満たせるようになったら、積極的に活用していきましょう。割引率や条件などは、それぞれの発送方法により異なりますので、詳しくは国際郵便のホームページかお近くの郵便局で確認してください。

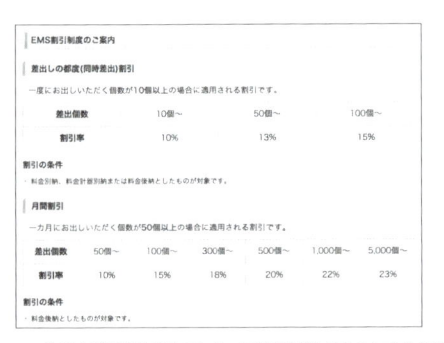

▲ 差出個数割引だけでなく、月額割引を使うことで大幅なコスト削減が望めます。

● 送料を切手で支払う

割引を受けられるほど大量の発送などできていないという場合も、安心してください。誰でも送料を節約できる方法があります。それは、金券ショップで切手を購入し、送料を切手で支払うという方法です。金券ショップでは切手を額面よりも安く購入できるので、その差額分が節約できるというわけです。

また、個人店のようなお店が近くにあれば、「継続的にまとめて購入しますので、もう少し安くしていただけませんか？」といった交渉をしていくことで、さらに節約することも可能です。近くに交渉のできそうな金券ショップがない場合は、インターネット上の金券ショップやオークションなどで購入してもよいでしょう。

　切手をいちいち貼り付けるのが大変という場合は、**切手別納**を利用してみましょう。切手別納は、荷物に切手を貼り付けず、お金の代わりに切手で支払いをするという方法です。EMSの場合は、1個からでも利用可能です。SALの場合は10個から利用できるようになります。地域や担当者によっては10個に満たない場合でも、サービスで対応してくれる場合があるので、一度相談してみるとよいでしょう。

▲ 例え少額でも節約につながる方法を模索してみましょう。

金券ショップ チケッティ 参照URL http://www.tickety.jp/

● 発送重量を極力減らす

　商品を仕入れた時に入っていた梱包材は、そのまま使い回すのではなく、無駄な部分をカットして発送重量を減らしましょう。

　また、あまり知られていませんが、**EMSなどの伝票の重さは、発送重量に含まないことになっています**。このことを知らない（もしくは忘れている）窓口担当者もいるようなので、計量をする郵便局員の方には必ず伝えるようにしましょう。

Section 29

第3章 ▶▶ Amazon輸出の基本戦略　無在庫販売をしてみよう

売れた商品が在庫切れや価格高騰していたらどうする？

| 基本 | 準備 | 無在庫販売 | FBA販売 | リサーチ | 仕入れ | 輸出戦略 | トラブル対処 |

在庫切れと価格高騰への対処法

　無在庫販売の悩みの1つに、売れた商品の在庫切れや、仕入れはできても、大きな赤字になってしまうくらい仕入れ値が高騰してしまっている、というケースがあります。こういった場合は、どのように対処していけばよいでしょうか？

　まず、「注文をキャンセルする」という方法が考えられます。しかし、ほかのセクションでもお伝えしてきたように、Amazon での注文キャンセルは慎重に行わなくてはいけません。**注文キャンセルをすると、セラーの内部的な評価が下がって、ショッピングカートの取得（P.96 参照）にマイナスの影響を与えます**。また、注文キャンセル率が高くなると、最悪の場合、アカウントを止められてしまうこともあります。

　そのため、仕入れ値が高騰してしまった商品に関しては、自分のアカウントの注文キャンセル率を見ながら、赤字額とのバランスを考えてキャンセルするかどうかを決めていきましょう。

　Amazon は注文のキャンセル率を 2.5% 以下に保つように促しているので、これを1つの基準と考えるとよいでしょう。注文のキャンセル率はセラーセントラルの Account Health にある Pre-fulfillment Cancel Rate で確認できます。

Recent Customer Metrics Data	7 days (Jan 6, 2014 to Jan 13, 2014) Orders: 0	30 days (Dec 14, 2013 to Jan 13, 2014) Orders: 1	90 days (Oct 15, 2013 to Jan 13, 2014) Orders: 5	Target
Pre-fulfillment Cancel Rate [?]	0% (0)	0% (0)	0% (0)	< 2.5%
Late Shipment Rate [?]	0% (0)	0% (0)	0% (0)	< 4%
Refund Rate [?]	0% (0)	0% (0)	0% (0)	--

▲ Pre-fulfillment Cancel Rate からキャンセル率を確認してみましょう。もちろん、理想は 0% です。

それでは、商品が在庫切れを起こしていた場合はどうでしょうか。まずは可能な限りネット上で探してみましょう。普段仕入れているサイト以外にも、モバオク、ショッピーズ、楽天オークションなどの比較的規模の小さいオークションサイトやSNSなどの売買掲示板も覗いてみましょう。

ネットで見つからない場合は、近くの実店舗に電話をかけて在庫を確認してみましょう。ネット上で在庫切れを起こしている商品が店舗にはまだ残っているというケースは多々あります。

ネットにも、店頭にも在庫がなく、キャンセル率もこれ以上上がるのは危険だという場合は、最後の手段を取ります。「同じようなスペックの別の商品でもかまわないか」とバイヤーに提案してみるのです。例えば、家電で型落ちした商品に注文が入って、日本国内の在庫がもうなくなってしまった場合などは、最新のモデルを紹介します。もちろんその場合は、在庫切れを起こしてしまったことをしっかり謝るのと同時に、「こちらの商品は最新型なので、○○という機能がついているため日本では人気です」といった感じのことも付け加えておくとよいでしょう。

ただし、Amazonを通さないバイヤーとの直接取引は、Amazonの規約上禁止されています。その点を十分注意した上で行うようにしてください。

▲ 家電などは、よく似たスペックの商品が多いため、最後の手段として交渉も考えられます。しかしこの手段はAmazonの規約上禁止されているということを知った上で、自己責任で行ってください。

Section 30

第3章 ▶▶ Amazon輸出の基本戦略　無在庫販売をしてみよう

注文のキャンセルや返品、返金の要求がきた時に気を付けるポイントとは？

| 基本 | 準備 | 無在庫販売 | FBA販売 | リサーチ | 仕入れ | 輸出戦略 | トラブル対処 |

返品や返金の対処方法について

　ここでは、無在庫販売で売れた商品に、バイヤーから注文のキャンセルや返品、返金の要求がきた時の対処方法についてお伝えしていきます。まずは、商品の発送前（発送通知を送る前）に注文のキャンセル要求が来た場合の対処についてです。

　発送前にキャンセル要求が来た場合は、「キャンセルオーダー（Cancel Order）」を実行することになります。しかし、この時1つだけ注意しなくてはいけないポイントがあります。それは「キャンセルオーダーを実行する前に、必ずバイヤーからキャンセルリクエスト（Request Cancellation）を送信してもらう」ということです。

　Amazonでは商品の出荷前（出荷通知を送る前）であれば、バイヤーがキャンセルリクエストを送信することができます。そして、このキャンセルリクエストをもらわずに、キャンセルオーダーをしてしまうと、**バイヤー側の都合によるキャンセルであってもPre-fulfillment Cancel Rate（出荷前の注文キャンセル）にカウントされてしまい、アカウントヘルスが低下してしまうのです。**ですので、バイヤーから「注文をキャンセルしたいのですが」と問い合わせが来た時は、必ず「キャンセルリクエストを送信してくれれば、キャンセルできます」と返信するようにしましょう。

▲ 先にキャンセルリクエストをもらいます。

❶ オーダーキャンセルの方法は、Manage Ordersから、キャンセルしたいオーダーの「Contact Buyer」でバイヤー名をクリックします。

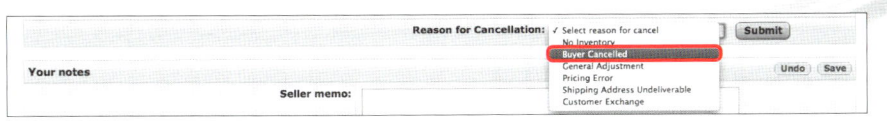

❷ Reason for Cancellation から、キャンセル理由を Buyer Cancelled（バイヤー側の都合によるキャンセル）に設定して＜ Submit ＞をクリックすれば完了です。

　次に、商品の発送後に返品、返金の要求が来た場合の対処方法についてです。この場合は、バイヤーにキャンセルリクエストではなく、リターンリクエスト（Return or Replace Items）を送信してもらってください。そしてリターンリクエストを送信する時、バイヤーは返品理由を選択することになるのですが、この時に No longer I needed/wanted など、バイヤー都合のキャンセルであるという理由を選択してもらってください。

　また、商品発送後にリターンリクエストを受ける場合は、往復の送料は誰が負担するのか、商品が開封されていた場合の返金額はどうなるのかなどを、バイヤーに明確に提示してあげてください。一般的に、バイヤー都合のキャンセルであれば往復の送料を負担してもらったり、開封後の商品については返金額を一部だけにしたりといった要求をしても問題ありません。しかし、中には一方的に自分の主張を通そうとするバイヤーもいるので、そんな時はセラー側が折れるようにしてください。

　Amazon ではバイヤー側の地位が圧倒的に強いので、「少し理不尽だ」と感じても、バイヤーの言い分に逆らうのは得策ではありません。「損して得取れ」という気持ちを持ち、割り切ってほかの商品で稼いでいきましょう。

● リターンリクエスト承認の手順

　リターンリクエストが届いたら、通常、Return Merchandise Authorization number は＜ I want Amazon……＞を、Your return mailing label は＜ I would like Amazon ……＞を選択してください。返送先の住所は、転送業者の住所など、できる限りアメリカ国内を指定するようにしてください。

◀ リターンリクエストが届いたら、右側の数字をクリックして該当の注文を開きます。

◀ リターンリクエストを承認します。

Section 31

第3章 ▶▶ Amazon輸出の基本戦略　無在庫販売をしてみよう

評価依頼を送って、
しっかりと評価を稼ごう

| 基本 | 準備 | 無在庫販売 | FBA販売 | リサーチ | 仕入れ | 輸出戦略 | トラブル対処 |

商品の評価を付けてもらう

「商品が売れて、バイヤーに届けたらそれで取引は完了」と言うだけでは、少しもったいないですね。バイヤーに商品が届いた頃を見計らい、評価依頼を送ってしっかりと評価を稼いでいきましょう。

Amazonの販売では、セラーが1つの商品カタログ（商品ページ）に対して商品を出品していくので、ほかのセラーとの差別化がなかなか難しくなっています。そんな中でも「評価」は、ほかのセラーと差別化できる数少ないポイントです。

評価の数が多く、かつ高い評価の割合が多ければ、購入希望者へのアピールにつながります。例えば以下のようなケースの場合、上のセラーから購入すると商品代金＋送料の総額は $79.65、下のセラーから購入すると総額は $79.66 になります。そして、それぞれのセラーの評価を見ると、上のセラーは Just Launched（評価なしの新規出品者）、下のセラーは 1,816 件の評価で 97% の高い評価をもらっています。ここで、ご自身がインターネットで買い物をされる時に置き換えて考えてみてください。支払う金額の差が $0.01 であれば、下のセラーから購入されるという方が多いのではないでしょうか。

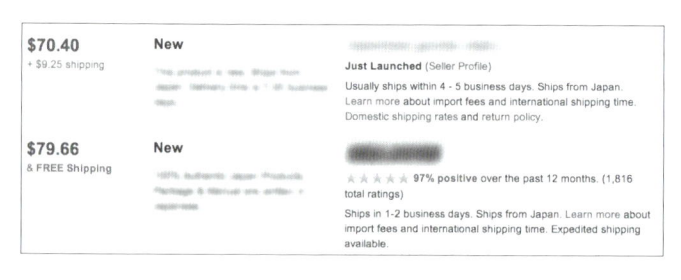

◀ 多少価格が高くても、評価の高いセラーから購入する人の方が多いでしょう。

また、高い評価をたくさんもらうことでショッピングカートの取得にもよい影響があり、結果的に商品が売れやすくなります（Sec.41 参照）。**Amazonでは、評価依頼を送らないと 5% 程度のバイヤーからしか評価をもらえません。**特に、販売を始めたばかりの新規セラーの時は、バイヤーに対して積極的に評価依頼をしていきましょう。

❶ バイヤーへ評価依頼を送りたい場合は、セラーセントラルの Manage Orders から、Contact Buyer の項目に表示されている注文者名をクリックします。

❷ Subject を＜ Feedback Request ＞に設定し、Message にメッセージを入力して、評価依頼を送信します。

評価依頼を送るコツは、以下のとおりです。

● 商品到着して数日が経過している頃を狙って送る

商品到着前に評価依頼を送ってしまうと、「まだ商品が届いていない！」と悪い評価をされてしまう可能性があります。また、到着から時間が経ちすぎていても、反応が悪くなってしまいます。そこで商品の到着予想日にプラス２～５日くらいが経過した頃に、評価依頼を送ってみましょう。

具体的にはアメリカ宛の荷物であれば、商品の発送から、おおよそ以下のような期間で評価依頼を送るとよいでしょう。

・EMS：５～７日後
・eパケット：10 ～ 14 日後
・SAL：14 日～ 20 日後

● 評価の方法を簡単に説明してあげる

「セラーに評価を残す」という行為は、バイヤーにとっては、あまりメリットがない作業になります。少しでもわずらわしさを軽くするために、Amazon トップページ右上の Your Account をクリックしたところにある Leave Seller Feedback のリンクを文章中に貼り付けて、「評価はここから簡単に行えますよ」と説明してあげましょう。

◀ リンクをコピーして、相手にかかる負担を少しでも減らしましょう。

Section 32

第3章 ▶▶ Amazon輸出の基本戦略　無在庫販売をしてみよう

悪い評価をもらってしまったら？

| 基本 | 準備 | **無在庫販売** | FBA販売 | リサーチ | 仕入れ | 輸出戦略 | トラブル対処 |

ポジティブ・フィードバックを積み重ねる

　Amazonでは、バイヤーがセラーに対して1（非常に悪い）～5（非常によい）までの5段階で評価を付けることができます。Amazonの評価システム上では、4もしくは5の評価が「ポジティブ・フィードバック（高い評価）」とみなされるので、この2つの評価を積み重ねていくことを心がけてください。

★★★★★ 97% positive over the past 12 months. (348 total ratings)

▲ 348評価中、97%のポジティブ・フィードバックを取得しています。

　しかし、たくさんの取引をしていると、中にはうっかりミスをしてしまい、それが原因で悪い評価を付けられてしまうことがあります。さらに、「こちらに落ち度がなくても、悪い評価を付けられてしまう」などといったケースもしばしばあります。バイヤーに悪い評価をもらってしまった場合は、評価の削除を依頼することができます。**評価の削除を依頼する相手は「Amazon」もしくは「バイヤー」のどちらかになります。**

● Amazonに評価削除の依頼をする

　Amazonではバイヤーが付けた評価に対して、Amazon側の判断で評価の削除をしてくれるケースがあります。それは、右のいずれかの条件に当てはまっていると「Amazonのセラーサポートが判断した」場合になります。

1. 卑猥な言葉を含む表現
2. 氏名、電話番号、住所、URL、メールアドレスなどの個人情報
3. 評価内容が事実と反している
4. 商品に関する意見（商品レビュー）
5. FBAの配送やAmazonについての意見

この中で、よく評価削除の対象になるケースは4と5です。具体的にはバイヤーが評価のコメントに「商品が思ったよりも小さかった」とか、FBA販売している商品に対して「商品の到着に時間がかかった」といったメッセージを残しているパターンです。

| 1/22/14 | 3 | It came late and it was open
RESPOND |

▲ FBA販売商品で、「到着が遅れて、ケースが開いていた」というコメントです。

また好意的なコメントでも、1～5の条件に当てはまっていれば、削除の対象になる可能性があります。例えば「とても使いやすい商品でした（評価2）」などとなってしまっている場合も、積極的に評価の削除依頼をしていきましょう。

Amazonに評価の削除依頼をするには、セラーセントラルの＜Contact Seller Support＞から＜Orders＞→＜Customer feedback problems＞を選択して、該当するOrder IDと削除理由（＜What portion of this feedback qualifies it for removal?＞）を入力して送信すれば完了です。

▲ フィードバックを確認し、削除理由を選択します。

● バイヤーに評価削除の依頼をする

Amazonの評価削除対象になっていない評価を削除したい場合は、バイヤーに直接メッセージを送り、削除依頼をすることになります。具体的には「取引や発送方法に問題があって、バイヤーが怒って悪い評価を付けられた」というケースが多くなるはずです。こんな時は、こちらの非を認めて、誠意を持って謝罪しましょう。状況に応じては、商品代金や送料の一部を返金したり、Amazonのギフトカードをバイヤーに送ることで、具体的な形で「誠意」を示すのも効果的です。しかし、Amazonでは「評価操作」をすることは規約上禁止されています。ですので、あからさまに、評価をお金で買い取るような言い方や、バイヤーの気分を害するような言い方は避けて、「あくまでも謝罪の一環として返金をしている」というニュアンスにしてメッセージを送るとよいでしょう。

Section 33

第3章 ▶▶ Amazon輸出の基本戦略　無在庫販売をしてみよう

要注意！ 思わぬ赤字を出してしまう可能性のある商品

| 基本 | 準備 | 無在庫販売 | FBA販売 | リサーチ | 仕入れ | 輸出戦略 | トラブル対処 |

取り扱いに注意が必要な商品を知る

　無在庫販売を行っていると、思わぬ赤字を出してしまう商品に遭遇することがあります。例えば次のような商品です。

● 国際郵便で発送できない、輸出入できない商品

　これまでのセクションでも解説してきたように、国際郵便での発送が規制されている商品や輸出入自体が制限されている商品というものがあります。これらの商品を出品・販売してしまうと、いざ注文が入り商品を仕入れて発送まで完了したあとに、商品が返送されてきてしまうケースが発生します。この時にかかった国際郵便の送料は基本的に返金されませんし、仕入れた商品を仕入れ元に返品しようとしても、できなかったり、手数料を取られてしまったりということも起こりえます。際どいラインの商品の取り扱いには、十分注意をしましょう。

◀ 発火性のあるスプレー缶は規制の対象です。

● 国際郵便のサイズ・重量制限を超えてしまう商品

　国際郵便には、発送方法によってそれぞれサイズ・重量の制限が設けられています（詳しくは Sec.27 参照）。制限を超えてしまう商品に関しては、別の発送方法で送るしかありません。EMS のサイズ制限を超えるような商品はめったにありませんが、意外と引っかかってしまうのが、SAL の小形包装物や e パケットのサイズ・重量制限です。「SAL を使って商品を送るつもりで送料設定を考えていたのに、3 辺合計の

長さが 90cm を超えてしまっていたため、EMS で送らなくてはいけなくなり、結果的に赤字になってしまった」というのは、よく聞く話です。

◀ パッと見はわかりませんが、3 辺の合計が 90cm を超えています。

「サイズオーバーするかもしれない」と思う商品に関しては、日米の Amazon やメーカーサイトで情報を確認してみましょう。なお、これらのサイズ・重量に関する情報は 100% 正確というわけではないので、**ギリギリの場合は EMS で発送することを前提に送料設定をしておくとよいでしょう。**

● アメリカと日本の Amazon で同じ ASIN でも商品が違う

　ASIN コードは、基本的には全世界の Amazon で統一する方向で Amazon 側は動いています。しかし、中には「アメリカと日本で同じ ASIN コードなのに違う商品が出品されている」というケースもあります。

　さらにもう少し複雑なケースが、「ASIN と商品は同じで個数やセット内容が違う」というものです。例えば以下の商品は、日本の Amazon ではペン 1 本で出品されていますが、アメリカの Amazon では「12 pens per Pack（12 本セット）」という表記があります。

　商品レビューなどを見ていると、かまわず 1 本で送ってしまっているセラーが多いようですが、これはトラブルの原因になるでしょう。

　こういったカタログは、Amazon のセラーサポートに連絡すると表記を修正してくれる場合もあるので、見つけたら積極的に連絡をしてみましょう。

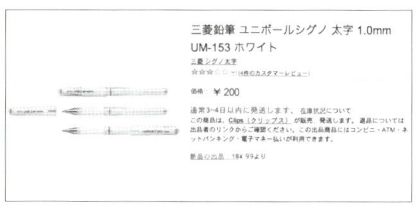

▲ 左は 1 本、右は 1 ダース販売の例。

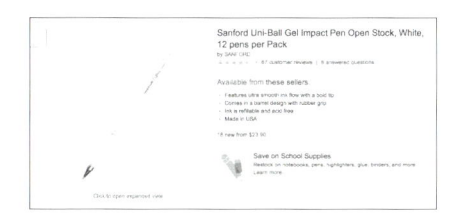

Section 34　第3章 ▶▶ Amazon輸出の基本戦略　無在庫販売をしてみよう

無在庫大量出品をして利益を伸ばそう

| 基本 | 準備 | **無在庫販売** | FBA販売 | リサーチ | 仕入れ | 輸出戦略 | トラブル対処 |

出品数に制限のないAmazonの市場

　Amazon輸出無在庫販売の最大のメリットは、やはり「在庫リスクを負わなくてよい」という点です。このメリットを最大限に活かして、無在庫販売でさらに稼いでいくことを考えていきましょう。

　Amazonでは、eBayのように商品の出品数に制限がありません。そのため利益の出る価格でとにかく大量に商品を出品しておいて、売れたものだけを仕入れてバイヤーに送るという戦略を取ることができます（ただし、新規アカウントで大量に出品を行った場合にアカウント審査が入るケースもあります）。

| Amazon | → | 出品数制限なし | → | 無在庫販売の大量出品が可能 |
| eBay | → | 出品数制限あり | → | 利益の出る商品の選別が必要 |

　単純に数字だけで考えると、1,000商品出品して、月に1万円の利益が出せているセラーであれば、同じ条件で30,000商品出品すれば、月30万円の利益が出せる計算になります。実際にはそう簡単にいくわけではありませんが、無在庫販売では出品数を増やせば、それだけ利益は伸びていきます。

　さらに無在庫大量出品には、もう1つの効果があります。それは**販売数が増えることによって起こる、1商品あたりの仕入れや発送にかかるコストの削減**です。

　具体的なコスト削減の例をあげると、

- EMSやeパケット、書留の送料割引が適用される
- 梱包資材などをまとめ買いすることで安く購入できる
- 発送や梱包の業務をまとめて行うことで、作業が効率化される
- 仕入れの際に、1ショップからのまとめ買いで送料を節約できる可能性がある

などがあり、ここで削減できたコストは、そのまま利益に転化されます。

梅花堂通販（梱包資材全般）
参照URL
http://www.baikado-shigyo.co.jp/

アースダンボール（段ボール）
参照URL
http://www.bestcarton.com/

◀ 梱包資材をまとめ買いすることでも大幅なコストカットが見込めます。

　実は、これらのコスト削減はかなり効果的で、1日に1商品しか販売しないセラーと1日数十商品販売しているセラーとでは、1商品あたりの販売にかかるコストが数百円単位で違ってくる場合もあります。ここで「たかが、数百円？」と思わない方がよいでしょう。1日20個の商品を販売できるようになった時に、1商品あたりの販売にかかるコストを200円削減できれば、1ヶ月（30日）で600個×200円＝12万円もの差がついてきます。

　そのほかにも、急ぎの集荷をお願いしたい時などに、郵便局の担当者がいろいろと無理を聞いてくれたり、仕入れ先から思わぬ在庫処分情報をもらえたりといった、大口の取引を続けていることで、受けられる可能性のあるメリットがあります。

　しかし、実際に無在庫大量出品を始めてみると、1つの壁にぶつかります。それは「一人の力では、できることに限界がある」ということです。出品点数が2,000～3,000点くらいまでであれば、かなり気合いを入れれば自分一人で価格調整や発送業務を行うことはできるかもしれません。しかし数万点の商品となってくると、それを実行するのはかなり無理があります。

　そこで次のセクションでは、無在庫販売を外注化＆仕組化する方法について考えていきましょう。

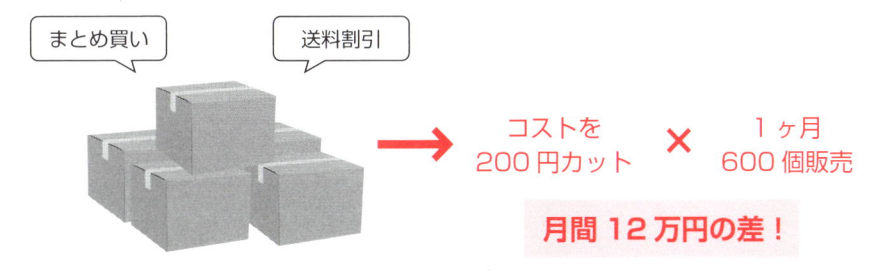

まとめ買い　送料割引
→ コストを200円カット × 1ヶ月600個販売
月間12万円の差！

▲ 仕入れの際の送料が削減され、利益率を上げることができます。

第3章　Amazon輸出の基本戦略　無在庫販売をしてみよう

無在庫販売

Section 35

第3章 ▶▶ Amazon輸出の基本戦略　無在庫販売をしてみよう

無在庫販売を外注化&仕組化する方法～発送業務編～

| 基本 | 準備 | 無在庫販売 | FBA販売 | リサーチ | 仕入れ | 輸出戦略 | トラブル対処 |

発送業務の外注化&仕組化

　それでは、無在庫販売を外注化&仕組化する方法について解説をしていきます。外注化&仕組化すると効果的な作業には、「発送業務」と「商品の登録や価格管理業務」の2つがあります。

　発送業務を外注化&仕組化するのには、大きく3つの方法があります。

1. 発送代行サービスを利用する

　海外宛商品の発送代行サービスを提供している会社があるので、そちらを活用する方法です。値段やサービスの質は会社によってさまざまですので、何社か利用してみてご自身のスタイルに合った代行サービスを利用するとよいでしょう。サービスを選ぶ基準としては、値段の安さやサービスの質のほかにも、「相談しやすい」「こちらからの要望をある程度取り入れてくれる」といった点に注目すると、長期的によい関係を築ける可能性が高くなります。ほかの方法に比べるとコストは若干かかりますが、会社相手なのである程度の安心感があります。

● SAATS フルフィルメント
参照 URL
http://www.saats.jp/fulfillment/

● カンタムソリューションズ
参照 URL
http://www.ezyfulfilment.jp/

2. 日本在住の個人のSOHO（在宅ワーカー）に依頼する

　子育てなど家庭の事情で家からあまり出られない方、在宅ワークを希望している方の家に商品を送り、発送代行をしてもらうというやり方です。募集は、知り合いのつてや、SOHOマッチングサイトで行うとよいでしょう（SOHOの募集の仕方については、Sec.37で解説をしていきます）。

　SOHOに発送を依頼すれば、一般的に代行会社を利用した場合よりもコストが抑えられることが多いです。ただし、相手は個人の方なので、信頼関係ができ上がるま

では、大量の荷物や高額商品は送らない方が安全です。また、先方の事情で急に仕事を辞められてしまったりするケースもあるので、できれば複数の依頼先を持つとよいでしょう。

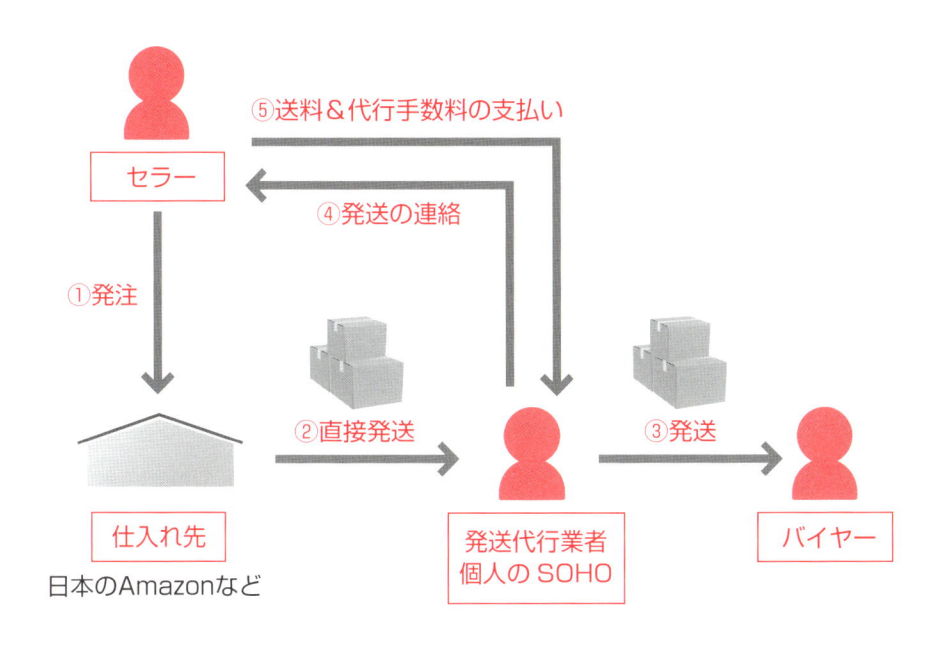

```
セラー
 ①発注 ↓              ⑤送料＆代行手数料の支払い ←
                        ④発送の連絡 ←
仕入れ先 ──②直接発送──→ 発送代行業者 ──③発送──→ バイヤー
日本のAmazonなど          個人のSOHO
```

3. スタッフを雇う

　スタッフを雇って、自宅や事務所などの作業場に来てもらい、発送業務をしてもらう方法です。無駄な交通費をかけないためにも、できれば作業場の近くに住んでいる方を雇用したいところです。

　知り合いからの紹介のほか、地域の掲示板への投稿などをして募集するとよいでしょう。発送件数が増えてくると、スタッフを雇った場合がもっともコストを抑えられます。また、空き時間で別の業務も依頼しやすいので、自由度が高いです。

　ところで、発送代行サービスを利用する時、注文や仕入データの整理など自分がやらなくてはいけない作業が意外と残ってしまう場合があります。そんな時は「スタッフ＋発送代行」「個人SOHO＋発送代行」といった組み合わせで作業を仕組化して、自分の時間を確保しましょう。

Section 36

無在庫販売を外注化＆仕組化する方法〜出品価格編〜

| 基本 | 準備 | 無在庫販売 | FBA販売 | リサーチ | 仕入れ | 輸出戦略 | トラブル対処 |

商品の登録や価格管理業務の外注化＆仕組化

　発送業務に関して把握できたら、次は商品の登録や価格管理業務について外注化する方法を確認していきましょう。

　商品の登録や価格管理業務を外注化＆仕組化していくためには、まず登録や価格調整の基準を決めなくてはいけません。

- どのような商品を登録していくのか？
- 販売価格はいくらに設定するのか？（どれくらいの利益を乗せるのか？）
- ハンドリングタイムはどのように決めるのか？
- 在庫切れの判断はどのようにするのか？

　発送業務と違い、これらのことについては「なんとなくやっておいてください」ではうまくいきません。ザックリとでもよいのではじめにルールを決めてしまい、徐々に調整をしていくようにしましょう。

　ルールを決めたら、次は作業の依頼をしていきましょう。商品登録や価格管理に関しても、大きく3つの方法で外注化＆仕組化ができます。

1. SOHOに1点1点手作業で登録や価格調整をしてもらう

　決められたルールにしたがって、1点1点手作業で登録や価格調整を行ってもらう方法です。しかし、この方法は手間がかかるので、作業コストがかさみ、費用的に厳しくなってくる可能性があります。

　そこで**人件費の安い地域の海外SOHOに仕事を依頼する**ことも考えておきましょう。商品登録や価格管理のような作業をするのに、必ずしも「日本に住んでいたり、日本語を話せたりする」必要はないからです。Amazon輸出ビジネスに取り組んでいると、このような「日本在住の日本人でなくてもできる仕事」というのがたくさん出てきます。それどころか、むしろ海外に住んでいる方の方が、地理的にもコスト的に

も有利な場合があります。「英語の壁があるから……」と感じられるかもしれませんが、せっかく世界を相手にビジネスをしているのですから、メンタルブロックを取り払って、積極的に海外SOHOを活用することをおすすめします（海外SOHOの活用についてはSec.38参照）。

2. Amazonのデータを吸い上げ、一括処理してもらう

　Amazonは商品の販促のために、商品データの一部を提供しています。実はこのデータを活用して、商品の登録や価格管理を一括でやってしまうことが可能なのです。この作業には、多少プログラミングなどの専門知識が必要です。しかし、私たちは「輸出ビジネスで稼いで、自由なお金と時間を手に入れること」が目標ですので、プログラミングを自分で覚えるよりも、知識のある人に依頼してしまいましょう。こちらも、国内外のSOHOマッチングサイトでパートナーを募集してみてください。1点1点管理する場合に比べて、コストが抑えられます。

3. データの一括処理ツールを作成してもらう

　2のケースを応用して、「商品登録や価格管理を自分で一括処理できるツールを作ってもらう」というのも1つの手です。この方法は最初に開発費がある程度かかりますが、ランニングコストが抑えられるので、ビジネスが軌道に乗ってきたら検討するとよいでしょう。こういったツール開発に関しても、SOHOサイトで依頼をかけることができます。

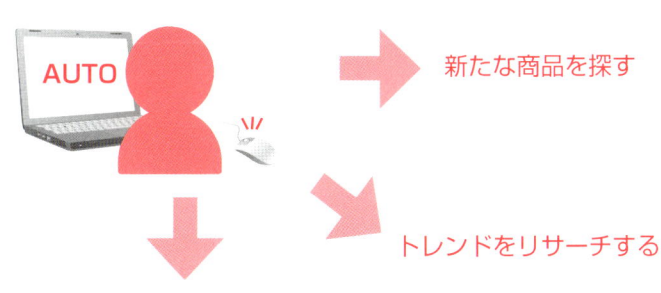

▲ ツールで自動化できる部分は自動化し、空いた時間を有効に使いましょう。

　もちろん、これらの作業は、SOHOではなくスタッフを雇用してやってもらってもよいですし、「スタッフ＋外注」という組み合わせにしてもよいでしょう。うまく仕組化できれば、自分がやるべき作業を0にすることも可能ですので、ぜひ取り組んでみてください。

Section 37

第3章 ▶▶ Amazon輸出の基本戦略　無在庫販売をしてみよう

国内SOHOに仕事を依頼しよう

| 基本 | 準備 | 無在庫販売 | FBA販売 | リサーチ | 仕入れ | 輸出戦略 | トラブル対処 |

国内SOHOを利用する

　このセクションでは、国内SOHOへの仕事の依頼方法について解説していきます。SOHOへの仕事の依頼は案件単位でできるので、**固定費がかからず、スタッフを雇う場合と比べて心理的な障壁も低い**のがメリットです。単純作業を外注化して自分の時間を確保することは、利益を上げていくために大事な作業です。積極的に取り組んでいきましょう。

　インターネット上には、仕事を受注したいSOHOと仕事を発注したい依頼者をつなげるマッチングサイトが数多く存在しています。その中でも私が比較的利用しやすいと感じているサイトを2つご紹介します。

● クラウドワークス

◀ クラウドワークスの人材募集ページ
参照URL http://crowdworks.jp/

● ランサーズ

◀ ランサーズの人材募集ページ
参照URL http://www.lancers.jp/

この2つのサイトは、人材募集までの流れがスムーズで、応募してくる人材の質も高めです。まずはこの2つのサイトを使いこなしてみるとよいでしょう。仕事を依頼する流れは、基本的にどのサイトでも同じで、会員登録→人材募集→面接や選考→仕事の依頼という流れになります（一部のサイトでは、会員登録や人材募集時に審査が入る場合があります）。

● 人材募集ページを作成する時のポイント

　人材募集ページを作成する際は、以下の2つの点に注意するとよいでしょう。

1. 応募者をたくさん集めることを意識する

応募者がたくさん集まれば、それだけよい人材に巡り会える確率は上がります。タイトルや本文に「高額報酬」「継続的にお仕事の依頼が可能です」など、応募者のフックになるような言葉を入れておくとよいでしょう。

2. 依頼したい仕事、求める人物像、報酬などを明確にする

応募人数が多い方がよいとはいっても、こちらの求めていない人材を集めても仕方がありません。無駄な面接を避けるためにも、具体的な作業内容、必要なスキル、こちらの求める人物像、支払える報酬の金額などをできる限り具体的に記載しましょう。特に、人材の募集を急いでいないのであれば、「こちらの要望は最大限盛り込んでみて、応募が少なければ少し報酬を上げてみる」というスタンスで行うのがよいと思います。

　また、実際にSOHOに仕事をしてもらったあとに「こんな仕事の依頼を受けたはずではなかった」と思われて、1回きりの関係になってしまうと、いちから人材募集→仕事を教えるという作業をしなくてはいけなくなります。ですので、面接の時にできる限りお互い納得した形になるよう、「こんなわずらわしい作業がある」など、マイナスの面もきちんと説明してあげるとよいでしょう。

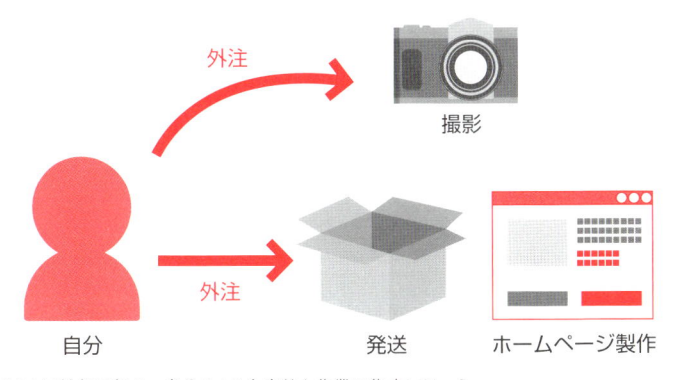

▲ 任せられることは外部に任せ、自分はより生産的な作業に集中しましょう。

Section 38

海外SOHOを上手に活用しよう

第3章 ▶▶ Amazon輸出の基本戦略　無在庫販売をしてみよう

| 基本 | 準備 | 無在庫販売 | FBA販売 | リサーチ | 仕入れ | 輸出戦略 | トラブル対処 |

海外のSOHOの活用方法とは？

　このセクションでは、海外SOHOの活用の仕方について解説します。ここで言う海外SOHOとは、欧米などの先進国に住む人材のことではなく、中国や東南アジア諸国など平均賃金の安い地域に住む人材のことです。こうした人材の中には、丸1日働いてもらっても、支払う報酬が千円以下というケースもあるので、ぜひ活用していきましょう。

　日本人SOHOと比較すると、コスト面で大きなメリットがある海外SOHOですが、反対にどのようなデメリットが考えられるでしょうか。まず、いちばんの障壁になるのが「言葉の壁」です。報酬の安い地域の海外SOHOは「日本語はわからない、英語は少しわかる」という方が多いです。一緒に仕事をしていくにあたって、うまくコミュニケーションが取れないのは、ストレスです。しかし、そこに切り込んでいければ、ほかのセラーとコスト面で差別化できるチャンスが生まれるのです。言葉の壁を乗り越えるためには、以下のような対策が有効です。

1. つたない英語でも気にせず、思い切ってコミュニケーションを取る

　日本人には「英語は完璧に話さなくてはいけない」という先入観を持っている方が多いです。しかし、「英語は少しわかる」という海外SOHOの中には、私たちよりも英語を理解できていない人もいます。それでも彼らは堂々と「私は英語がわかります」と言ってくるのです。私たちの目的は、上手に英語を話して彼らとコミュニケーションを取ることではなく、きっちり仕事をしてもらってビジネスで成果を出すことなのです。翻訳サイトなどを活用しながら、片言の英語でも思い切ってコミュニケーションを取るとよいでしょう。

2. 日本語のわかる海外SOHOに限定して募集をかける

　日本語のわかる方に絞って募集をかけるという方法です。この場合、1つ気を付けなくてはいけないのが、「人材側の売り手市場になる」ということです。日本語を話せることがすでにアドバンテージになっているので、それ以外のスキルが不足してい

ても、ある程度我慢しなくてはいけなくなる場合があります。また、日本語を話せる人材はほかの日本人セラーからも仕事を受けていることが多く、こちらの情報を横流しされる可能性もあるので注意が必要です。

3. 英語のできる日本人マネージャーを置く

英語のできる日本人SOHOを置いて、海外SOHOを統括してもらうという方法です。コストがかかりますが、「どうしても英語が苦手」という方にはおすすめします。

なお、言語の壁以外の海外SOHOを使うリスクとして、仕事に対しての価値観が違うために発生するトラブル、情勢が不安定な国や、インターネット回線が安定していない国で突然連絡が取れなくなる、などの可能性が考えられます。

● 海外SOHOの募集方法

海外SOHOの募集には、oDeskもしくはFacebookを活用するとよいでしょう。oDeskは海外SOHOのマッチングサイトで、先ほどのセクションで紹介したクラウドワークスやランサーズと同じように、人材募集をかけることができます。

Facebookを利用する場合は、日本に興味を持っている外国人の方が集まるFacebookグループを足がかりにコミュニケーションを取っていくと、比較的話がまとまりやすいでしょう。

● oDesk
参照URL http://www.odesk.com/

● Facebook
参照URL http://www.facebook.com/

報酬を支払う時は、PayPalを使うのが一般的です。PayPalは世界各国で利用されている決済サービスで、eBayの代金決済などにも利用されています。PayPalアカウントを持っているユーザーどうしは、それぞれの持っている口座の通貨で、資金の送金や受け取りができるようになります。

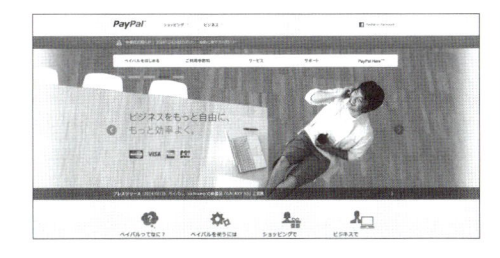

● PayPal
参照URL http://www.paypal.com/

◀ PayPalは日本語にも対応しているので、安心して利用できます。

Section 39　第❸章 ▶▶ Amazon輸出の基本戦略　無在庫販売をしてみよう

新規商品登録をして、プチ・ブルーオーシャンを作ってみよう

| 基本 | 準備 | 無在庫販売 | FBA販売 | リサーチ | 仕入れ | 輸出戦略 | トラブル対処 |

商品を新規登録する

　これまでは、Amazonにある既存のカタログに商品を出品して稼いでいく方法をお伝えしてきました。しかし、世の中にはAmazonではまだ販売されていないけれど、世界中から強いニーズのある商品というのが、実は山のように存在しています。私たちはすでに、Amazonでの「無在庫販売」という手法を手に入れています。売れる可能性のある商品を登録しないのはもったいないと言えます。それだけでなく、**新規登録した商品は、しばらくの間は競合セラーが少ない状態**になるので「プチ・ブルーオーシャン」を作ることが可能になります。それでは、実際に新規商品を登録する流れを見ていきましょう。

◀ 今回登録する商品です。

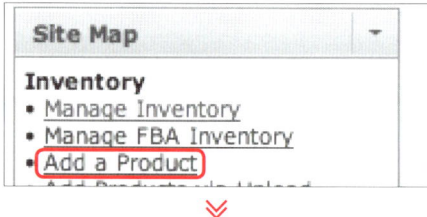

❶ セラーセントラルのInventoryにある＜Add a Product＞をクリックします。

❷ ＜Create a new product＞をクリックします。

Amazon Best Sellers Rank: #24,320 in Home & Kitchen (See Top 100 in Home & Kitchen)
#18 in Arts, Crafts & Sewing > Craft Supplies > Paper & Paper Crafts > Paper > Origami Paper

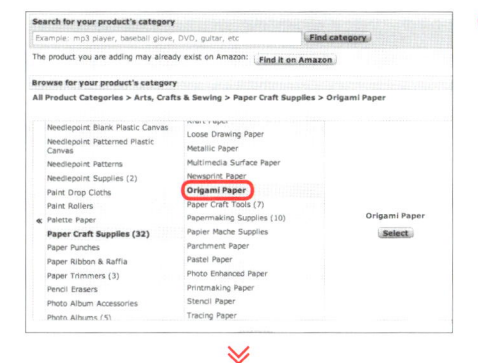

❸ 似ている商品や日本の Amazon を参考に、カテゴリを選択していきます。

Vital Info タブ
・**Product Name**：商品名
・**Manufacturer**：メーカー名
・**UPC or EAN**：JAN でも OK

Offer タブ
通常の商品登録でも入力する項目を入力します。

Images タブ
商品写真を登録します。

Description タブ
・**Key Product Features**：商品の仕様
・**Product Description**：商品説明

Keywords タブ
・**Serch Terms**：検索用キーワード

❹ ＊の付いている項目は入力が必須です。日本語のタイトルや商品説明を参考に入力していきましょう。ここでは、入力必須項目および入力を推奨する項目について解説します。

　商品情報の入力、カテゴリの選択、キーワード設定、翻訳などは、精度を上げれば商品の売れ行きに直結します。しかし、ここではあまりこだわらずに、まずは「登録してみる」とよいでしょう。というのも、なかなか結果を出せない人に共通する傾向として「完璧を求めすぎて行動ができない」という面があるからです。

　まずは実際に何点かを登録して、新規商品登録に慣れることが大切です。登録の精度は徐々に上げていけば問題ありません。リサーチを進めていく中で「売れそうだな」と感じた商品があれば、ぜひ積極的に新規商品登録をしてみることをおすすめします。

Section 40

第3章 ▶▶ Amazon輸出の基本戦略　無在庫販売をしてみよう

新規登録する商品はこう探す

| 基本 | 準備 | 無在庫販売 | FBA販売 | リサーチ | 仕入れ | 輸出戦略 | トラブル対処 |

新商品を見つけ出す

　ここでは、新規登録する商品の探し方について解説をしていきます。新規登録は通常の商品登録と比べると手間がかかるので、むやみやたらと行うのでは効率が悪くなってしまいます。そこで、「なるべく売れる可能性が高い商品」に絞って商品を登録していきましょう。では「売れる可能性が高い商品」とは、一体どのような商品なのでしょうか。

1. eBayで売れている実績がある

　Amazonと並ぶ巨大なマーケットプレイスeBayでの販売実績を参考にしましょう。**eBayで販売実績があってAmazonに出品されていない商品**というのは、Amazonでも売れる可能性が高いです。eBayでの販売実績を調べるには、Terapeakというツールを活用するとよいでしょう（Sec.70参照）。

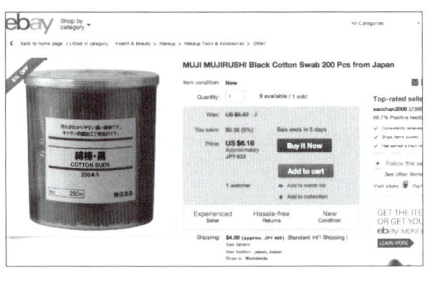

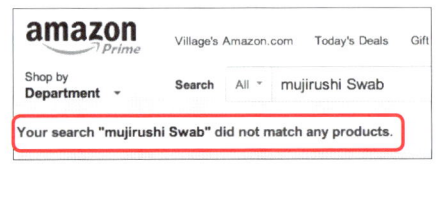

◀ eBayで落札履歴があり、Amazonに出品されていない商品の例。

2. Amazonで売れ筋のメーカーやキャラクターの新製品

　Amazonで人気のある商品シリーズの新製品を登録するのも効率的です。例えば、Panasonicなどの電機メーカー、ポケモンなどのキャラクター関連商品、美容関連のアイデアグッズなど、常にアンテナを張っていれば何かしら新製品の情報にぶつかります。新製品の情報を敏感にキャッチする詳しい方法については、Sec.81をご覧ください。

3. 楽天市場などのショップ内カテゴリを参考にする

　無在庫販売をしていると、仕入れの最安値が楽天など日本のAmazon以外のショップになることも増えてくると思います。その時に、そのショップの商品でAmazonに出品されていない商品を探して新規登録をしてしまうのです。この手法のメリットは、大きく2つあります。

　1つ目は「そのショップの多くの商品がネット最安値である可能性がある」ということです。1つの商品が最安値であれば、そのショップがネット上での最安値を意識している可能性は高いです。特に「最安値商品の周辺カテゴリ」は、値段の面でも、人気の面でも利益を取れる商品が潜んでいる確率は高いでしょう。最安値の商品を楽天ショップで見つけたら、そのショップにある商品で、近いカテゴリのものを新規登録していきましょう。

　2つ目は「そのショップには日本のAmazonに出品されていない商品が眠っている可能性がある」ということです。日本のAmazonに登録されていない商品であれば、ASINコードでの紐付けができないので、ツールなどを使って商品を大量に登録しているセラーの目から逃れることができます。

4. インターネット上で探しにくい商品

　インターネット上で探しにくい商品というのも、新規商品登録に向いています。例えば100円ショップの商品や地域限定商品は、「ぴったり同じもの」をネット上で探すのが難しい商品です。こういった商品を近くの実店舗で探してきて、新規商品登録し、ライバルが入って来にくい市場を作ってしまいましょう。

　「daiso」などのキーワードをAmazonで検索すると、たくさんの商品がヒットします。これらの商品やページ作りを参考にして、新規登録をしていくとよいでしょう。販売価格は$10前後と安いものが多いですが、仕入れ値が100円程度なので利益率は高くなりますし、中には1日何十個も売れていくような商品も出てきます。

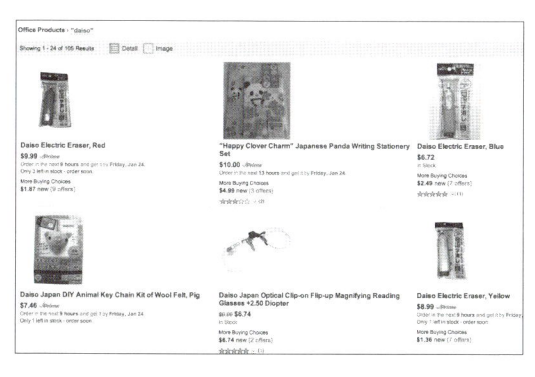

◀「daiso」で検索した結果、多くの商品が見つかりました。

Section 41

第3章 ▶▶ Amazon輸出の基本戦略　無在庫販売をしてみよう

無在庫販売戦略①
ショッピングカートを取得しよう

| 基本 | 準備 | 無在庫販売 | FBA販売 | リサーチ | 仕入れ | 輸出戦略 | トラブル対処 |

商品の売れ行きを伸ばすためには

　次に、無在庫販売で利益を伸ばすための大切なポイントについて、お話ししていきます。まずは「商品の売れ行きを伸ばすためのポイント」です。

　Amazon での販売において、以下のいずれかの条件を満たしていることは、商品の売れ行きに大きく影響を及ぼします。これはとても大切な考え方なので、必ず覚えておきましょう。

● ショッピングカート（Buy Box）を取得している

　Amazon には、ショッピングカートまたは Buy Box 表示と呼ばれる仕組みが存在しています。ショッピングカートとは、写真右側の Add to Cart というボタンが表示されている場所で、ここに自分の出品している商品が表示されている状態を「ショッピングカートを取得している」と呼びます。例えば以下の商品は、「sold by Amazon.com.」となっているので、この商品のショッピングカートは現在 Amazon が取得していることがわかります。反対に「Compare Prices on Amazon」に表示されている 3 人のセラーは「ショッピングカートを取得していない」というわけです。

▲ ＜ 95 new ＞の部分をクリックすると、「商品価格＋送料の安い順」で一覧表示されます。

この商品説明の欄の「95 new」という表示を見ると、この商品には95人のセラーが新品商品を出品していることがわかります。この商品を買いたいと思ったバイヤーは、この95人のセラーのうちから一人を選んで商品を購入することになります。そして購入するセラーとしてもっとも選ばれやすいのが、このショッピングカートを取得しているセラーなのです。Amazonでは、セラーの評価や、商品の価格を比較したりせずに、ショッピングカートに表示されているセラーの中から商品を購入するバイヤーも多いです。

　これは、カート表示されている商品にはAmazon本体が販売している商品が多いことや、Amazon以外のセラーがAmazonで商品を販売しているということ自体を知らない人もいるのが原因ではないかと思われます。

　それでは、ショッピングカートを取得するためには何をすればよいのでしょうか。実はAmazonは、ショッピングカート取得に関する判定条件を公開していません。しかし、一般的にカート取得に有効だと考えられている要素として、次のような条件があります。

- 商品価格＋送料の総額が安い
- ハンドリングタイムが短い
- アカウントヘルスの状態がよい
- 評価の数が多い
- ポジティブフィードバックの割合が高い
- 在庫数が多い
- セラーの販売実績年数が長い

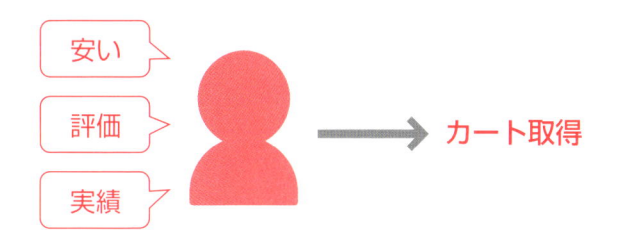

安い
評価
実績
→ カート取得

◀ ポジティブな要素が多いほど、カート取得の可能性が高くなると考えられます。

　これらの要素は複雑に絡まり合い、ショッピングカートを取得するセラーが決められるわけですが、どれか1つの要素が際立って強いというわけではありません。これは逆に考えると、「安くしたからといってカートを取得できるわけではない」ということで、セラー側としては不要な値下げを避けられるので助かります。

　またこのショッピングカートは、一人のセラーが独占的に取得するわけではなく、カート取得条件に近い何人かのセラーで順番に廻しあっています。

Section 42

第3章 ▶▶ Amazon輸出の基本戦略　無在庫販売をしてみよう

無在庫販売戦略②
利益の出る価格で出品しよう

| 基本 | 準備 | 無在庫販売 | FBA販売 | リサーチ | 仕入れ | 輸出戦略 | トラブル対処 |

利益の出る価格で商品を出品する

　次に無在庫販売戦略として考えなくてはいけないのが、**利益の出る価格で商品を出品する**ということです。せっかく商品が売れても、利益が出ていなければ意味がありません。これは当たり前のことのように聞こえるかもしれませんが、無在庫出品しているセラーを見ていると、これを実践していない方が結構いるのがわかります。

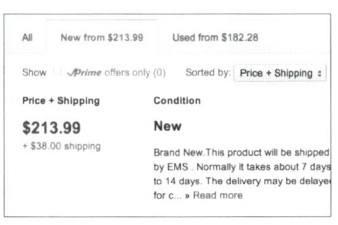

▲ 売れても利益の出ない価格で出品されています。

　こうしたセラーは、いったいなぜこのような価格で出品しているのでしょうか。普通に考えたら、あり得ないことをしているわけです。

　1つの理由として考えられるのが、ほかのセラーよりも安く仕入れられるルートを持っている、というケースです。しかし、そういったルートを持っているセラーは、ごく限られた一部です。ほとんどのセラーは、赤字になってしまう注文が入ってもほかのセラーと同じ仕入れ先から仕入れて、自分で赤字をかぶったり、赤字をかぶらないために注文をキャンセルしたりしています。

　赤字のまま商品を出品し続けているセラーがたくさんいるのには、2つの理由が考えられます。

・商品の仕入れ価格は日々変動している
・セラーが仕入れ価格の変動をチェックしきれていない

要するに、商品を登録する時は利益が出るような価格で登録するのですが、一度出品した商品の出品価格をそのままにして、仕入れ価格の変動をチェックしていないため、気付いたら赤字になってしまっているというわけです。不要な赤字やキャンセルを出さないためにも、価格のチェックは定期的に行ってください。できれば毎日、最低でも週に1回程度は行うとよいでしょう。

● 出品価格はどのように決めるか

ここで、出品価格をどのようにして決めていけばよいかについてお話しします。Amazonのセラーは、次のどちらかの方法で出品価格を設定していることが多いです（ここで言う出品価格は商品価格＋送料の総額とします）。

1. 日本での仕入れ価格に一定の利益を上乗せして商品を出品する

商品の仕入れ値と発送にかかる送料、Amazonに支払う手数料に、一定の利益を上乗せして出品価格を決めます。

商品仕入れ値 ＋ 送料 ＋ Amazon手数料 ＋ 利益 ＝ 出品価格

計算方法や上乗せする利益は、セラーによってさまざまです。しかしこの方法には1つ落とし穴があります。それは「作業効率が悪い」ことです。

先ほどのセクションで、Amazonで商品を売るためには、ショッピングカートを取得するか最安値付近に値付けするのがよいというお話をしました。しかしこの方法で値付けをすると、ショッピングカートを取得できない商品や最安値付近にならない商品も大量に出品することになります。この方法で出品価格を決めているのは、外注やツールを駆使して、大量に無在庫商品を出品しているセラーに多いです。

2. ショッピングカート表示されている、もしくは最安値のセラーと比較して利益が出るようであれば、同じか少しだけ安い価格で出品する

Amazon輸出を始めたての人や、自分一人の力でコツコツと出品＆価格調整をしている人におすすめなのが、こちらの方法です。出品する時に、最安値付近の値付けでも利益の出る商品だけに絞って出品をしているので、出品後に大量の商品の価格調整をする必要がなくなります。数はそれほど出品できないですが、キャンセルや赤字のリスクも減りますし、何よりもFBAで在庫を持つ時のリサーチの練習にもなります。

Section 43

JANコードのない商品を出品してみよう

| 基本 | 準備 | 無在庫販売 | FBA販売 | リサーチ | 仕入れ | 輸出戦略 | トラブル対処 |

JANコードを発行する

　Amazonに新規商品登録をする際には、JAN、EAN、UPCなどの商品コードが必要になります。これらの商品コードは互換性があり、基本的には世界共通で利用することが可能です。一般的にはJANは日本、EANはヨーロッパ、UPCはアメリカで利用されていますが、Amazonに新規商品登録する場合も、UPCだけではなくJANやEANで登録することが可能です。また、これらのコードの頭2桁は国コードを表していて、例えば**日本で流通されている商品は「45」もしくは「49」で始まっています**。

　日本国内で販売されている商品の多くには、JANコードが付与されており、パッケージなどに記載されています。しかし、実践を重ねていくうちに、JANコードが付与されていない商品をAmazonに登録して、販売したいというケースも出てくるかと思います。そして、JANコードのない商品でも、ある方法を使えば誰でも簡単にAmazonに新規商品登録ができてしまいます。それは、独自のJANコードを付与して、商品をAmazonに新規登録してしまうという方法です。

　JANコードは流通システム開発センターという財団法人が管理をしており、独自のJANコードを取得するためには、ここに事業者として申請する必要があります。

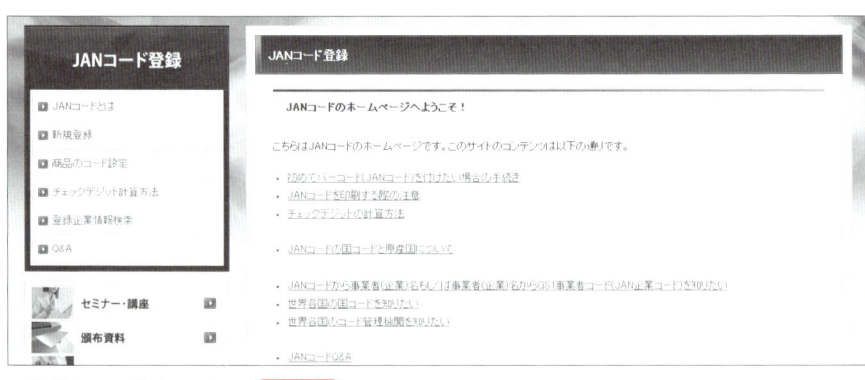

▲ 流通システム開発センター　参照URL http://www.dsri.jp/jan/

その際、わざわざ流通システム開発センターの事務所に行って手続きをしたり、難しい研修などを受けたりする必要はありません。流通システム開発センターが「バーコード利用の手引き」という冊子を発行していますので、それを Amazon.co.jp などで購入して、付属している登録申請書を郵送で提出すれば申請完了です。

　事業の規模や形態にもよりますが、登録申請料は一番安くて1万円程度です。この申請料は1つの JAN コードを取得することに対してかかるわけではなく、1回申請をすれば、3年間で 1,000 個の JAN コードを発行することができます。1コードあたりの経費に換算すると、約10円になる計算です。また法人だけでなく、個人での申請も可能になっています。

　事業者申請が認められたあとに、実際に JAN コードを発行する方法については、流通システム開発センターのホームページや「バーコード利用の手引き」に記載されていますので、参考にしてください。

▲ 本格的にバーコードを登録する前に、手引きで内容を確認しておくとスムーズに登録できるでしょう。

💡 Column

Amazonの返品ポリシー

　Amazonの返品ポリシーでは、商品が未使用かつ未開封で、商品到着後30日以内であれば、バイヤー側の都合による返品も受け付けることになっています。この時バイヤー側は送料を除いた、商品代金のみの返金を受けることが可能です。

　また、商品に不具合やトラブルがあった場合の返品期間も、商品到着後30日以内です。この場合は商品代金と送料全額の返金を受けることができます。

　開封品や使用ずみの商品に関しても、返品期間であれば返品を受け付ける場合があり、この時は商品の状態などによって商品代金の一部が返金されます。

　この返品ポリシーは、ダウンロード商品や食品など一部のカテゴリの商品を除いた、ほとんどすべての商品に当てはまります。もちろん、私たちセラーがAmazonで商品を販売した場合も、基本的にこの返品ポリシーに従うことになります。

　開封品や使用ずみの商品についての返金基準や返送方法に関しては、別途＜Your Infomation & Policies＞に記載しておくとよいでしょう。セラーセントラルのSettings-Your Info & Policies から＜About Seller＞の欄に記載してください。

▲ Your Infomation & Policiesでは、配送方法や到着時間についての説明を書いたり、セラーのロゴをアップロードできたりしますので、時間を見つけて随時登録していくことをおすすめします。

第 4 章

在庫を持って、FBA販売で利益を伸ばしていこう

AmazonのFBA販売とは？ …………… 104

FBA販売をすると、
なぜ利益が伸びるのか？ …………… 106

FBA販売の手数料計算は
こうすればOK ………………………… 108

FBA販売の送料&関税計算は
こうすればOK ………………………… 110

現地荷受人を経由した
FBA納品の方法 ……………………… 112

倉庫に直送するFBA納品の方法 …… 114

FBAシッピングプランの作り方 ……… 116

FBA納品する時の商品の梱包方法 … 120

FBA販売において
特別な包装が必要な商品とは？ …… 122

EMSとDHL
どちらで送るのがお得か？ ………… 124

FBAの納品完了後にやるべきこと …… 126

注文のキャンセルや返品の
問い合わせがきたら？ ……………… 128

FBA納品の各種設定について ……… 130

FBA納品にかかる時間を短縮しよう … 132

Amazonランキングの仕組み ……… 134

FBA販売用商品のリサーチ術 ……… 136

本当に仕入れてもよい商品か
チェックしよう ………………………… 138

利益率と同じくらい大切なこと ……… 140

不良品や不良在庫を
うまくさばこう ………………………… 142

eBayとのマルチチャネル販売で
在庫リスクを減らそう ……………… 144

仕入れリスクを的確に取るために
大切な思考 …………………………… 146

Section 44

AmazonのFBA販売とは？

第4章 ▶▶ 在庫を持って、FBA販売で利益を伸ばしていこう

| 基本 | 準備 | 無在庫販売 | **FBA販売** | リサーチ | 仕入れ | 輸出戦略 | トラブル対処 |

FBA販売の仕組みを理解する

　第3章では、無在庫販売で稼いでいく手法について解説しました。この第4章ではAmazon輸出のもう1つの特徴的な販売手法である、**FBA販売**について学んでいきましょう。

　FBAとは「フルフィルメント・バイ・アマゾン」(Fulfillment by Amazon)の略で、直訳すると**Amazonによって業務完了します**という意味です。もう少しわかりやすく言うと、「Amazonによって商品の発送や返品対応なども含めたカスタマーサービスの業務をします」という意味だと思ってください。

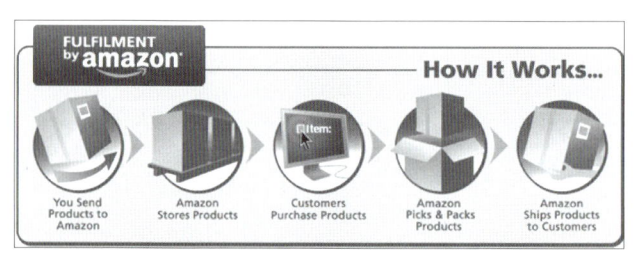

◀ Amazonフルフィルメントセンターに商品を納品すれば、あとの作業を代行してくれます。

● FBA販売の流れ

　無在庫販売の場合、注文が入ると商品はセラーから直接バイヤー宛に発送されます。

　一方FBA販売の場合は、セラーはあらかじめAmazonの運営するFBA倉庫（Amazonフルフィルメントセンター）に商品を納品しておきます。そして注文が入ったら、FBA倉庫からバイヤーに商品が発送されるという流れになります。

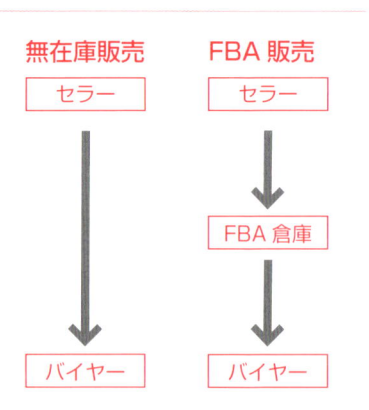

無在庫販売
セラー
↓
バイヤー

FBA販売
セラー
↓
FBA倉庫
↓
バイヤー

● **FBA販売の特徴**

　FBA販売では、事前にFBA倉庫に商品を納品しておく必要があるので、当然無在庫販売のスタイルは取れません。在庫を持って輸出ビジネスを行うことになります。在庫を持てば在庫リスクが発生します。仕入れた商品が売れなかったり、赤字になったりしてしまう可能性もあるということです。

　しかし、在庫リスクを取るということは、無在庫販売をしているほかのセラーに対して差別化しているという意味でもあります。例えば「日本からの発送、到着まで2週間かかります」と書いてある商品と、「アメリカのAmazon倉庫から、すぐに発送します」と書いてある商品が同じ金額で出品されていた場合、あなたならどちらのセラーから商品を買いたいと思うでしょうか？

　利益が確定している価格で商品を出品しておき、注文が入るのを待つ無在庫販売を守りの手法だとすれば、在庫を持ってドンドン売上を伸ばしていくスタイルのFBA販売は攻めの手法とも言えます。

　このほかにも、FBA販売で得られるメリットはたくさんあります。次のセクションではこれらのFBA販売で得られるメリットについて、詳しく見ていくことにしましょう。

▲ FBAを活用して、利益を伸ばしていきましょう。

参照URL http://services.amazon.co.jp/services/sell-on-amazon/soa-fba.html

Section 45

第❹章 ▶▶ 在庫を持って、FBA販売で利益を伸ばしていこう

FBA販売をすると、なぜ利益が伸びるのか？

| 基本 | 準備 | 無在庫販売 | **FBA販売** | リサーチ | 仕入れ | 輸出戦略 | トラブル対処 |

FBA販売の強みを知る

FBA販売を行うと、なぜ無在庫販売のセラーと差別化ができ、利益を伸ばしていくことができるのでしょうか？

1. ショッピングカートが取得しやすい

以前のセクションで、ショッピングカートを取得するための1つの要素として、**出荷までの期間（ハンドリングタイム）が短い方が有利である**という話をしました。FBA販売はAmazonの倉庫からの出荷のため、ハンドリングタイムについてはもっとも有利な条件になっています。実際に、「ある程度よい評価のたまっているセラーの無在庫商品」と「新規セラーのFBA商品」が同じ価格で出品されている状況であっても、かなりの確率で新規セラーのFBA商品がショッピングカートを取得しています。

$50 ★★★★★ 97%Postive (200Total ratings) 無在庫販売 VS $50 Just Launched（評価0の新規セラー）FBA販売 → カートを取得できる可能性が高い

◀ 商品がすぐに届くFBA販売の方が、ショッピングカートを取得できる可能性が高くなります。

2. Amazonの速達配送サービスがバイヤーのニーズを満たす

FBA納品した商品は、Amazonが販売している商品と同じ条件の発送サービスが提供されます。その中でもっともバイヤーが利用する頻度が高いのが、速達配送サービスです。速達配送サービスには「Expedited」「Next Day」「Second Day」の3種類があり、バイヤーが追加の手数料を支払えば、通常の注文よりもすばやく商品を手元に届けてくれます（速達サービスの手数料は、一部無料になる場合もあります）。

ある期間において、実際にFBAで注文の入った商品を調べたところ、**約半数近い注文で速達配送サービス**が選択されているという結果が出ています。

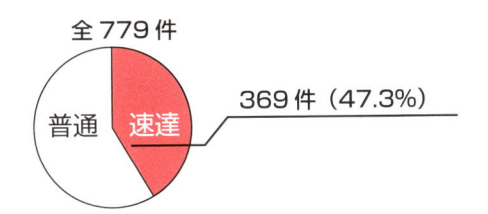

全779件
普通　速達　369件（47.3%）

◀ 速達配送サービスを利用する半数近いバイヤーに対して、FBA販売は有利に働きます。

「商品をなるべく速く届けてほしい」というニーズが多いのであれば、多少価格が高くてもFBA商品が注文される可能性は高いでしょう。

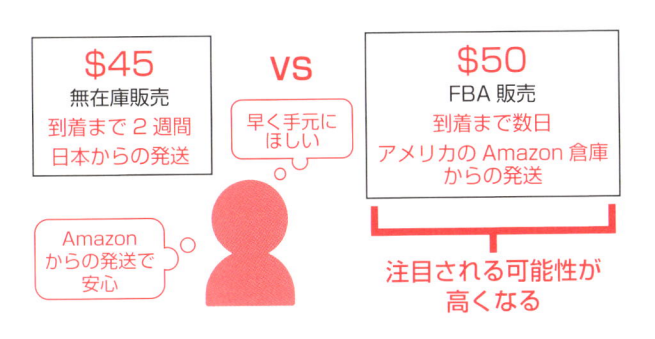

$45　無在庫販売　到着まで2週間　日本からの発送
VS
$50　FBA販売　到着まで数日　アメリカのAmazon倉庫からの発送

早く手元にほしい
Amazonからの発送で安心

注目される可能性が高くなる

◀ 配送サービスと、Amazonから発送される安心感から、注文される可能性を高めることができます。

これらのことから、FBA商品は無在庫商品より販売価格を上乗せしても、注文が入りやすいということが見えてきます。商品の価格帯や回転率などにもよりますが、無在庫商品の販売価格より1割程度は上乗せしても、ほとんど問題なく商品は売れていく場合が多いでしょう。

3. 送料が割安になるケースがある

　FBA納品にかかる送料は、過去にサポートをした会員さんたちを見ていると、一度にまとめて15kgくらい送ることができれば、おおよそ1kgあたり1,500円程度になっています（納品方法や梱包の仕方にもよります）。例えば、梱包材など込みで200gの商品をFBA納品した場合の送料は、300円程度になるということです。

　一方、SAL（小型包装物）に書留を付けて、200gの商品をアメリカまで送った場合の送料は690円です。また、SALの重量区切りは100g単位のため、150gの商品10個を1個ずつ送ろうとすると、200g×10個の送料がかかります。しかし、1箱に詰めてFBA納品する場合は、150g×10個の送料ですみます。

　また、商品の発送業務や返品対応などの業務をAmazonに代行してもらうことで、自分は商品リサーチなど、利益を伸ばすための作業に時間を使うことができるようになります。

Section 46 FBA販売の手数料計算はこうすればOK

第4章 ▶▶ 在庫を持って、FBA販売で利益を伸ばしていこう

| 基本 | 準備 | 無在庫販売 | **FBA販売** | リサーチ | 仕入れ | 輸出戦略 | トラブル対処 |

FBA販売でかかる手数料について

このセクションからしばらくは、FBA販売の正しい利益計算について学びましょう。FBA販売の利益計算式は以下のようになります。

商品販売価格 − Amazon手数料 − FBA手数料 − 為替両替などの手数料 − 仕入れ総額 − FBA納品送料 − 関税 = 利益

無在庫販売の利益計算には出てこなかった、**FBA手数料**、**FBA納品送料**、**関税**という項目があるので、それらについて見ていきましょう。このセクションではまず、FBA手数料について紹介します。

FBA販売（納品）した商品には、通常のAmazon手数料に加えてFBA手数料がかかります。FBA手数料は商品のサイズや重量、カテゴリによって、課金のされ方が細かく変わってきます。すべてをこのセクションで解説するのは難しいので、ここでは取扱量が多くなる可能性が高い、通常サイズ商品（Large Standard-Size 1ポンド以下）のFBA手数料を例にとって見ていきましょう。

FBA手数料は、以下の4つの要素から構成されています。

- Order Handling：注文手数料です。1注文ごとにかかります。
- Pick & Pack：梱包手数料です。1商品ごとにかかります。
- Weight Handling：重量手数料です。商品重量に応じてかかります。
- Monthly Storage Fee：在庫保管手数料です。商品サイズと保管期間に応じてかかります。

各要素について、通常サイズ（Large Standard-Size 1 ポンド以下）の商品の FBA 手数料は以下の表のようになります（2014 年 5 月現在）。

	メディア商品（本、CD、DVD、ゲーム、ソフトウェアなど）	ノンメディア商品	
① Order Handling	$0.00	$1.00	1 注文あたり
② Pick & Pack	$1.02	$1.02	1 商品あたり
③ Weight Handling	$0.55 $1.34 $1.34+1 ポンドあたり $0.39	$0.55 $1.34 $1.34+1 ポンドあたり $0.39	1 ポンド未満 1〜2 ポンド未満 2 ポンド以上
④ Monthly Storage Fee	$0.48	$0.48	1 立方フィートあたり / 月

まず、①〜③の FBA 手数料について見ていきましょう。これら 3 つの FBA 手数料は、商品が売れた時に発生します。

例えば、重量 0.5 ポンドのフィギュア A（ノンメディア商品）が 1 つ売れたら、下記の FBA 手数料がかかる計算になります。

① $1.00 ＋ ② $1.02 ＋ ③ $0.55 ＝ $2.57

重量 0.5 ポンドのフィギュア A（ノンメディア商品）1 つと、重量 1.5 ポンドのフィギュア B（ノンメディア商品）1 つを同じバイヤーが注文した場合は、以下のようになります。

① $1.00 ＋ ② $1.02 + $1.02 ＋ ③ $0.55+$1.34 ＝ $4.93

また、④の在庫保管手数料は、FBA 倉庫に在庫を保管している間、ずっと発生します。1 立方フィート（約 30cm × 30cm × 30cm）の商品を 1 ヶ月保管した場合の保管料が $0.48 なので、小さいサイズの商品や、長期保管するつもりのない商品であればあまり気にする必要はありません。

商品ごとの詳しい手数料を知りたい場合は、以下のサイトで確認できます。ASIN や JAN を使って商品を検索し、販売予定価格を入力して確認してみましょう。

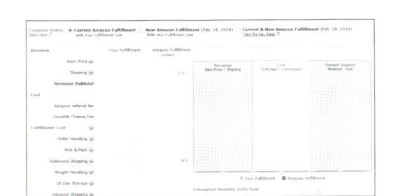

● FBA Revenue Calculator
（FAB レベニューカリキュレーター）

参照 URL： https://sellercentral.amazon.com/gp/fba/revenue-calculator/index.html?ref=ag_xx_cont_xx?ie=UTF8&lang=en_US

Section 47 FBA販売の送料&関税計算はこうすればOK

第❹章 ▶▶ 在庫を持って、FBA販売で利益を伸ばしていこう

| 基本 | 準備 | 無在庫販売 | **FBA販売** | リサーチ | 仕入れ | 輸出戦略 | トラブル対処 |

FBA 納品送料&関税の計算

次に、FBA 納品送料と関税について解説していきます。FBA 納品送料と関税の計算は、FBA 倉庫への納品方法によって若干異なります。ここでは現地荷受人（Sec.48 参照）を経由する場合と FBA 倉庫直送の場合の 2 つの方法で解説します。

● 現地荷受人を経由する場合

現地荷受人を経由する場合に発生する費用は、

国際送料 ＋ 現地荷受人への手数料 ＋ 関税 ＋ アメリカ国内送料

となり、それぞれの費用については以下のようになっています。

・国際送料
セラーから現地荷受人までの送料です。通常 EMS や一般の国際航空便などで送るのが一般的です。郵便局の国際郵便料金を参考にしましょう。

・現地荷受人への手数料
現地荷受人との契約で料金は変化します。相場的には、1 箱あたり数百〜 2,000 円程度といったところです。

・関税
請求があれば実費を支払います。

・アメリカ国内送料
現地荷受人から Amazon の FBA 倉庫までの送料です。荷物の重量や現地荷受人の運送会社との契約により、料金はかなり変化します。Amazon 契約の UPS ラインを利用する Amazon Partnered Carrier が割安です。

```
セラー →(国際送料)→ 現地荷受人 →(アメリカ国内送料)→ FBA倉庫
                    荷受け・転送手数料
                    関税
```

▲ 現地荷受人を経由してFBA倉庫に納品します。

● FBA倉庫直送の場合

FBA倉庫に直送する場合に発生する費用は、

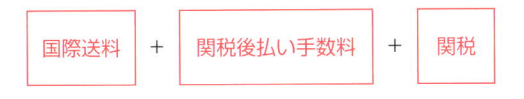

国際送料 ＋ 関税後払い手数料 ＋ 関税

となり、それぞれの費用については以下のようになっています。

・**国際送料**
セラーからFBA倉庫までの送料です。DHLなどを利用します。運送会社との契約で料金は変化します。

・**関税後払い手数料**
関税の後払いサービスを利用するので、その手数料を支払います。通常数千円程度です。

・**関税**
請求があれば実費を支払います。

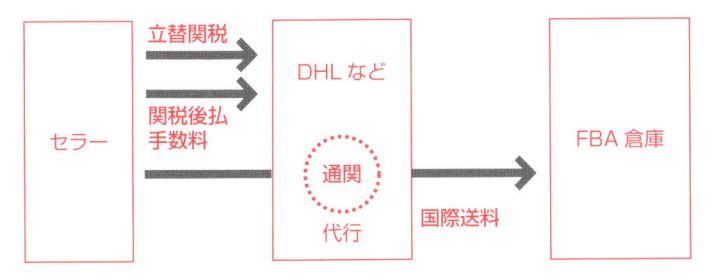

```
セラー →(立替関税)(関税後払手数料)→ DHLなど (通関代行) →(国際送料)→ FBA倉庫
```

▲ FBAに直送する場合は、DHLなどに通関を代行してもらいます。

以上の **FBA手数料**、**FBA納品送料＆関税** とSec.45の解説をもう一度踏まえて、しっかりとFBA販売の利益計算をしていきましょう。

Section 48

第4章 ▶▶ 在庫を持って、FBA販売で利益を伸ばしていこう

現地荷受人を経由した FBA納品の方法

| 基本 | 準備 | 無在庫販売 | **FBA販売** | リサーチ | 仕入れ | 輸出戦略 | トラブル対処 |

現地の荷受人を通す

　このセクションでは、AmazonのFBA倉庫へ商品を納品する方法について解説していきます。Amazonはガイドライン上で、「海外からAmazonのFBA倉庫に直接商品を納品しないように」と表記しています。Amazonが海外からのFBA倉庫直送を認めていない理由は大きく2つあります。1つ目はAmazonが海外からの荷物を受け取る際に、関税などの支払いが発生する可能性があるからです。もう1つは、海外から荷物を直送した場合、Amazonが輸入者（インポーター）になってしまうからです。

　そこで、私たち日本人セラーがFBAに商品を納品しようと思った時、「基本的には」アメリカ国内の拠点で一度荷受をしてもらい、そこからAmazonのFBA倉庫に転送してもらう必要があるのです。

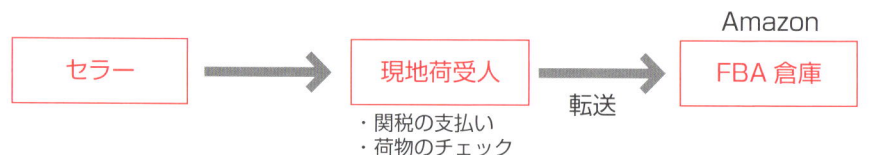

```
セラー  →  現地荷受人  →転送→  Amazon FBA倉庫
            ・関税の支払い
            ・荷物のチェック
```

▲ セラーとFBAの間にもう一人挟むイメージです。

　アメリカでの荷受と転送を代行してもらうのは、個人でも業者でもかまいません。Amazonでも、荷受や転送を代行してくれる業者をホームページ上で紹介しています。

● **Samuel Shapiro & Co**
参照URL http://www.shapiro.com/

　しかし、この業者は非常に手数料が高く、英語の契約書を交わす必要もあるので、私たちが個人で利用するには少しハードルが高くなっています。そこで、アメリカ国内に倉庫を持つ転送業者もしくは、アメリカ在住のSOHOに荷受と転送を依頼しましょう。

● 転送業者に依頼する

　転送業者を利用するメリットは、サービスの質がある程度保証されていること、蓄積されているノウハウがあるので、トラブル時にもきちんと対応してくれることです。その分、費用は個人のSOHOに依頼するよりも若干高くなっています。また、日本国内に転送拠点を持っている業者に依頼すれば、日本からアメリカの拠点までの転送作業も代行してもらえるので、「一度も荷物を見ないで商品を販売する」ことが可能になります。

● 田中物流

参照 URL http://tanaka-logistics.com/

● SAATS フルフィルメント

参照 URL http://www.saats.jp/fulfillment/

● アメリカ在住の個人SOHOに依頼する

　個人SOHOに依頼する**メリットは、費用が安いこと**です。転送量が増えてくれば、この差はほかのセラーと戦う上でジワジワと効いてきます。**デメリットは、信頼性が低いことです**。荷物の持ち逃げや、急に連絡が取れなくなることも、ないとは言えません。またSOHOには、こちらが作業内容を教える時間も必要です。その一方で、SOHOとの信頼関係が築ければ自分で代行業者を立ち上げて、ほかのセラーの荷受、転送作業を代行してビジネスとして構築していくことも可能です。

倉庫に直送するFBA納品の方法

| 基本 | 準備 | 無在庫販売 | **FBA販売** | リサーチ | 仕入れ | 輸出戦略 | トラブル対処 |

FBA倉庫に商品を直送する

　先ほどのセクションでは、現地の荷受人を経由してFBA倉庫に納品する方法について解説しました。その中で、私たち日本人セラーは「基本的には」アメリカの転送拠点を経由して荷物を送る必要があるとお伝えしました。しかし、FBA倉庫に商品を直送できれば、アメリカ国内の送料がかかりません。さらに、転送拠点を経由しないので、FBA倉庫に納品されるまでの時間が短縮されるなどのメリットが発生します。そこで、このセクションではあるやり方を使って、アメリカの転送拠点を経由せずに、AmazonのFBA倉庫に直送する方法について解説します。

　先ほど、Amazonが海外からのFBA倉庫への直送を禁止している理由は大きく2つあることをお伝えしました。

- 関税の支払いをしなくてはいけない可能性があるから
- Amazonが輸入者（インポーター）になるから

　ということは、この2つの理由をクリアできれば、AmazonのFBA倉庫に直送できるようになる可能性は上がります。

● 関税の支払い

　関税の支払いは、DHLなどが提供している「関税の元払いサービス」を利用することで回避することができます。国際便の荷物は基本的に荷受けをする時に関税などの支払いをすることになります。しかし、このサービスを利用すれば、通関時に発生した関税を一度DHLが立て替えをしてくれ、後日DHLから立て替えた関税と立て替え手数料の請求が来るようになります。関税元払いにかかる手数料は、1回あたり数千円程度です。

EMS

荷送人 → 通関 → 荷受人　・関税の支払い
　　　　　　　　　　　　　・荷物の受け取り

DHLの関税元払いサービス

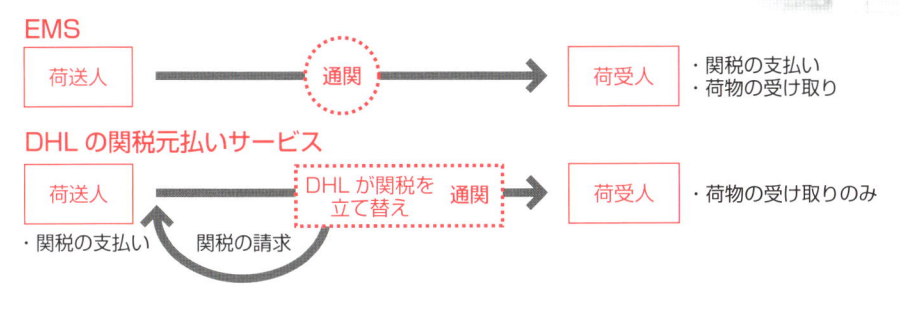

荷送人 ← [DHLが関税を立て替え] → 通関 → 荷受人　・荷物の受け取りのみ
・関税の支払い　関税の請求

▲ 関税元払いサービスの仕組みです。

● インポーター（輸入者）の変更

　国際便の荷物では、一般的に「荷受人＝インポーター」となっていて、関税の支払いや通関時の税関とのやり取りなどは原則この「荷受人＝インポーター」が行なうことが普通です。しかし、インボイスの書き方を変えることで、荷受人とインポーターを別々に分けることが可能になります。この時、インポーターのアメリカでの納税者番号が必要になるので、インボイスにはインポーターを代行してくれる方やアメリカ法人の納税者番号を記載するようにしましょう。

　ただし、この2つのやり方でも、荷物を100%FBA倉庫に直送できるわけではありません。通関時になんらかの問題があった場合、荷受人であるAmazonに連絡がいく可能性があるからです。そのため、関税元払い＆インポーターの変更を使ってFBA倉庫に商品を直送する場合は、「荷受人であるAmazonに連絡が行かないように配慮する」ことが大切です。具体的な対策としては、下記のようなものがあげられます。

- 通関時にチェックを受けそうな商品は避ける
- インボイスを詳細に書く（特にHSコードや素材の記載）
- 一度にあまり大量の商品を送らないようにする

　Amazonに連絡が行ったり、通関に時間がかかって荷物が返送されたりしてしまった場合は、当然送料は返金されません。場合によっては、日本までの返送料金が請求されることもあります。
　この辺りのリスクをしっかりと理解した上で、メリットがあると判断した場合はFBA倉庫への直送を試してみるのがよいかと思います。

Section 50　第4章 ▶▶ 在庫を持って、FBA販売で利益を伸ばしていこう

FBAシッピングプランの作り方

| 基本 | 準備 | 無在庫販売 | **FBA販売** | リサーチ | 仕入れ | 輸出戦略 | トラブル対処 |

FBA シッピングプランを登録する

　FBA 納品をする際は、毎回必ず **FBA シッピングプラン** を作成する必要があります。FBA シッピングプランとは、FBA 倉庫に納品する荷物の明細のようなものです。今回は「FBA ラベルサービスは利用しない」「現地荷受人を経由」「アメリカ国内の配送は Amazon-Partnered Carrier（UPS）を利用する」というケースでプランの作成を行います（FBA ラベルサービスについては Sec.56 を参照）。

❶ セラーセントラルから＜ Manage FBA Inventory ＞をクリックします。

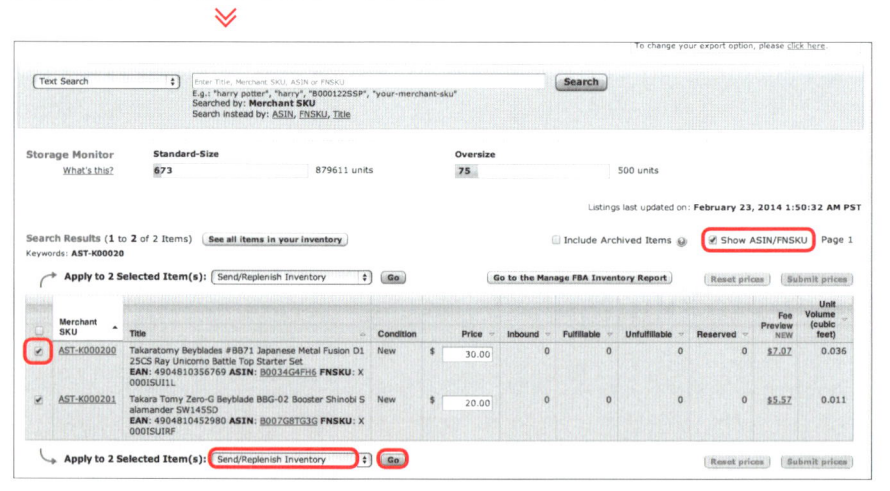

❷ すでに FBA 在庫として登録してある商品リストが表示されるので、FBA 納品したい商品のチェックボックスにチェックを入れ、＜ Send/Replenish Inventory ＞を選択し＜ Go ＞をクリックします。なお、この画面で＜ Show ASIN/FNSKU ＞にチェックを入れておくと ASIN が表示されるので、必要に応じて利用してください。

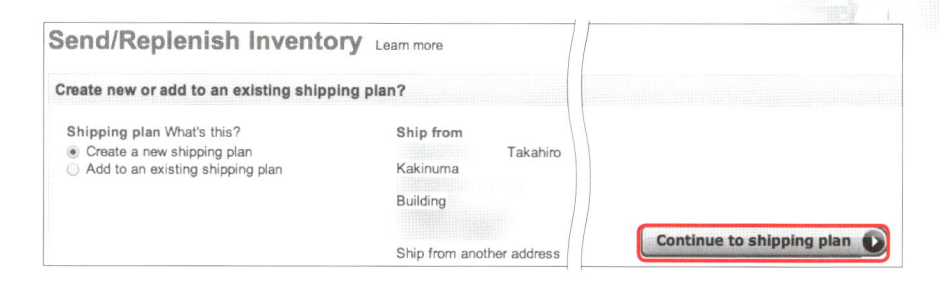

- **Shipping plan** シッピングプランの選択をします。

Create a new shipping plan：新規シッピングプランを作成します。

Add to an existing shipping plan：既存のシッピングプランに商品を追加します。

- **Ship from** 発送元住所を入力します。アメリカの転送拠点を経由する場合は経由先の拠点住所を登録してください。
- **Packing type** 梱包の種類を選択します。

Individual products：1 箱の中にいろいろな種類の商品が入っている場合です。通常はこちらを選択します。

Case-packed products：1 箱の中すべてが同一商品の場合はこちらを選択します。

❸ 続いて、プランの情報入力を行います。

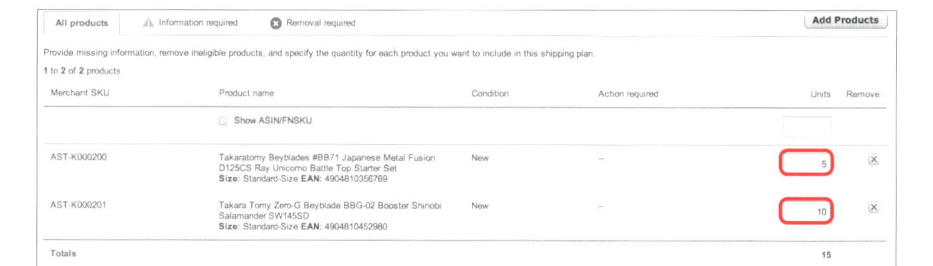

❹ それぞれの商品の納品個数を入力し、＜ Continue ＞をクリックします。

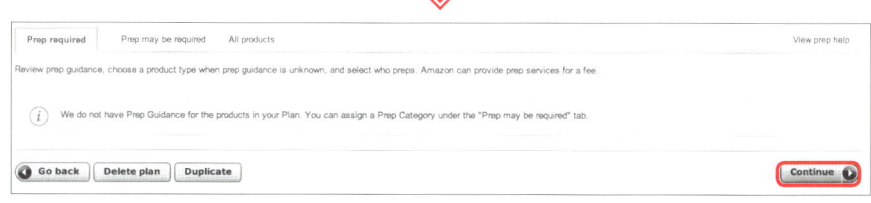

❺ 商品に特別な個別梱包が必要になる商品があるかもしれないというメッセージです（Sec.52 参照）。梱包に問題がなければそのまま＜ Continue ＞をクリックして進んでください。

❻ 商品に貼り付けるFBAラベルの印刷をします。ラベルシールのサイズを選択して、＜Print labels for this page＞をクリックします。「products.pdf」というファイルがダウンロードされるので、そちらをラベルシールに印刷して、商品に貼り付けます。シールの貼り付けが終わったら＜Continue＞をクリックして進んでください。ラベルのサイズはデフォルトで設定されている「24面 66.0mm×33.9mm」が使いやすく、Amazonなどでも販売されています。

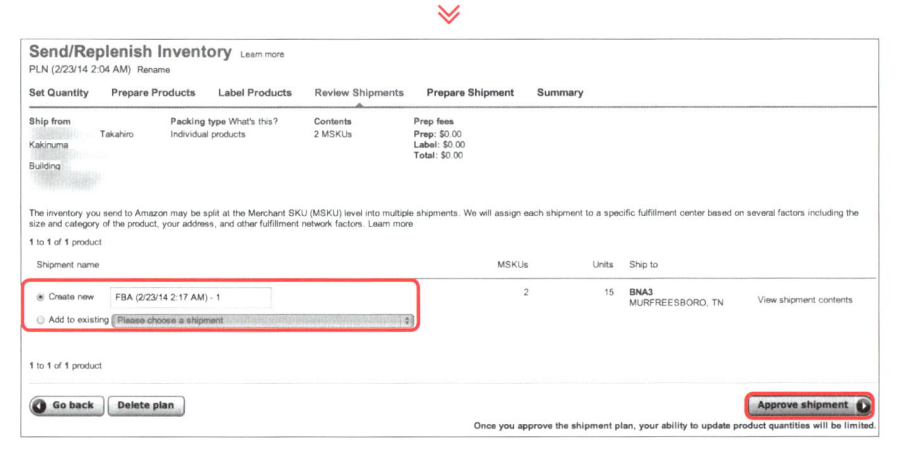

❼ Add to existingで、作成途中のシッピングプランに商品を追加することも可能です。通常は「Create new」で大丈夫です。＜Approve shipment＞をクリックしましょう。

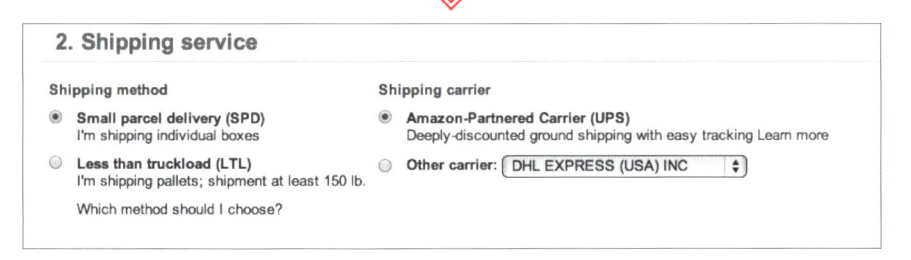

・**Shipping method**　Amazon FBA倉庫への納品方法を選択します。
Small parcel delivery（SPD）：普通の宅配便などで納品する場合です（通常はこちら）。
Less than truckload（LTL）：大量の商品をパレットなどで納品する場合です。

・**Shipping carrier**　アメリカ国内の配送方法を選択します。
Amazon-Partnered Carrier（UPS）：Amazonが提携しているUPSを利用する場合です。
Other carrier：DHLなどその他の業者を利用する場合です。

❽ 続いて、倉庫への納品方法を入力します。

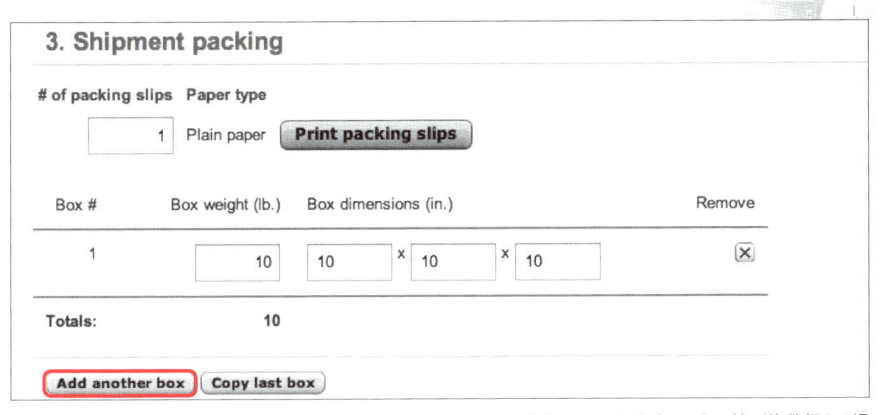

3. Shipment packing

# of packing slips 1 **Paper type** Plain paper [Print packing slips]

Box #	Box weight (lb.)	Box dimensions (in.)			Remove
1	10	10 × 10 × 10			×
Totals:	10				

[Add another box] [Copy last box]

❾ Amazon-Partnered Carrier（UPS）を利用する場合は、箱の重量とサイズを入力します。箱が複数個ある場合は＜ Add another box ＞で追加していきます。

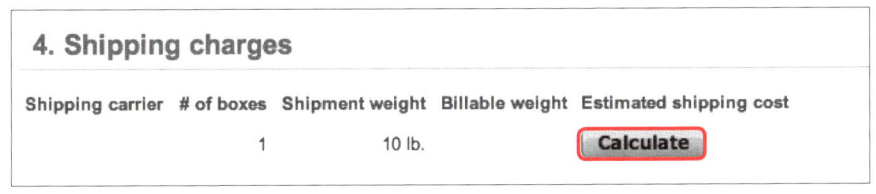

4. Shipping charges

Shipping carrier	# of boxes	Shipment weight	Billable weight	Estimated shipping cost
	1	10 lb.		[Calculate]

❿ ＜ Calculate ＞をクリックして、Amazon-Partnered Carrier（UPS）の送料を計算します。

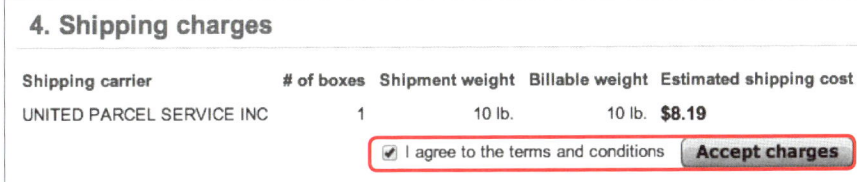

4. Shipping charges

Shipping carrier	# of boxes	Shipment weight	Billable weight	Estimated shipping cost
UNITED PARCEL SERVICE INC	1	10 lb.	10 lb.	$8.19

☑ I agree to the terms and conditions [Accept charges]

⓫ 送料が課金されることに同意し、＜ Accept charges ＞をクリックして先に進みます。

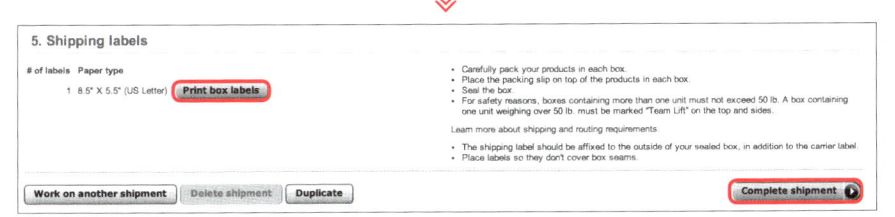

5. Shipping labels

# of labels 1 **Paper type** 8.5" X 5.5" (US Letter) [Print box labels]

- Carefully pack your products in each box.
- Place the packing slip on top of the products in each box.
- Seal the box.
- For safety reasons, boxes containing more than one unit must not exceed 50 lb. A box containing one unit weighing over 50 lb. must be marked "Team Lift" on the top and sides.

Learn more about shipping and routing requirements

- The shipping label should be affixed to the outside of your sealed box, in addition to the carrier label.
- Place labels so they don't cover box seams.

[Work on another shipment] [Delete shipment] [Duplicate]   [Complete shipment ▶]

⓬ 最後に＜ Print box labels ＞をクリックして、Amazon-Partnered Carrier（UPS）の発送ラベルと FBA 納品ラベルを印刷します。箱が複数個ある場合は箱の数だけ印刷されます。このラベルは箱の一番上に貼って FBA 倉庫に納品します。しかし、日本から荷物を送る時に貼ってしまうと、国際輸送中に濡れたり、剥がれたりしてしまう可能性があるので、現地で荷受けしてくれるパートナーに pdf ファイルを渡しておき、現地で貼り付けてもらうようにしましょう。すべての準備が終わったら、＜ Complete shipment ＞をクリックして FBA シッピングプランの作成は完了です。

Section 51

第4章 ▶▶ 在庫を持って、FBA販売で利益を伸ばしていこう

FBA納品する時の商品の梱包方法

| 基本 | 準備 | 無在庫販売 | **FBA販売** | リサーチ | 仕入れ | 輸出戦略 | トラブル対処 |

FBA商品の梱包のポイント

　FBAの倉庫に商品を送る場合は、**1箱である程度まとまった重量を送る**ことになります。そのため、荷物が落下した際の衝撃が大きかったり、箱の中で商品どうしがぶつかりあって壊れたりする可能性があります。無在庫販売で売れた商品を1つずつ発送する時よりも、しっかりと梱包するように心がけましょう。

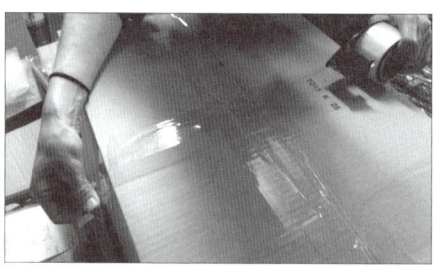

❶ 商品の重量で箱の底が抜けないために、テープでしっかりと固定します。最低でもダンボール中央の合わせ目1本に加えて、垂直に3本テープを貼り付けるとよいでしょう。

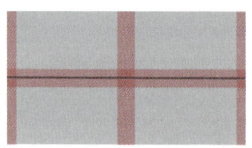

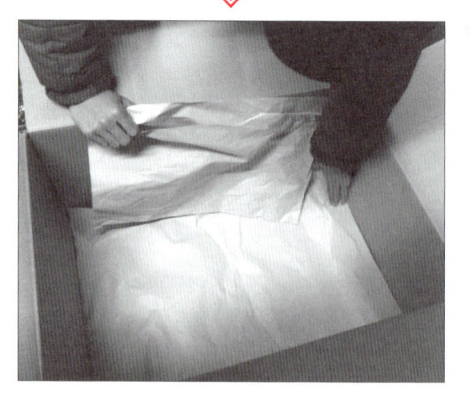

❷ 箱の中で商品どうしがぶつかったり、雨や湿気などで商品が破損したりしないように、エアパッキンや紙などで保護しましょう。

❸ FBA ラベルは、元の商品バーコードを隠すように貼り付けます。商品に複数のバーコードがある場合や、バーコードが大きくて FBA ラベルで隠し切れない場合は、無地のラベルシールなどを使ってすべてのバーコードを隠します。

軽い商品
重い商品

❹ 重量の重いものは箱の下、軽いものは上に詰めるようにします。壊れやすい商品を含んでいる場合は、ダンボールの中にさらにダンボールを入れて、商品を保護しましょう。

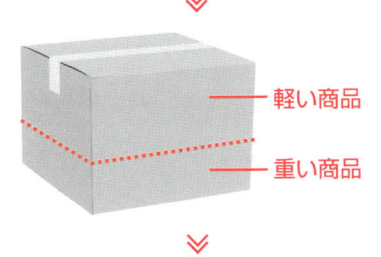

❺ 商品は寝かせるよりも立てて入れた方が、縦方向からの圧力に強くなります。

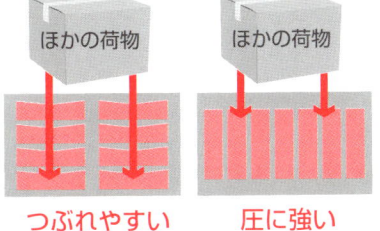

ほかの荷物　ほかの荷物
つぶれやすい　圧に強い

第4章 在庫を持って、FBA 販売で利益を伸ばしていこう

FBA販売

Section 52

FBA販売において特別な包装が必要な商品とは？

[基本] [準備] [無在庫販売] [**FBA販売**] [リサーチ] [仕入れ] [輸出戦略] [トラブル対処]

梱包に注意が必要な商品

　FBA納品する際に、特別な梱包が必要なパターンがいくつかあります。中には、やっておかないとあとで大きなトラブルに発展するものもあるので、しっかり覚えておきましょう。

● 液体

　キャップの部分に密閉用のシュリンク包装がされていない、容器がむき出しの商品については、容器をポリ袋などで包む必要があります。そして**ポリ袋には必ずWarning（窒息警告）表示**をする必要があります（ワーニングシールはAmazonでも購入できます）。さらに、3フィート（0.9144m）の高さから落下試験を5回行って、液体の漏れがないことを確認します。

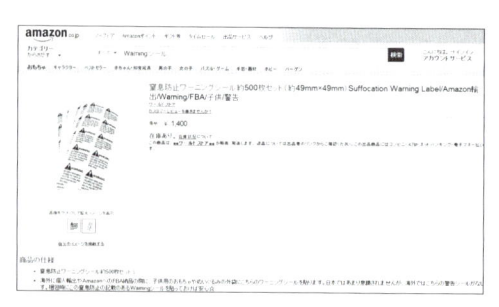

◀ シールはAmazonなどで簡単に入手できます。

● 粉末や顆粒

　粉末や顆粒の入っている容器も、シュリンク包装がなければ、ポリ袋などで容器を包み、3フィートの高さから、5回の落下試験に耐えられるかを確認します。

● こわれもの

　むき出しの商品についてはエアパッキンなどで厳重に梱包して、3フィートの高さから5回の落下試験に耐えられる必要があります。その場合、商品のボトム、トップ、

ショートサイド、ロングサイド、コーナーの5箇所が当たるように、落下試験を行います。商品が箱の中に入っている場合は、シェイキングテスト（箱ごと商品を振る）を行います。商品がぐらついたり、ぶつかり合ったりしないよう、箱の中も緩衝材で保護するとよいでしょう。

▲ 箱の中で商品がぶつかっても大丈夫なように、しっかりと保護します。

● ぬいぐるみ

　商品がむき出しになっているぬいぐるみは、ポリ袋やシュリンクで包む必要があります。シュリンクは厚さ1.5mil（ミル）以上である必要があります。ミルとはフィルムなどの厚さを表すのに使う単位で、一般的には「ミリインチ」のことを意味しています。繰り返しになりますが、ポリ袋やシュリンクには必ずWarning（窒息警告）の表示をしましょう。

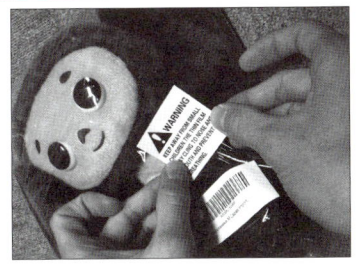

▲ ワーニングシールを貼っていないと、訴えられた際にセラーの責任となってしまうケースもあります。

● ベビー用品

　幼児が扱う可能性がある製品は、商品が汚れ、ほこり、損傷にさらされないように、ポリ袋で包む必要があります。

● 先の尖った製品

　工具や刃物などの先の尖った製品は、ケガをするおそれのある先端部分をしっかりと保護しなくてはいけません。エアパッキンで厳重に包むか、段ボールなどに梱包しましょう。

● アパレルや布などの繊維製品

　アパレル、タオル、布製の製品などは、湿気やほこりから商品の損傷を守るためにポリ袋に包む必要があります。

● 小さい製品

　クレジットカードの幅より小さい製品は、紛失や置き忘れ防止のため、ポリ袋などで包装する必要があります。

Section 53

EMSとDHL どちらで送るのがお得か?

第4章 ▶▶ 在庫を持って、FBA販売で利益を伸ばしていこう

| 基本 | 準備 | 無在庫販売 | **FBA販売** | リサーチ | 仕入れ | 輸出戦略 | トラブル対処 |

DHLのメリットとデメリット

ここでは、FBA納品をする場合にEMSを使った場合とDHLやFedexなどを使った場合のメリット・デメリットについて解説していきます。ここでは私が実際に利用しているDHLの航空便を使った場合を例として話をしていきます。

まず、**EMSとDHLの送料計算には大きな違いが2つ**があります。

1. 容積重量

EMS以外の国際便では、送料計算をする時に「容積重量」という考え方が用いられます。容積重量とは荷物のサイズから換算される重量のことで、

$$\text{容積重量 (kg)} = \text{縦 (cm)} \times \text{横 (cm)} \times \text{高さ (cm)} \div 5{,}000 \text{ (cm}^3\text{/kg)}$$

で計算されます。例えば、3辺すべて50cmの段ボールの容積重量は、

$$50\text{cm} \times 50\text{cm} \times 50\text{cm} \div 5{,}000 = 25\text{kg}$$

となります。

DHLで荷物を送る場合は、この容積重量と実重量（実際の重量）の**どちらか重い方**を重量として送料が計算されることになっています。例えば、先ほどの段ボールに10kg分の荷物しか詰めなかった場合でも、送料は25kg分を請求されるということです。軽くてかさばる商品ばかりを集めて送ってしまった結果、実重量を元に予想していた送料よりも、3倍近く請求されてしまったケースもあります。容積重量は、DHLの公式サイトでも計算できます。

● DHL Expressの容積重量計算

参照URL http://www.dhl.co.jp/ja/tools/volumetric_weight_express.html

それに対してEMSにはこの「容積重量」の考え方はなく、実重量のみで送料計算が行われます。そのため、軽くてかさばる商品を送る場合はEMSが使いやすいでしょう。

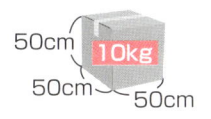

DHLでは10kgの商品でも容積重量の計算式で25kg分の料金になってしまうことも

◀ 実際の重量よりも大きい計算式で、送料が発生してしまう場合があります。

2. 複数の箱に分かれた荷物の送料計算方法

　EMSとDHLでは、複数の箱に分かれた荷物を送る場合の送料の計算方法が違います。EMSは1箱ごとに送料を計算して、その合計金額が全体の送料になるのに対して、DHLはそれぞれの箱の重量を足し合わせて、その合計重量に対して送料計算が行われます。

　例えば、10kgと30kgの2箱で合計40kgの荷物を送る場合、EMSは10kg分の送料＋30kg分の送料の合計、DHLは40kg分の送料がかかります。そのため、一度にある程度まとまった重量を送る場合にはDHLの送料計算の方が有利と言えます。なお、送料は一般的に、EMSでもDHLでも「一度にまとめて送る重量が増えれば増えるほど1kgあたりの送料が割安になる」という傾向にあります。

EMS　別々に計算
10kg ＋ 30kg
10kg分の送料＋30kg分の送料

DHL　まとめて計算
10kg ＋ 30kg
40kg分の送料

◀ ある程度まとまった重量の商品を送る場合は、DHLの計算式が有利です。

● 送料の料金体系について

　EMSの送料は、一度の発送で10個以上、または月に50個以上など、ある程度まとまった量を送るようになると10％〜の割引が適用されるようになります。これは、基本的には誰が利用しても条件は同じです。

　一方DHLの送料は契約によってさまざまなので、有利な条件で契約ができれば、EMSよりもかなり安くなるケースがあります。

　また、DHLでは送料にプラスして別途燃油サーチャージが請求されますが、EMSの場合は燃油サーチャージは送料に含まれています。

第4章　在庫を持って、FBA販売で利益を伸ばしていこう

FBA販売

Section 54

FBAの納品完了後にやるべきこと

| 基本 | 準備 | 無在庫販売 | **FBA販売** | リサーチ | 仕入れ | 輸出戦略 | トラブル対処 |

FBA納品後に行うべきこと

FBAに商品が納品されたら、やるべきことがあります。1つ目は、納品された**在庫の数をチェックする**こと、2つ目は**価格の調整**です。

● 在庫数のチェック

実はAmazonのFBA倉庫では、納品数がズレたり、商品が行方不明になったりすることがあります。納品数がズレる原因は、こちらの数量設定ミス、FBAラベルの貼り間違えなどのほかに、AmazonがFBA倉庫で商品を紛失してしまったり、ほかのセラーの商品と混ざってしまったりといろいろなケースがあります。

Amazonが納品数のズレを見つけた場合は、セラーセントラル内でアラート表示をしてくれます。Inventoryの＜Manage FBA Shipments＞からShipping Queue（FBAシッピングプラン）を確認すると、納品から一定の期間が過ぎているのにも関わらず、ステータスがRECEIVINGのまま、CLOSEDに変わらないシッピングプランが出てくることがあります。そのシッピングプランは、納品数がズレている可能性があるので、プランを開いて確認してみましょう。

◀ Inventoryの＜Manage FBA Shipments＞をクリックして、FBAシッピングプランを確認します。

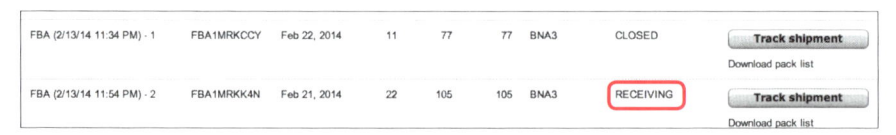

▲ RECEIVINGのままCLOSEDに変わらないシッピングプランは、出品数を確認しましょう。

実際の納品数がプランに登録されている納品数より多い場合は、以下のような表示になります。そのままの数量で納品完了してよい場合は＜ Extra units shipped ＞を、Amazon に調査を依頼する場合は＜ Unexpected – Please Research ＞を選択します。

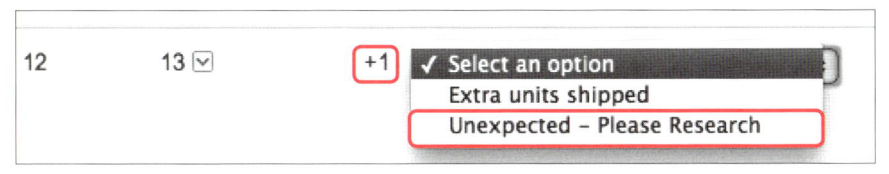

▲ Amazon に調査を依頼する場合は、＜ Unexpected – Please Research ＞を選択します。

　実際の納品数がプランに登録されている納品数より少ない場合は、以下のような表示になります。そのままの数量で納品完了してよい場合は＜ Units not shipped ＞を、Amazon に調査を依頼する場合は＜ Missing – Please Research ＞を選択します。

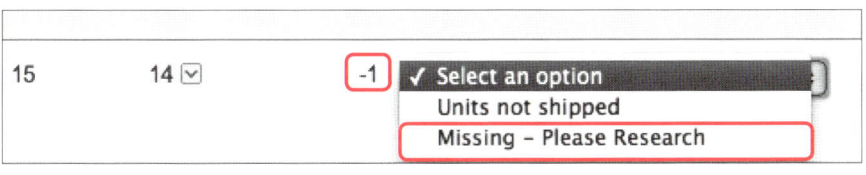

▲ 納品数が少ない場合も、Amazon に調査を依頼できます。

　また、Amazon 側のチェック漏れで、実際の納品数とは違う個数が納品数として反映されてしまうケースもあります。こちらについては、セラー側が目視で在庫数をチェックしていくしかありません。ズレが見つかった時は Amazon のセラーサポートに連絡して、納品数の確認を依頼することになります。

● 価格調整

　FBA に商品が納品されたら、**定期的に商品の価格調整**を行いましょう。FBA 販売において、商品の価格調整はリサーチや仕入れと並んで、利益を上げていくために大切な作業の１つになります。出品価格、競合セラー数、在庫数、資金繰りなどを考えながら、できれば毎日、最低でも週に一度は商品の価格調整を行ってください。

Section 55

第4章 ▶▶ 在庫を持って、FBA販売で利益を伸ばしていこう

注文のキャンセルや返品の問い合わせがきたら?

| 基本 | 準備 | 無在庫販売 | **FBA販売** | リサーチ | 仕入れ | 輸出戦略 | トラブル対処 |

キャンセルや返品の対処は Amazon が代行してくれる

　FBA販売商品にキャンセルや返品の問い合わせがきた場合は、どのような対処をしていけばよいでしょうか？　なんと、FBA納品して販売された商品は、**返品・返金などをすべて Amazon が代行**してくれます。

　バイヤーから私たちセラーにFBA商品のキャンセルや返品の問い合わせが直接きた場合は、「こちらの商品は、Amazon 倉庫から出荷されているので、返品・返金などの対応は Amazon が代行しています。お手数ですが、Amazon にお問い合わせをお願いします」といった文面で返信するとよいでしょう。

　返金額や再販の可否については、Amazon の返品ポリシーやコンディションガイドラインに沿って、自動的に判断されます。Amazon の返品ポリシーは、バイヤー側がかなり保護された仕組みになっていて、私たちセラーにとっては少し理不尽だなと感じる理由でも、Amazon が全額返金を伴う返品を受け付けてしまうケースもあります。Amazon は顧客至上主義（バイヤー優遇）を前提としてビジネスをしているので、Amazon という場所を借りて商売をしている私たちセラーは基本的に Amazon の考え方に従う必要があります。しかし「実は Amazon に落ち度があった」など、どうしても納得ができない場合は、セラーサポートから Amazon に交渉のメッセージを送ってみましょう。状況によっては Amazon が損失補填してくれるケースもあります。

● 返品された商品のその後

　バイヤーから返品されてきた商品は、未開封、未使用などで再販可能な状態であれば、「Fulfillable（販売可能）」状態の商品として、自動的にもう一度 Amazon に出品されることになります。その際に私たちセラーは特に何のアクションも取る必要はありません。

　開封品や不良品として返品されてきた商品は「Unfulfillable（販売不可）」状態の商品として、FBA倉庫に保管されます。保管された商品には、保管費用がかかるので、早めに返品か破棄の指示を出しましょう。

▲販売することのできない商品は早めに対処しましょう。

● 商品の返送および破棄の方法

　販売することができない商品は、セラーセントラルの INVENTORY → Manage FBA Inventory から破棄もしくは、返送を行います。販売できない商品を FBA 倉庫に置いておくだけで料金が発生してしまうので、早めに対処しましょう。

❶ Manage FBA Inventory から商品の返送および破棄したい商品のチェックボックスにチェックを入れて、プルダウンメニューから「Create Removal Order」を選択し＜ Go ＞をクリックします。

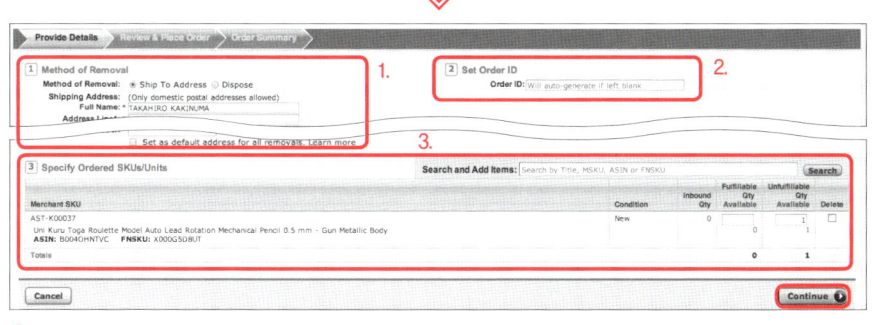

❷ 商品の返送または、破棄する際の情報を入力します。

1. Method of Removal
Ship To Address：商品の返送を行いたい場合に選択し、返送先の住所や電話番号を登録します。
Dispose：商品の破棄を行いたい時に選択します。

2. Set Order ID
オーダー ID を指定したい場合に入力します。基本的には空欄で OK です。

3. Specify Ordered SKUs/Units
返送もしくは破棄したい商品数を入力します。

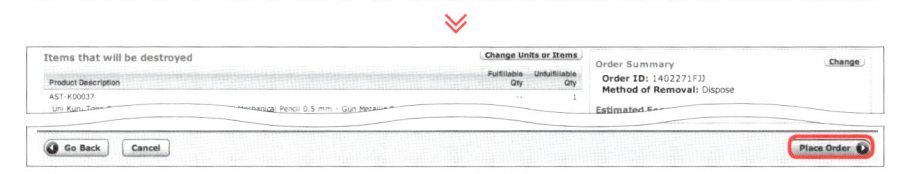

❸ 情報を確認して、問題がなければ＜ Place Order ＞をクリックして完了です。

Section 56

第4章 ▶▶ 在庫を持って、FBA販売で利益を伸ばしていこう

FBA納品の各種設定について

| 基本 | 準備 | 無在庫販売 | **FBA販売** | リサーチ | 仕入れ | 輸出戦略 | トラブル対処 |

各種設定のポイント

このセクションでは、FBA納品に関する各種設定などについて、大切な項目をピックアップして解説します。まずはSettingsの＜Fulfillment by Amazon＞を開いてください。

◀ Settingsから＜Fulfillment by Amazon＞をクリックします。

● Label Service（FBAラベルサービス）

FBA納品する商品には、FBA納品用のラベルシールを貼り付ける必要があります。この**ラベルシールの貼り付けをAmazonが代行してくれるのがFBAラベルサービス**です。シールの貼り付けにかかる費用は、1商品当り数十円です。FBAラベルサービスを利用するメリットは、なんと言っても梱包時間の短縮ができることです。単純作業をAmazonに任せることで、自分はリサーチなどの生産性の高い仕事に時間を使うことが可能になります。また、自分でシールを貼り付ける場合にかかっていた、シール代やインク代も発生しません。

しかし、FBAラベルサービスにはデメリットが2つあります。1つ目は、FBA倉庫に商品が納品されてから出品状態に反映されるまでに、余計な時間がかかることです。FBA倉庫内でFBAラベルの貼り付けを行うので当然と言えば当然のことなのですが、これまでの実績上、+2～4日は余計にかかっている感覚です。納品に時間がかかれば、その分資金の回転も鈍くなりますし、その間に相場が値崩れしてしまうリスクもあります。

2つ目は、商品数のズレが起こりやすいことです。FBAに納品した商品は、時々数がズレてしまうことがあります。具体的には「3つ納品したつもりの商品が2つしか反映されていない」といった感じです。こちらも今までの実績上ですが、FBAラベルサービスを利用した場合の方が、商品数のズレが起こりやすくなっています。ズレが生じた場合はその都度Amazonと連絡をとって修正することになるので、長期的に見るとより多くの時間をロスすることになります。

ラベルサービスを利用するには、Label Service右側の＜Edit＞をクリックし、有

効を意味する＜ Enable ＞にチェックを入れ、＜ Update ＞をクリックしてください。Label Service が「Disabled」になっていると、利用できません。

▲ Disabled の状態ではラベルサービスを利用できません。

● Stickerless Commingled Inventory（混合在庫設定）

　これは、自分の納品した在庫を、ほかのセラーが納品した在庫や Amazon の在庫と混合して扱うという設定です。この設定を Enable にすることで、そもそも FBA ラベルを貼り付ける必要がなくなります。

　しかし、このサービスにもデメリットがあります。例えば、ほかのセラーが箱にダメージのある商品を「新品商品」として納品してしまった場合、自分の商品に注文が入った時にその在庫が発送されてしまう可能性があります。さらに、混合在庫設定を適用できない商品もあります。混合在庫が適用できる商品とできない商品を混ぜて、１つのシッピングプランを作成してしまうと、別々の梱包に分けなくてはいけなくなる場合があります。箱が細かく複数個に分かれれば、その分余計に送料が発生します。こちらも「Disabled」の状態だと混合在庫サービスは利用されません。

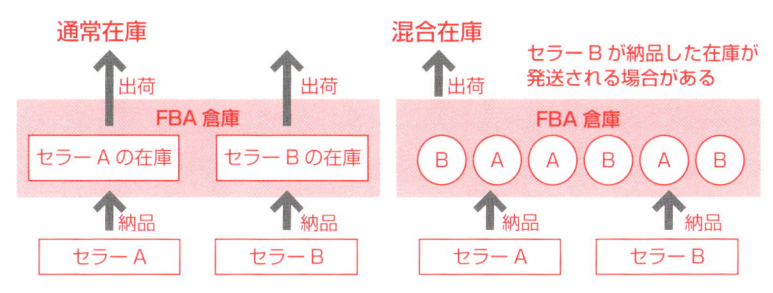

▲ 混合在庫設定にも多少のリスクが生じます。

● Amazon-Partnered LTL Carrier

　これは、Amazon が契約している UPS の料金プランを利用して、現地の荷受人から FBA 倉庫までの発送ができる設定です。現地の宅配業者を定価で利用するよりもかなり安い価格で利用できますが、陸送なので商品の到着に少し時間がかかります。こちらは基本的に誰でも利用できます。

Section 57

第❹章 ▶▶ 在庫を持って、FBA販売で利益を伸ばしていこう

FBA納品にかかる時間を短縮しよう

| 基本 | 準備 | 無在庫販売 | **FBA販売** | リサーチ | 仕入れ | 輸出戦略 | トラブル対処 |

納品スピードをアップさせる

　商品を仕入れてから**商品の販売が開始されるまでの時間を短縮する**ことは、FBA販売を行うにあたっての、大切なポイントの1つです。仕入れから販売開始までの時間を短縮することで、資金の回転率が上がり、競合セラーの急激な増加による値崩れに巻き込まれる可能性も減ります。

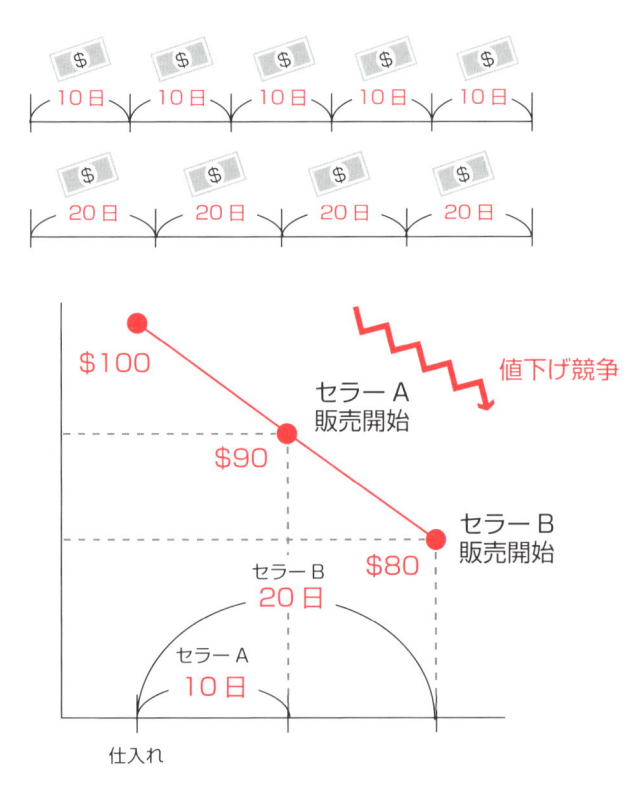

▲ 商品販売までの時間を短縮することで、回転率だけでなく後追いの競合セラー参入による値崩れに巻き込まれにくくなります。

● 販売開始までに考慮するべきリードタイム

　FBA 納品した商品の販売が開始されるまでには、以下の A 〜 F までのリードタイムがあります。それぞれの時間を短縮することを考えていきましょう。

　細かい日数の積み重ねですが、A 〜 F をそれぞれ 1 日ずつでも短縮できれば 6 日の差が生まれ、それは利益に還元されるはずです。ぜひ意識して取り組んでください。

```
   A       B       C       D       E       F
●───●───●───●───●───●───●───●
商品発注  日本の  アメリカへ アメリカの  FBAに   FBAに   販売開始
(仕入れ)  拠点に納品  発送    拠点に納品  発送    納品
```

・A

商品を発注してから手元（日本の拠点）に届くまでの時間です。この期間を短縮するには、Amazon のプライムサービスなど、配達速度が早くて安定している方法で商品を仕入れるとよいでしょう。それ以外の場所から仕入れる場合は、発注前に在庫の有無の確認や納期確認の電話をしてみましょう。一言伝えるのと伝えないのとでは、大きく差が付きます。

・B

手元に届いた商品をアメリカに発送するまでの時間です。商品の発注時にある程度まとまった量を注文することで、荷物が貯まるまでの時間を短縮できます。また、商品発注が手元に届くまでの間に、FBA シッピングプランの作成などをある程度すませておくのもよいでしょう。

・C

商品をアメリカの拠点に発送してから到着するまでの時間です。当然ですが、EMS などの速達サービスを使うことで短縮できます。また、DHL などは EMS より早く到着するケースが多いです。通関時に荷物が引っかかり余計な時間をロスしないためにも、インボイスは正確に記載するとよいでしょう。

・D

アメリカの拠点に届いてから FBA 倉庫に転送するまでの時間です。現地の荷受をしてくれるパートナーがスムーズに検品、転送できるように、転送までの基本所要日数、外装検品のチェック項目、FBA 納品書や発送ラベルの受け渡し方法など、段取りをしっかりと決めておきましょう。

・E

アメリカの拠点から FBA 倉庫に到着するまでの日数です。Amazon-Partnered Carrier（UPS）を使うと、陸送のため、若干日数がかかります。急いでいる場合は航空便を利用するとよいでしょう。また、メインで納品される FBA 倉庫の近くに、アメリカの荷受拠点（パートナー）を見つけておけば、納品までのスピードはかなり短縮されます。

・F

FBA 倉庫に納品されてから、商品が販売開始されるまでの期間です。FBA ラベルサービスを利用せず、自分でラベルを貼ることで、ある程度短縮可能です。

Section 58

Amazonランキングの仕組み

| 基本 | 準備 | 無在庫販売 | **FBA販売** | リサーチ | 仕入れ | 輸出戦略 | トラブル対処 |

Amazon ランキングの仕組みを把握する

　FBA 販売商品のリサーチをする上で、もっとも大切な考え方の 1 つとして、Amazon ランキングがあります。Amazon ランキングとは、Amazon での商品の売れ行きを示す指標の 1 つで、それぞれのカテゴリごとに決定されます。

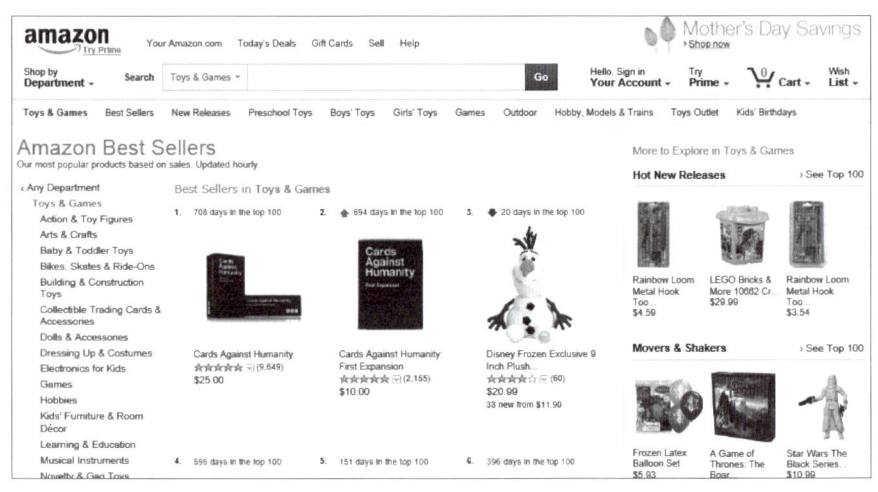

▲ Amazon には、さまざまなカテゴリのランキングが存在します。

1．商品が売れたら順位が上がり、売れなければ下がり続ける

　Amazon ランキングは、商品が売れた時に上がり、売れなければ下がり続けます。ランキングの上がり方や下がり方はさまざまな要素が絡み合って決まるのですが、基本的にこの原則は変わりません。ということは、ランキングの上昇した回数を数えれば、商品が売れた個数をある程度予想できるということになります。このランキング上昇回数を元に、FBA 販売商品の仕入れ個数を決めていけば、より精度の高いリサーチが可能になります。

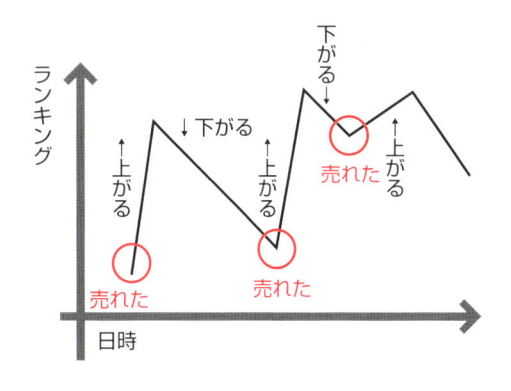

◀ 左のようなランキング変動の場合は、商品が3個（3回）売れた可能性が高いと言えます。

2. ランキングはカテゴリごとに決まる

　Amazonランキングは、カテゴリごとに決定されています。ここで、あるランキングが持っている月間に期待できる販売個数を、仮に「売れ行き指数」と呼ぶことにします。そして、同じAmazonランキングでも、カテゴリが違えば、この**売れ行き指数**は変わってきます。例えば「Toys & Games」の1万位と「Office Products」の1万位とでは、ランキングの持っている売れ行き指数はまったく異なっているということです。

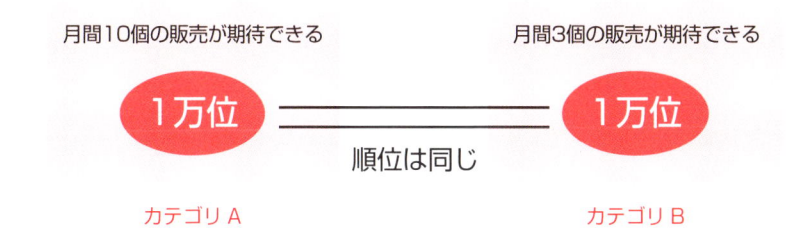

月間10個の販売が期待できる　　　　月間3個の販売が期待できる

1万位 ＝＝＝＝＝＝＝＝＝＝ **1万位**

順位は同じ

カテゴリA　　　　　　　　　　　　カテゴリB

3. ランキングの決定には過去の販売個数も考慮される

　Amazonランキングの決定には、過去の販売個数が「販売ポイント」として考慮されているようです。例えば、2種類の商品が同時に売れた時は、過去の販売個数が多い商品の方がランキングが高くなり、ランキングの下がり方も緩やかになるというイメージです。

　このような理由により、売れていないのにランキングが上昇しているという現象も起こります。ほかの商品とのランキング調整のために、相対的に見てランキングが上がってしまうのです。その場合のランキング上昇はごくわずかなので、販売個数としてカウントしないように注意しましょう。

Section 59

第4章 ▶▶ 在庫を持って、FBA販売で利益を伸ばしていこう

FBA販売用商品のリサーチ術

基本 | 準備 | 無在庫販売 | **FBA販売** | リサーチ | 仕入れ | 輸出戦略 | トラブル対処

ランキング変動ツールで仕入れの価格変動を調べる

　前のセクションで「ランキングの上昇した回数を数えれば、商品が売れた個数をある程度予想できる」ということをお伝えしました。しかし、仕入れをしようと思ったすべての商品に対して、毎日のランキング変動を追いかけるのは至難の業です。さらに、ランキング変動を2週間、1ヶ月と追いかけているうちに、商品の相場が変わってしまう可能性もあります。でも、ご安心ください。実は、Amazonに出品されている商品の過去のランキングや、価格の変動を追いかけられるツールがあるのです。それらのツールを使って**過去のランキング変動を調べれば、月間に売れている商品個数が見え**てきます。今回はこちらの「リサーチマエストロ」というツールを使ってリサーチしていきます。

　まずは、検索ボックスに商品のASINコードやJANコード、キーワードなどを入れて検索をかけると、該当する商品候補が表示されるので、リサーチしたい商品をクリックして開きましょう。

　表示結果の上段では、各国のAmazonでの価格やランキングの情報がひと目でわかるようになっています。さらにその下には、商品のランキングや価格の変動グラフ、商品情報などが表示されています。

　右ページでは、FBA販売商品のリサーチの基礎となる3つのポイントを解説していきます。なお、これは利益が出ている商品であることを前提として仕入れ個数を判断する方法です。

● リサーチマエストロ

参照 URL http://www.researchmaestro.asia/

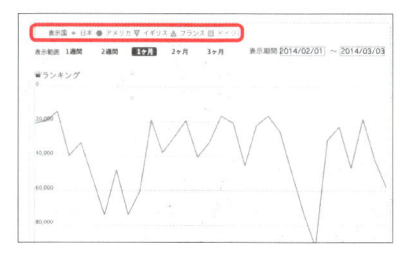

◀ 変動グラフは、デフォルトの状態では日本の Amazon での情報が表示されています。アメリカの Amazon でのリサーチを行いたい場合は、「表示国」のアメリカと日本を一度ずつクリックして、日本→非表示、アメリカ→表示にしましょう。

● ランキング上昇回数

　右のグラフでランキングが上昇している回数をカウントすると、合計で 13 回になります。Amazon ランキングは売れた時に上昇するので、この商品は、直近 1 ヶ月で最低でも 13 個は売れているのではないか、という予想ができます。

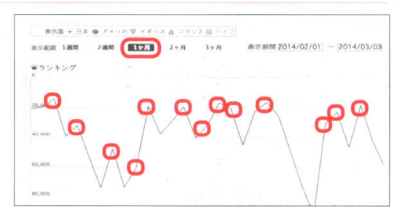

▲ ランキングの上昇回数を数えましょう。

　ここからはリサーチマエストロでリサーチしたデータを元に、Amazon の商品ページでさらにリサーチを深めます。

● 競合FBAセラー数

　Amazon の商品ページでは、競合の FBA セラー数を調べます。商品ページから出品者一覧を表示して＜ Prime offers only ＞をクリックすると、FBA セラーのみが表示されます。その中から最安値付近の FBA セラーで、自分が FBA 出品した時に競合になりそうなセラーを「競合 FBA セラー」と考えて仕入れ個数を決めます。

　月間 13 個売れる商品で競合 FBA セラーが 3 人いる場合は、自分が 4 人目のセラーになります。1 ヶ月で在庫を売り切りたい場合は、「13 ÷ 4」で 3.25 個を仕入れるという判断になるわけです。

● FBAセラーの在庫数

　できれば、競合 FBA セラーの持っている在庫数もチェックするとよいでしょう。FBA セラーが大量に在庫を持っている場合は、セラーが売り急ぎ、値崩れする可能性があります。参入には注意が必要です。反対に毎日何個でも売れるような商品で、最安値付近のセラーの持つ在庫が少なければ、今後相場が上がっていく可能性も考えられます。ほかのセラーの在庫数は、商品の Quantity（数量）を 999 などの大きな数にして＜ Update ＞をクリックすると表示されます。

第4章 ▶▶ 在庫を持って、FBA販売で利益を伸ばしていこう

Section 60
本当に仕入れてもよい商品かチェックしよう

| 基本 | 準備 | 無在庫販売 | **FBA販売** | リサーチ | 仕入れ | 輸出戦略 | トラブル対処 |

商品を仕入れる前にチェックするべきポイント

　FBA販売商品のリサーチが完了したら、**本当に仕入れてよい商品かどうかをもう一度チェック**しましょう。というのも、いざ商品を仕入れたあとに、FBA納品できない商品であるとか、利益が出ない商品であると気付くケースがあるからです。

● FBA納品できない商品

　まずは、仕入れをしようと思っている商品が、アメリカへの輸入許可が必要な商品かどうか、国際郵便で発送できる商品かどうかをチェックしてください。これらに関しては、リサーチの段階である程度考えながら商品を選別していれば、それほど問題はないはずです。

　しかし、FBA販売をする上ではもう1つ注意しなくてはいけない商品群があります。それはFBA倉庫に納品できない**FBA禁止商品**です。FBA禁止商品に該当するのは、「一定の要件を満たしている危険物や可燃物、リチウムイオンバッテリーを含む製品」、「食品医薬品局（FDA）によって禁止された製品」、「タバコやアルコール類」、「武器類」などになります。

　商品がFBA禁止商品に該当しているかどうかは、納品する商品を選択し、FBAシッピングプランを作成する途中で確認できます（「FBA禁止商品」に該当しているものをシッピングプランに追加しようとすると、エラーメッセージが表示されます）。そのため「FBA禁止商品」に該当する恐れのある商品は事前にFBAシッピングプランに追加してみて、納品できるかどうかの確認を行うとよいでしょう。

● オーバーサイズ（Oversize）の商品

　FBA納品する商品は、サイズや重量によって分けられ、手数料の計算が変わってきます。また、Standard-Sizeの商品とOversizeの商品は、基本的には別々の倉庫に納品されることになります。

Product size tier	Longest side	Median side	Shortest side	Length + Girth	Weight
Small Standard-Size	15"	12"	0.75"	n/a	Media: 14 oz. Non-Media: 12 oz.
Large Standard-Size	18"	14"	8"	n/a	20 lb.
Small Oversize	60"	30"	n/a	130"	70 lb.
Medium Oversize	108"	n/a	n/a	130"	150 lb.
Large Oversize	108"	n/a	n/a	165"	150 lb.
Special Oversize*	Over 108"	n/a	n/a	Over 165"	Over 150 lb.

▲ FBA 商品のサイズ分類を確認しましょう。

　例えば、10種類のフィギュアを FBA 納品しようとした際に、Small Standard-Size × 4 種類、Large Standard-Size × 5 種類、Small Oversize × 1 種類となっていた場合、Small Oversize だけが別の FBA 拠点に割り振られてしまう可能性が高くなります。

```
Small Standard-Size ×4
Large Standard-Size ×5       納品 →    FBA 倉庫 A
Small Oversize      ×1                 Small Standard-Size ×4
                                       Large Standard-Size ×5

                                       FBA 倉庫 B
                                       Small Oversize      ×1
```

▲ Oversize に該当する商品をチェックしましょう。

　その結果、別の拠点に送る Small Oversize の商品は、ほかの9種類の商品とは別の箱に梱包する必要が出てくるため、その分送料が割高になってしまいます。また、Oversize 以上の商品は、P.186 で解説する EMS サイズ制限による重量割増に引っかかるケースが増えてくるので、送料計算もよりシビアに行う必要があります。

　こちらも FBA 禁止商品と同様に、FBA シッピングプランを作成する途中で、別々の FBA 倉庫に分割されてしまうかどうかがわかります。Oversize に該当しそうな商品を仕入れる前には、必ずチェックをしましょう。

Section 61

第4章 ▶▶ 在庫を持って、FBA販売で利益を伸ばしていこう

利益率と同じくらい大切なこと

| 基本 | 準備 | 無在庫販売 | **FBA販売** | リサーチ | 仕入れ | 輸出戦略 | トラブル対処 |

資金の回転率を考える

　Amazon輸出のFBA販売に限らず、在庫を持つ物販ビジネスを行う上で、実は利益率と同じくらいよく考えなくてはいけないことがあります。これは非常に大切な考え方なのですが、多くの人が見すごしがちで、その結果、なかなか収益を伸ばせない原因でもあります。その考え方とは、**資金の回転率**です。

　例えばここに、セラーAとセラーBがいたとします。そして、セラーA、セラーBは、手元にそれぞれ100,000円（10万円）の資金を持っています。

　セラーAは、仕入れた商品すべてを売り切るのに90日間かかります。しかし、比較的利益率の高い商品を中心に扱っているため、90日後に商品をすべて売り切った時に手元の資金を1.3倍にすることができます。

　一方のセラーBは、仕入れた商品すべてを30日間で売り切ることができます。しかし、高回転ですが利益率の低い商品ばかりを扱っているため、手元の資金を1.1倍にすることしかできません。この場合、1年後により多くの資金を手元に残しているセラーはどちらだと思いますか？

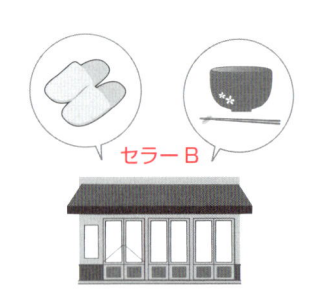

セラーA　100,000円 →90日→ 130,000円
セラーB　100,000円 →30日→ 110,000円

▲ どちらのセラーが1年後より多くの資金を手元に残せるでしょうか。

セラー A は、10 万円の資金を、3 ヶ月ごとに 1.3 倍のペースで増やすことができます。1 年間で 4 回転するため、1 年後の手元資金は以下のようになります。

$$100{,}000 \text{円} \times 1.3 \times 1.3 \times 1.3 \times 1.3 = 285{,}610 \text{円}$$

一方セラー B は、毎月 1.1 倍のペースで資金を増やしていきます。1 年間で 12 回転するため、1 年後の手元資金は以下のようになります。

$$100{,}000 \text{円} \times 1.1 \times 1.1 \times 1.1 \times 1.1 \times 1.1 \times 1.1 \times 1.1 \times 1.1 \times 1.1 \times 1.1 \times 1.1 \times 1.1 = 313{,}842 \text{円}$$

　最終的には、利益率が低い商品を扱っているセラー B が、セラー A よりもより多くの資金を手元に残すことができるのです。

　このように、在庫を持つ物販ビジネスでは、利益率だけでなく資金の回転率を考えることも大切になってきます。ですので、リサーチの精度が甘く、仕入れに失敗してしまった商品があったら、値下げして「早めに現金化→資金を次の仕入れに回す」という行動を取った方が、最終的にはより多くの利益を得られる可能性があります。

　反対に資金が豊富なセラーは、ほかのセラーが仕入れづらい「高利益率、低回転」の商品をラインナップに加えておくことで、そこから安定した収益を得ることができます。

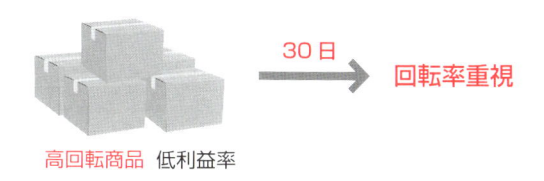

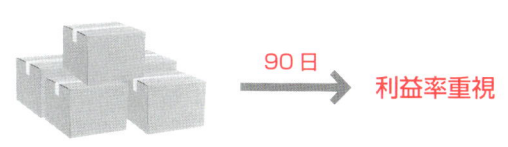

高回転商品　低利益率　→ 30 日　**回転率重視**

低回転商品　高利益率　→ 90 日　**利益率重視**

▲ 利益率が低くても回転率がよければ、多くの収入を得られます。

Section 62 不良品や不良在庫をうまくさばこう

第4章 ▶▶ 在庫を持って、FBA販売で利益を伸ばしていこう

| 基本 | 準備 | 無在庫販売 | **FBA販売** | リサーチ | 仕入れ | 輸出戦略 | トラブル対処 |

不良品や不良在庫を管理する

　在庫を持つ物販ビジネスでは、手元の資金をいかに効率よく回転させていくかが、利益を伸ばすための重要なポイントです。さらにFBA倉庫に納品している商品の中で、1年以上保管しているものに関しては、月々の在庫保管手数料に加えて**長期在庫保管料**というものがかかってきます。このセクションでは、不良品や長期間滞留している不良在庫を上手に処分して、資金の回転率を上げ、**在庫保管料を節約する方法**について解説していきます。

● 不良品

　不良品は現地のパートナーに返送し、状態を確認してもらった上で再販しましょう。状態のよい商品に関しては、Amazonで再販してもよいですが、目立った不具合のある中古品やジャンク品についてはeBayに出品することをおすすめします。eBayはAmazonと違い、セラーが独自の商品ページを作成できるので、状態がさまざまな中古品の販売に向いています。商品の状態についての丁寧な商品説明を作ることで、商品落札時の安心感につながり、それだけ落札価格がアップする傾向にあります。値段の安い商品は、再販せずに破棄してしまってもよいでしょう。

● 不良在庫

　長期間売れていない不良在庫は、大幅な値下げ、もしくはeBayでオークション出品して現金化していきましょう。その商品単体で利益を得ることはもはや考えず、「手元にいくら現金を戻せるか？」という意識で、値下げやオークション出品する価格を決定するとよいでしょう。

● 長期在庫保管料について

　長期在庫保管料が課金されるタイミングは、毎年2月15日と8月15日の2回です。このタイミングで、365日以上FBA倉庫に保管されている商品についてかかり

ます。費用は1立方フィートあたり22.5ドルになります（2014年5月現在）。1フィートは約30.48cmです。

数値だけだと少しわかりにくいので、実際の商品を例に考えていきましょう。例えば、サイズが19cm×13.5cm×1.5cmのDVDの場合、商品の容積は384.75立方メートル＝「0.01358431立方フィート」になります。結果、22.5ドル×0.01358431＝約0.3ドルとなり、これが長期在庫保管料になります。サイズがそれほど大きいものでなければ、あまり気にならない金額なので、在庫はそのままにしておいてもよいでしょう。

しかし「FBA倉庫に納品している数量が多い」「商品の販売予想価格に対してサイズが大きい」場合は、商品の返送、もしくは破棄を検討する必要があります。

すでに課金されている長期在庫保管料は、セラーセントラルのReports→＜Fulfillment＞をクリックして、Paymentsの＜Long Term Storage Fee Charges＞で確認ができます。

◀ 長期在庫保管料や次回から保管手数料が発生する可能性がある商品を確認するには、セラーセントラルのReportsから＜Fulfillment＞をクリックします。

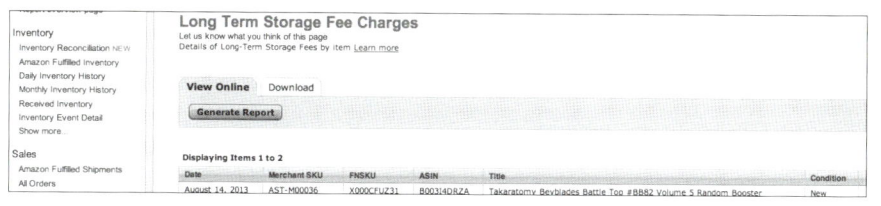

▲ すでに課金されている長期在庫保管料は、＜Long Term Storage Fee Charges＞で確認します。

次回から保管手数料が発生する可能性がある商品は、同じくセラーセントラルのReports→＜Fulfillment＞をクリックして、Removalsの＜Recommended Removal＞に6週間前に表示されます。2月および8月の上旬頃にチェックするとよいでしょう。

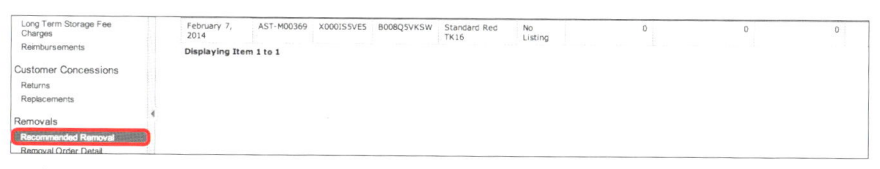

▲ 次回から保管手数料が発生する可能性がある商品は、＜Recommended Removal＞で確認します。

Section 63

eBayとのマルチチャネル販売で在庫リスクを減らそう

第4章 ▶▶ 在庫を持って、FBA販売で利益を伸ばしていこう

| 基本 | 準備 | 無在庫販売 | **FBA販売** | リサーチ | 仕入れ | 輸出戦略 | トラブル対処 |

Amazon以外のバイヤーにも商品を発送できる

　AmazonのFBA倉庫に納品した商品は、Amazon以外のチャネルで購入したバイヤー宛に発送することも可能です。このサービスを**FBAマルチチャネル**と言います。FBAマルチチャネルを利用すれば、あらかじめAmazonのFBA倉庫に納品しておいた商品をeBayや自社のネットショップにも出品しておき、商品が売れたら、FBA倉庫からバイヤーに商品を発送することが可能になります。

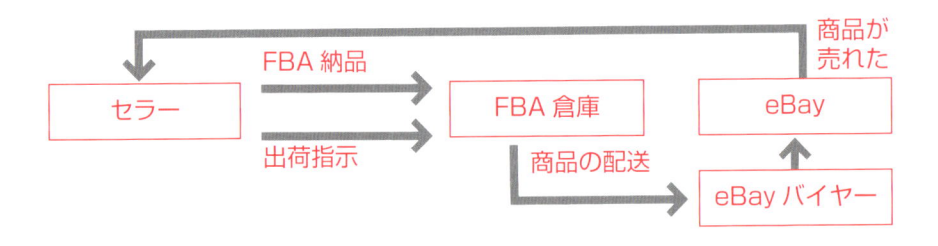

```
セラー ──FBA納品──▶ FBA倉庫 ──商品の配送──▶ eBayバイヤー
  │                      ▲                        ▲
  │                      │                        │商品が売れた
  └──出荷指示────────────┘                        │
                                                  eBay
```

　AmazonとeBayや自社のネットショップで商品を併売すれば、それだけ在庫リスクを減らすことができます。また、売れ筋商品に関してはよりまとまった量を一度に仕入れることが可能になるので、仕入れ値を下げる交渉にも有利になります。特にeBayとの併売は、おすすめです。実際に商品が売れたあと、FBAマルチチャネルを利用するには以下の手順で操作を行います。

❶ ＜ Manage FBA Inventory ＞をクリックします。

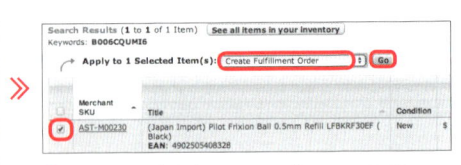

❷ 発送したい商品をチェックし、「Create Fulfillment Order」を選択して＜ Go ＞をクリックします。

Specify Ordered SKUs/Units：数量　　**Ship To Address**：発送先

❸ 必要事項を入力し、＜ Continue ＞をクリックします。

Set Order ID/ Print on Packing Slip：注文番号や納品書へのメッセージなどが必要な場合は入力

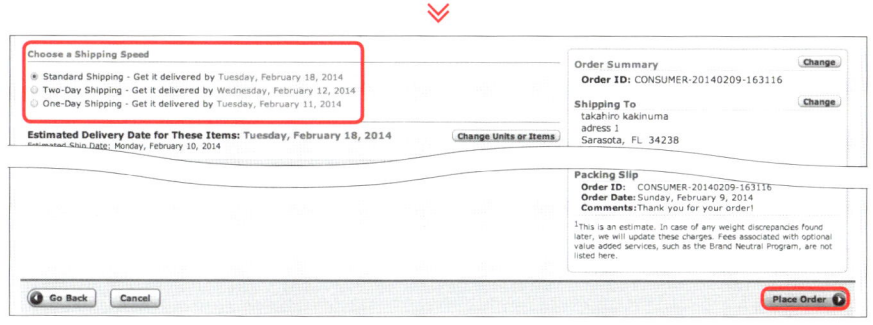

❹ 最後に Choose a Shipping Speed で配送スピードの指定、手数料の確認を行い、＜ Place Order ＞をクリックすれば完了です。

また、＜ Fulfillment by Amazon ＞の＜ Multi-Channel Fulfillment Settings ＞から FBA マルチチャネルに関する各種設定が行えるので、併せて活用してください。

▲ ＜ Fulfillment by Amazon ＞から Multi-Channel Fulfillment Settings を開きます。

Brand Neutral: 箱を無地のボックスにする（手数料がかかります）

Packing Slip - Merchant Name: 納品書に記載するセラー名の指定

Packing Slip - Text: 納品書に記載するメッセージの指定

Section 64

第4章 ▶▶ 在庫を持って、FBA販売で利益を伸ばしていこう

仕入れリスクを的確に取るために大切な思考

`基本` `準備` `無在庫販売` **FBA販売** `リサーチ` `仕入れ` `輸出戦略` `トラブル対処`

仕入れリスクを正確に把握する

　FBA販売で利益が伸びる構造は、「仕入れリスクを取る」→「無在庫販売セラーと差別化できる」→「結果として利益が伸びる」という仕組みになっています。

　また、FBA販売を行うにあたっての不安要素は「仕入れリスクを取ること」です。そしてFBA販売で結果が出ない人の多くに共通しているのは、**仕入れリスクが的確に取れていない**ことです。

　私は、コンサルティングをしている方に「今月は100万円分の商品を仕入れてくださいね」と言ったりすることがあります。FBAをはじめとする在庫販売は、基本的には在庫金額を増やさない限り、売上も利益も伸びて行かないからです（単純に、在庫金額だけを増やしていけば利益が伸びるというわけでもありませんが）。

　しかし、「なかなか利益が伸びない……」と悩んでいる方の話を聞いていると、「圧倒的に仕入れが足りない」ケースが多いのです。

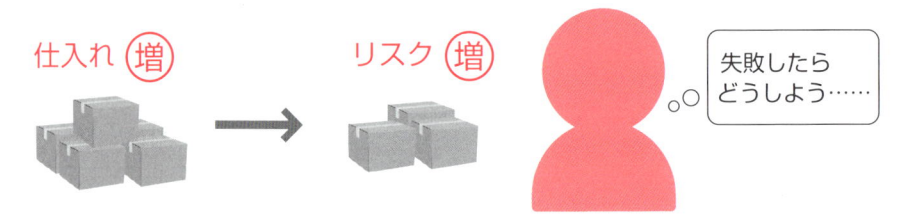

▲ ある程度のリスクを負わないと、なかなか利益は伸びません。

　在庫を増やせば利益が伸びるという仕組みがわかっているにも関わらず、多くの人が仕入れを躊躇するのには、理由があります。それは「仕入れのリスクを漠然としたイメージと感情で捉えている」からです。

　リスクは「高い、低い」「大きい、小さい」と表現されるように、基本的には数字で表すことが可能なはずです。ということは、リスクを取った結果に対してどのような未来が待っているのか、具体的に想像することができるはずです。

例えば、30万円の仕入れをしようと考え、躊躇した時は、こんな風に考えるとよいでしょう。

- 30万円分の仕入れをしたら、いくらの利益が期待できるか？
- 仕入れに失敗した場合、最悪でもいくらは回収できそうか？
- 万が一、30万円全額を失ってしまうのはどのようなケースか？
- 30万円を回収できなかった場合（もしくは損失を出した場合）、現在の自分の生活や将来に対してどのような影響が出るか？
- 30万円の仕入れにチャレンジした場合、チャレンジしなかった場合の将来と比べてどのように変わってくるか？
- そもそも「30万円の買い物」をしているわけではなく、自分のビジネスや将来に投資をしているのではないか？

こんがらがっている頭の中を、数字と具体的なイメージで整理するのです。「長期的に稼げる力を身に付けたい」と思っているのであれば、今回の30万円の仕入れで、25万円が回収できればよいかもしれません。5万円の投資で「FBA販売をスタートできて稼げるイメージが付いた」「自分のリサーチの悪いところが見つかった」という経験ができたのです。それを糧に、次からの仕入れで結果を出して、自分の求める収入や生活を手に入れましょう。

何もしなければ、確かに手元の5万円は失わずにすんだかもしれません。しかしそれと引き換えに、将来手に入れられるかもしれなかった収入や生活を、現在の延長線上に留めてしまいます。

仕入れの成功や失敗を、商品単発や1回の仕入れ単位で考えていると、細かい結果に一喜一憂してしまいます。もちろん、仕入れの結果を検証して、改善すべきところはする必要があります。しかし本当に大切なのは、**その失敗が自分の長期的な成功に対してどのような意味を持っていたのか**を考えることです。

そうすれば、仕入れリスクを取ること、失敗を経験することが「恐怖」から「成功への1ステップ」と感じられるようになっていくでしょう。

30万円仕入れ → 25万円 回収　5万円の授業料

▲ 何もしなければ、5万円は失わなかったかもしれませんが、将来的に考えれば、利益につながるかもしれません。

Column

日本の転送会社を利用して、1度も商品を見ないでFBA納品をする

　FBA納品する商品は、仕入れ先のショップに注文をかけたら、基本的には一度自宅などで商品を受け取り、自分で商品の梱包、FBAラベルの貼り付け作業などを行うことになります。

　しかし、「家に荷物をまとめておくスペースがない」「仕入れた商品を家族に見られたくない」「商品の梱包やラベル貼りなどの単純作業は自分でやりたくない」などのさまざまな事情で、**FBA納品用の商品を思い切って仕入れられない**という方もいらっしゃるかと思います。そんな時は、日本に拠点を持つ転送業者を利用してみましょう。

● SAATS フルフィルメント
参照URL http://www.saats.jp/fulfillment/

　FBA販売用商品の注文時に、発送先を転送業者に指定してしまえば、自分は一度も商品を見ることがなく、FBA販売がスタートできてしまいます。転送業者を利用すれば、もちろん手数料がかかります。しかし、うまく活用することで、煩雑な商品仕分け作業や、ラベル貼りや梱包に使っていた時間をリサーチなどに当てられるようになります。

　その他にも、上記でご紹介したSAATSフルフィルメントなどのサービスでは、EMSが割引料金で利用できたりするため、結果的にはかかる経費があまり変わらなくなるケースもあります。このように、転送業者を活用することで得られるメリットはたくさんあります。状況に応じて導入を検討してみるとよいでしょう。

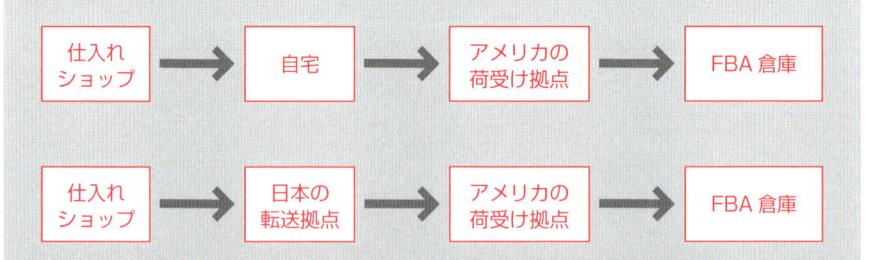

仕入れショップ → 自宅 → アメリカの荷受け拠点 → FBA倉庫

仕入れショップ → 日本の転送拠点 → アメリカの荷受け拠点 → FBA倉庫

▲ 日本に転送の拠点を置くことで、一度も商品を見ないでFBA販売を行うこともできます。

第 5 章

ライバルに差を付ける商品リサーチ術

精度の高いリサーチを行うために大切なこと ……………………… 150	Terapeakを使ってeBayの市場を分析しよう ……………………… 160
効率的にリサーチを行うために大切なこと ……………………… 152	Googleを使った商品リサーチをしてみよう ……………………… 162
Amazonの検索機能を使いこなすテクニック ……………………… 154	Google Chromeの拡張機能を活用しよう ……………………… 164
キーワードを連想して派生リサーチしてみよう …………… 156	商品情報をリスト化して効率を上げる方法 ……………… 166
逆方向からリサーチする発想 ………… 158	

Section 65 精度の高いリサーチを行うために大切なこと

第5章 ▶▶ ライバルに差を付ける商品リサーチ術

| 基本 | 準備 | 無在庫販売 | FBA販売 | **リサーチ** | 仕入れ | 輸出戦略 | トラブル対処 |

精度の高い商品リサーチとは

　商品リサーチは、輸出ビジネスを行う上でもっとも大切な工程の1つです。第5章では、商品リサーチについて、もっと掘り下げて学んでいきましょう。

　まず、商品リサーチとはいったいどのような作業でしょうか？「商品リサーチ」＝「価格差のある商品を調べる作業」と考える方も多いのではないでしょうか。もちろん、この考え方は間違ってはいませんが、精度の高いリサーチを行うためには、もう一歩踏み込んで考える必要があります。

　価格差というのは、需要と供給のバランスによって生まれます。そして、基本的には「需要＞供給」となっていれば価格差は増え、「需要＜供給」であれば価格差は減っていく傾向にあります。

　　　　　　　　増　　　　　　　減
　　　　　需要 ＞ 供給　　　　需要 ＜ 供給

▲ 商品をほしいと思う人が供給量より多ければ、定価より高くても買いたいという人が出てきます。

　そのため商品リサーチでは、現在の価格差だけではなく、「今後価格差はどのように変化していくことが予想されるのか」や「どのくらいの期間で、いくつの販売個数が見込めるのか」ということも併せて考えていく必要があります。そのためには、競合セラーの数、過去の商品の売れ行き（ランキング推移など）、トレンド（商品の鮮度）、供給量（仕入れ数）など、需要と供給のバランスを構成する要素を総合的に考えていくことが大切になります。

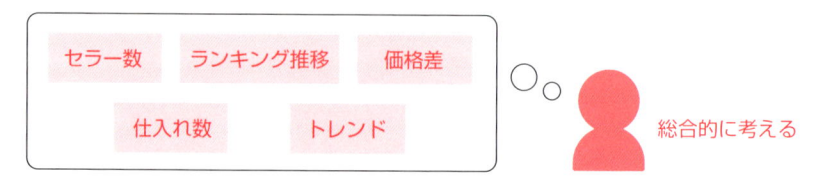

　セラー数　ランキング推移　価格差
　仕入れ数　トレンド
　　　　　　　　　　　　　　総合的に考える

▲ 総合的に考えて、価格差をもっとも生み出せる商品を探しましょう。

商品リサーチは、細かくて地味な作業です。コツコツとデータを見ながら仕入個数を判断していると、「面倒だなあ……」と感じてしまうこともあるでしょう。しかし、細かい作業が面倒だからと言って、ザックリとした感覚で仕入れをしてしまうと、

- 仕入れた商品が一気に値崩れしてしまった
- 流行が去ったあとの商品を仕入れてしまった
- 必要以上に在庫を抱えてしまった
- 反対に在庫が少なすぎて、取れるはずの利益を取り逃してしまった

などのミスをしてしまう可能性があります。

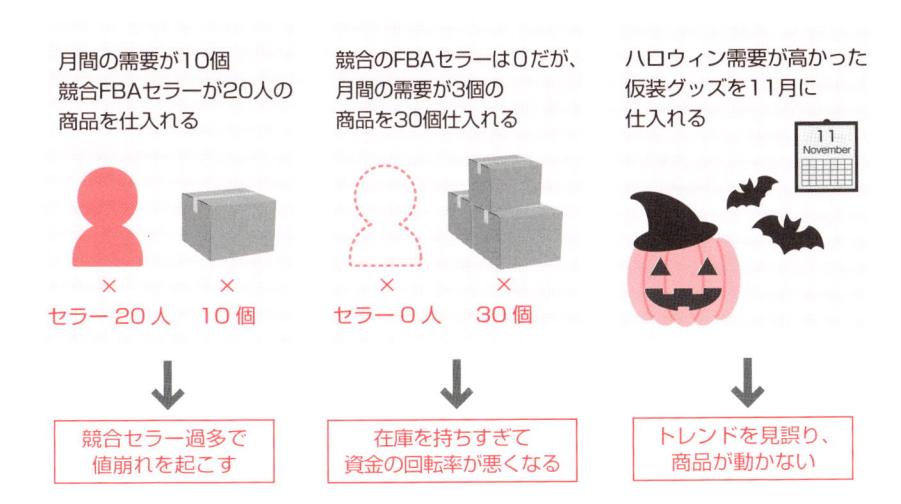

月間の需要が10個 競合FBAセラーが20人の商品を仕入れる	競合のFBAセラーは0だが、月間の需要が3個の商品を30個仕入れる	ハロウィン需要が高かった仮装グッズを11月に仕入れる
セラー20人 × 10個	セラー0人 × 30個	
↓	↓	↓
競合セラー過多で値崩れを起こす	在庫を持ちすぎて資金の回転率が悪くなる	トレンドを見誤り、商品が動かない

▲ 冷静に考えれば、どれも簡単に回避できるミスです。

　価格差、ランキングの推移、仕入れ数の判断などは、リサーチ→仕入れ→販売を積み重ねていくことで、比較的早くコツが掴めるはずです。実践を少しずつ繰り返していくことで、リサーチの精度はどんどん上がっていきます。最初は大変ですが、頑張ってください。

　また、トレンドを掴む力を身に付けるには、経験に加えてセンスも必要になってきます。流行に敏感な人や、得意なジャンルを持っている人は強いでしょう。こちらも一朝一夕ではなかなか身に付きませんが、知識や経験を少しずつ蓄積していくことが大切です。トレンドを読んでいくには、Amazonサイト間のリサーチをするだけでなく、雑誌やランキングサイト、国内外のブログやテレビ、動画サイトなどから情報を得ていくとよいでしょう。

Section 66
効率的にリサーチを行うために大切なこと

第5章 ▶▶ ライバルに差を付ける商品リサーチ術

| 基本 | 準備 | 無在庫販売 | FBA販売 | **リサーチ** | 仕入れ | 輸出戦略 | トラブル対処 |

リサーチを行う上で重要な3つのポイント

このセクションでは、効率的にリサーチを行うために大切な3つのポイントについて解説していきます。

● 仕入れの判断基準を設定する

1つ目のポイントは、自分なりの仕入れの判断基準を設定することです。仕入れの判断基準は、商品ページの価格やランキングをパッと見た時点で決める「パッと見の判断基準」と、「いざ仕入れを決断する時の判断基準」の2種類に分けるとよいでしょう。判断基準を持っていないと、毎回「この商品は、仕入れるべきか否か……」と考えることになり、1つ1つの商品リサーチにかける時間が長くなってしまいます。

判断基準は、資金の量や、作業をどのように仕組化しているか、パッと見か、いざ仕入れる時かなどによって、それぞれ変わります。資金の量が多ければ低いランキングの商品を扱い、利益率を伸ばしていくことも可能ですし、うまく仕組化ができていれば、薄利多売の商品を扱い細かい利益を積み重ねることもできます。自分なりの基準を見つけていきましょう。具体的には、

- 「Toys&Games カテゴリで現在のランキングが10万位以内」
- 「商品販売価格は最低でも$10以上」
- 「重量が1ポンド程度までであれば、価格差は1.5倍以上」
- 「ランキング1万位以上であれば、競合セラーの数は10名まで」

といった感じで決めていきます。

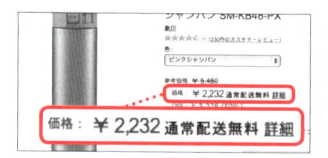

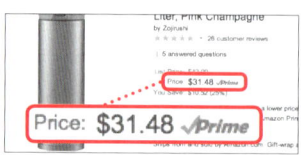

◀ パッと見で、価格差が1.5倍以上ないので、深追いしない方が無難です（$1=103円として計算）。

● リサーチする手順を洗い出す

2つ目は、リサーチ手順を決めることです。実際にリサーチを行う上で、必要な主な作業には以下のようなものがあります。

- ①価格差をざっと見る
- ②商品重量を想定する（調べる）
- ③今日のランキングを見る
- ④仕入れ先の開拓も含めて詳細な価格差を調べる
- ⑤ライバル数をチェックする
- ⑥ランキング推移を見て仕入れ個数を決める
- ⑦本当に仕入れてよい商品かどうかトレンドを考える

「なかなか効率よくリサーチができない」と悩んでいる方の、実際のリサーチ作業を見させてもらうと、これらの作業を行ったり来たりして時間を無駄にしているケースがかなり多いです。行ったり来たりの無駄な動きを減らすためにも、あらかじめ作業の手順をしっかりと決めておきましょう。上記の①〜⑦は、私が実際に実践して効率がよいと感じたので、スタッフやSOHOにもやってもらっている流れになります。それぞれご自分に合った手順があると思いますので、アレンジしてみてください。

● 無駄なワンクリックがないかチェックする

リサーチの効率化3つ目のポイントは「無駄なワンクリックをチェックすること」です。リサーチというのは、何千回、何万回と同じ作業を繰り返すことになるので、たった1つのクリックを減らすだけでも、大きな効果があります。

ショートカットキーの利用やお気に入り登録、ブラウザの配置など「とりあえずコレでよいか」と思っている動きをもう一度チェックしてみましょう。多くの人が知っているものも含めて、商品リサーチの効率化におすすめのショートカットをまとめたので、しっかり使いこなしましょう。

	ショートカットキーなし	ショートカットキー利用	利用機会
コピー	右クリックしてコピー	Ctrl+C	基本
ペースト	右クリックしてペースト（貼り付け）	Ctrl+V	基本
全選択	マウス操作で選択	Ctrl+A	商品タイトルやURLの選択などに便利
文字選択	マウス操作で選択	ダブルクリック	メーカー名やASINコードなどの選択に便利
リンク先を別タブで開く	右クリックして別タブで開く	Ctrl+クリック	関連商品リンクを開いていく時などに使うと便利

Section 67

Amazonの検索機能を使いこなすテクニック

基本 | 準備 | 無在庫販売 | FBA販売 | **リサーチ** | 仕入れ | 輸出戦略 | トラブル対処

さまざまな検索方法

Amazonで商品をリサーチしていると、「この商品何度も見たな」と思うことが出てくると思います。何度も同じ商品に出会ってしまうのは、効率的なリサーチができていない証拠です。Amazonの検索機能を使いこなして、効率的にリサーチしていきましょう。

1. AND検索　「 」（半角スペース）

単語と単語の間に半角スペースを入れることで、両方の単語を含む検索結果を表示します。

◀「japan」と「import」の両方のキーワードを含む検索結果です。

2. NOT検索　「-」（半角マイナス）

半角マイナス（-）のうしろに入力したキーワードは、検索結果に含まれません。

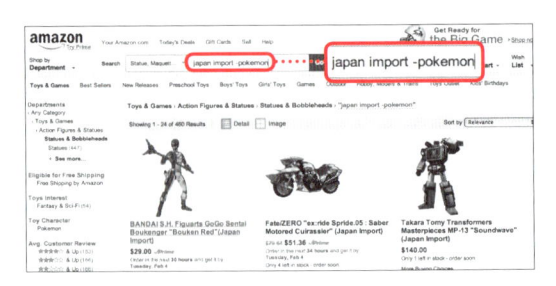

◀「japan」と「import」を含み、「pokemon」のキーワードを含まない検索結果です。

3. OR検索 「｜」（半角パイプ）

単語と単語の間に半角パイプ（｜）を入れることで、どちらかの単語を含む検索結果を表示します。

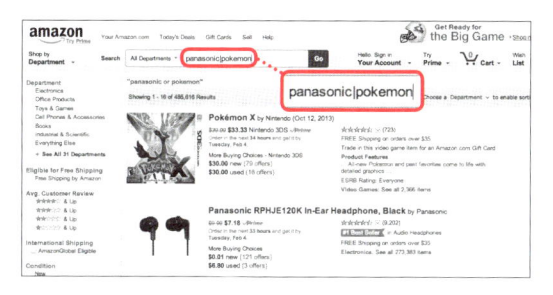

◀「panasonic」と「pokemon」のどちらかのキーワードを含む検索結果です。

4. 部分一致検索 「*」（半角アスタリスク）

単語に半角アスタリスク（*）を付けると、キーワードの一部分が一致している検索結果が表示されます。

◀「japan」「japanese」など「japan***」となっているキーワードを含む検索結果です。

5. 価格帯検索

キーワード、カテゴリで商品を絞り込んだあとに、価格帯で選ぶことで、検索結果はかなり変わってきます。毎回同じような検索結果が表示されると感じたら、実践してみてください。

◀「Home&Kitchen」カテゴリで「Japanese」のキーワードを含む $50〜$60 の商品に絞り込んだ検索結果です。

Section 68

第5章 ▶▶ ライバルに差を付ける商品リサーチ術

キーワードを連想して派生リサーチしてみよう

| 基本 | 準備 | 無在庫販売 | FBA販売 | リサーチ | 仕入れ | 輸出戦略 | トラブル対処 |

キーワードの連想とは

　Sec.23 では、1つ稼げる商品が見つかったら、その商品タイトルに関連するキーワードを起点として商品を探していく方法について解説しました。ここでは、この方法を応用して、さらにもう一歩踏み込んだ商品リサーチの方法について解説を行います。

　よく売れる商品というのは、基本的には商品ページにたくさんのアクセスが集まっています。商品ページにアクセスが集まる要因はいろいろとありますが、もっとも大きな理由は、効果的なキーワードが盛り込まれているかどうかです。そこで、「商品タイトルの中に利益の出るキーワードが含まれているのではないか？」という予想の元、商品タイトルに含まれるキーワードを使って商品を派生させていったのが、Sec.23 で紹介したリサーチ方法でした。

◀ 今回派生させていく商品です。

　例えば上の商品の場合、「Japanese」「Iwako」「Puzzle」「Deluxe」「Erasers」「Animal」「Erasers」「Set」とキーワードをバラバラにして、「Japanese Deluxe」「Iwako Set」などのいろいろな組み合わせでキーワード検索をかけてみます。キーワードの数は、1つでも複数でもかまいません。

▲「Japanese」と「Deluxe」を組み合わせて検索した結果です。

▲「Iwako」と「Set」を組み合わせて検索した結果です。

この方法をさらに発展させて、あるキーワードから別のキーワードを連想した上で組み合わせ&派生させてみましょう。例えば「Animal（動物）」から「fish（魚）」、「Deluxe（豪華な）」から「Standard（標準的な）」といった感じです。

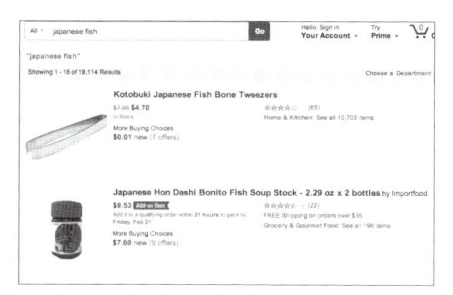

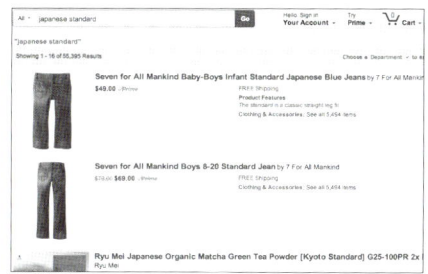

▲「Animal（動物）」→「fish（魚）」、「Deluxe（豪華な）」→「Standard（標準的な）」と連想させた検索結果です。

また「Iwako」というキーワードが何なのかを調べてみると、どうやら日本の消しゴムメーカーのようです。ということは、「日本のほかのメーカーが製造する消しゴムや文具も売れるかもしれない」という予想を立てることができます。

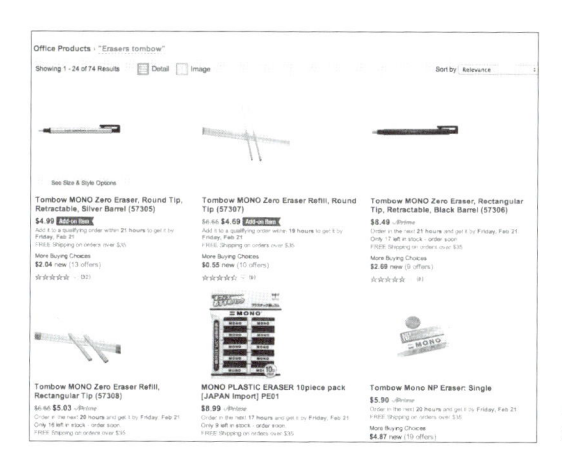

◀ 商品からメーカーに派生させて商品を探していきます。

「消しゴム　メーカー」でGoogle検索したところ、一番上に「SEED」という日本のメーカーが表示されました。Amazonで「Seed Erasers」と調べたり、もう少し広げて「Seed Japan」などで調べたりするのもよいでしょう。

このように、キーワードをどんどん連想&組み合わせ&派生させていくことで、さまざまな商品を見つけ出すことができるようになります。想像力を膨らませて、どんどんリサーチしていきましょう。

Section 69

第5章 ▶▶ ライバルに差を付ける商品リサーチ術

逆方向からリサーチする発想

基本 / 準備 / 無在庫販売 / FBA販売 / **リサーチ** / 仕入れ / 輸出戦略 / トラブル対処

ほかのセラーと違うリサーチをしよう

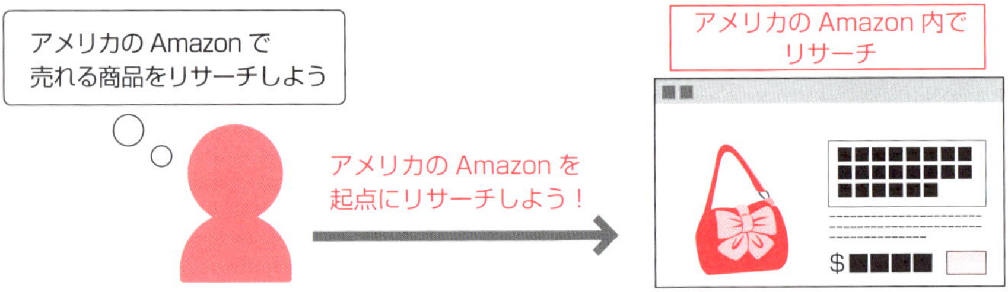

アメリカのAmazonで売れる商品をリサーチしよう

アメリカのAmazonを起点にリサーチしよう！

アメリカのAmazon内でリサーチ

▲ 間違った方法ではありませんが、ほかのセラーと差別化できません。

　上記は、よくある頭の固くなった考え方を図示したものです。具体的には、アメリカのAmazonでキーワード検索をかけたり、関連商品リンクを追いかけたり、売れているセラーの真似をしてみたりということです。確かに、このやり方は間違ってはいません。むしろ、今まで紹介してきたような、正攻法のリサーチです。しかし、それは同時に「みんなが同じ方法でリサーチしている可能性が高い」という意味でもあります。ほかのセラーと差別化するためには、少し発想を変えてみる必要があるのです。

● 日本を起点にリサーチする

　例えば、アメリカではなく日本を起点にリサーチしてみましょう。こちらの商品は商品重量も136gと軽いので、それなりに利益が取れそうです。

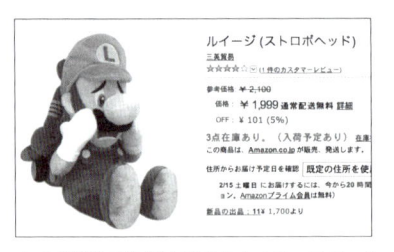

▲ まず利益の出そうな商品を1つ見つけましょう。

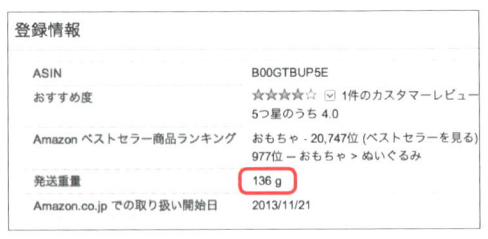

これで、利益の出そうな商品が1つ見つかりました。正攻法であれば、ここからアメリカAmazonの商品リンクをたどってリサーチを行います。しかし、それらの商品はほかのセラーがすでにリサーチしている可能性が高いので、競合セラーが何人もいることが考えられます。

◀ アメリカAmazonの商品リンクをたどるのは、正攻法ですが競合セラーが何人もいる可能性が高いです。

　ここでは、日本のAmazonの商品ページから関連商品リンクを見てみましょう。

◀ 日本のAmazonの商品リンクでは、アメリカとは違う結果が得られます。

　アメリカのAmazonとは、半分以上は違う商品が並んでいるのがわかると思います。さらに、楽天で販売されているこの商品の関連リンクを見るとこんな感じです。

◀ ほかのネットショップの商品リンクをリサーチすることで、競合セラーと差別化することができます。

　このように視点を少し変えるだけで、リサーチの幅は広がり、商品を無限に派生させていくことができます。「いつも同じ商品ばかり見ている気がする……」「商品の広がりが作れない……」という時は、ぜひこの方法を実践してください。

Section 70

Terapeakを使ってeBayの市場を分析しよう

| 基本 | 準備 | 無在庫販売 | FBA販売 | リサーチ | 仕入れ | 輸出戦略 | トラブル対処 |

マーケットリサーチに便利なTerapeak

　eBayのマーケットリサーチができる、Terapeak（テラピーク）というツールがあります。Terapeakは、eBayでの出品商品リサーチやカテゴリ分析、トレンドのリサーチなどができるツールです。eBayのトップセラーがいつ、何を、どのように販売しているかを知って、Amazonでの売上拡大に活かしていきましょう。月額制の有料サービスですが、うまく活用すればサービスの利用料以上のリターンを得ることができます。

● Terapeak（テラピーク）
参照URL http://www.saats.jp/terapeak/

● 出品商品リサーチ

　Terapeakでは、指定したキーワードや条件フィルターを元に、eBayに出品された商品がどのように取引されたかを調べることができます。「バイヤーの国」や「セラーの国」を絞れるフィルター機能があるので、アメリカのバイヤーが購入した「japan」のキーワードを含む商品や、海外セラーが販売している日本製品などをリサーチすることで、Amazonでは販売されていない商品を探しだすことが可能になります。「eBayで落札されているけど、Amazonでは出品されていない商品」というのは、まだまだかなりの数が存在しています。それらの商品を新規登録して、利益を上げていきましょう。

◀ Terapeakを使えば詳細なデータを手に入れることができます。

● **人気リサーチ**

　eBay でよく検索されているキーワードや、売れている複合キーワードなどを調べることができます。「Terapeak で調べたキーワード」+「japan」を Amazon で検索にかけるだけでも、商品の幅はかなり拡がっていきます。さらに「ずらし」(Sec.22 参照) や「派生」(Sec.23 参照) を使ってキーワードを広げていくとよいでしょう。

◀ eBay でよく検索されているキーワードや売れている複合キーワードを検索し、その情報を元に Amazon で商品をリサーチしましょう。

● **カテゴリリサーチ**

　指定したカテゴリの、トレンドや落札率の高い商品タイトルなどを調べることができます。そのカテゴリで販売額の多いトップセラーもひと目でわかるようになっているので、出品している商品や落札率の高い商品タイトルを参考に Amazon に出品していくとよいでしょう。

◀ 落札率の高い商品を効率よく検索できます。

● **タイトルビルダー**

　商品タイトルを作る際のキーワード候補を表示してくれます。Amazon で新規商品登録をする時の複合キーワード候補をここから選んで、商品ページへのアクセス数を伸ばしていきましょう。

◀ 商品登録の際のキーワードも迷うことなく確認できます。

Section 71

Googleを使った商品リサーチをしてみよう

第5章 ▶▶ ライバルに差を付ける商品リサーチ術

| 基本 | 準備 | 無在庫販売 | FBA販売 | リサーチ | 仕入れ | 輸出戦略 | トラブル対処 |

Googleで提供されているさまざまな検索方法

　Google検索で行える商品リサーチを侮ってはいけません。普段何気なく使っているGoogle検索にも、さまざまな検索方法があり、それらを組み合わせることで、通常の方法では検索できないページをまとめて表示することができます。ここで紹介した方法以外にも、Googleの検索にはいろいろなテクニックがあります。「Google 検索　技」などで検索し、活用してみてください。

● 画像検索

　商品画像をGoogleの画像検索ボックスにドラッグ＆ドロップすることで、同じ、または似たような画像が掲載されているサイトが表示されます。JANやキーワードで探せなかった商品を検索する時に便利です。

▲ Googleのトップページで、右上の＜画像＞をクリックすると、画像検索が行えます。

● フレーズ検索

　キーワードの前後をダブルクォーテーション（"）で囲むと、キーワードをそのままの形（フレーズ）で含むページを検索してくれます。

　例えば「"amazon japan"」として検索すると、「japan amazon」という並びのキーワードを含むページはヒットしません。

● **サイト内検索**

検索ボックスに「キーワード ＋ site: サイトURL」で検索すると、指定したサイトURL内でキーワードを含むページが表示されます。

例えば「japanese site:http://www.amazon.com/」として検索すると、Amazon.comサイトの中でjapaneseというキーワードを含んだページが表示されます。

今回は、ここでご紹介した「画像検索」「フレーズ検索」「サイト内検索」の3つの検索方法を活用して、Amazonの商品リサーチを行う手法について解説します。

まずは、右の検索結果をご覧ください。これは、「camera」「"japan import"（フレーズ検索）」というキーワードを含んだ、Amazon.com内の商品ページ画像が検索結果として表示されています。このままでは、キーワードはページ内のどのフレーズにも適用されてしまいます。これを応用して、より絞り込んでいくことを考えましょう。

▲「画像検索」「フレーズ検索」「サイト内検索」を同時に行った検索結果です。

そこで、次のような条件で検索をしてみました。「japan "Currently unavailable." site:http://www.amazon.com/」これは、Amazonで在庫切れをしていて、かつjapanのキーワードを含む商品画像の一覧が表示されます。

このように、商品ページ内の特徴的なフレーズを読み取ることで、オリジナルのリサーチ手法を開発することができるのです。

▲ 検索方法を応用すれば、Amazonで在庫切れの商品を簡単に検索できます。

▲ 例えば、Amazonで出品者が0人の商品はこのように表示されます。

Section 72

Google Chromeの拡張機能を活用しよう

| 基本 | 準備 | 無在庫販売 | FBA販売 | リサーチ | 仕入れ | 輸出戦略 | トラブル対処 |

Google Chromeを拡張する

インターネットブラウザは、WindowsではInternet Explorer、MacではSafariがデフォルトで指定されています。しかし、Amazonの商品リサーチにはGoogle Chromeを使うのがおすすめです。なぜなら、Google ChromeにはAmazon輸出のリサーチに便利な拡張機能が数多く用意されているからです。Chromeウェブストアにアクセスして、自分に合った拡張機能を活用していきましょう。

● Chromeウェブストア

参照URL https://chrome.google.com/webstore/category/apps?hl=ja

● SmaSurf for Webブラウザ拡張機能

Amazonの検索結果や商品ページに、「Buy.com」や「Yahoo!ショッピング」など、ほかのサイトへのクイックリンクを表示したり、通貨換算をしたりできます。

● Amazon世界価格比較ツール Amadiff.com

Amazonの商品ページに、世界のAmazonの価格とランキングを表示してくれます。価格をクリックすると、各国のAmazon商品ページに飛びます。若干動作が不安定だったり、データが取得しきれていなかったりする場合もあるので、表示されているデータは100%正解ではないと思って使用した方がよいでしょう。

● Amazon Price Tracker - Keepa.com

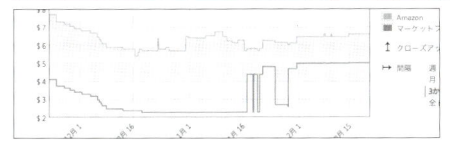

Amazonの商品ページに、商品価格変動グラフを表示してくれます。

● 拡張機能Weblioポップアップ英和辞典

Webページの英語にカーソルを合わせることで、「英和辞典」に掲載されている日本語の意味を表示してくれます。ページ全体の翻訳をするほどではなく、ピンポイントで知りたい単語があった際に便利です。

● ExtensionPrevent Duplicate Tabs

リサーチをしていると、うっかり同じタブを何度も開いてしまい、ウィンドウがタブだらけになってしまう場合があります。この拡張機能を使えば、同じページの重複表示を防いでくれます。

● 拡張機能を使う上での注意点

　Chromeの拡張機能を使う上で1つだけ気を付けた方がよいのが、「使っていない拡張機能はOFFにしておく」ということです。便利だと思う拡張機能すべてをONにしていると、ページの表示が遅れたり、不要なポップアップや広告が表示されたりして、かえって作業効率が落ちてしまう可能性もあります。ON・OFFの設定は、Chromeの≡→＜設定＞→＜拡張機能＞から行います。

Section 73

第5章 ▶▶ ライバルに差を付ける商品リサーチ術

商品情報をリスト化して効率を上げる方法

| 基本 | 準備 | 無在庫販売 | FBA販売 | リサーチ | 仕入れ | 輸出戦略 | トラブル対処 |

商品をリスト化してまとめる

　このセクションが、いよいよ商品リサーチ術の最後となります。今までお伝えしてきたリサーチ術は、限られた時間の中でより効率的なリサーチをするための助けとなる手法です。要するに「時間を無駄にしないためのリサーチ術」というわけです。ここでは、これまでお伝えしてきた方法を使って、実際に商品リサーチを行いましょう。

❶ 今回起点とする商品は、こちらの「黄金とっくり＆おちょこセット」にします。まずは「逆リサーチ」を使って、日本の関連商品リンクをたどって行くことにしましょう。

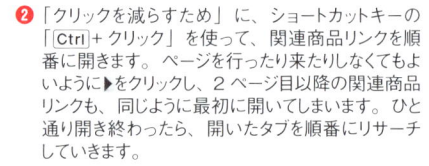

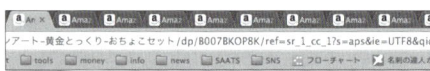

❷ 「クリックを減らすため」に、ショートカットキーの「Ctrl＋クリック」を使って、関連商品リンクを順番に開きます。ページを行ったり来たりしなくてもよいように▶をクリックし、2ページ目以降の関連商品リンクも、同じように最初に開いてしまいます。ひと通り開き終わったら、開いたタブを順番にリサーチしていきます。

❸ ここで、Google Chromeの拡張機能「Amadiff.com」を使ってみましょう。こちらの商品は、どうやら海外のAmazonには出品されていないようです。しかし、海外のAmazonに商品が出品されていないからといって、このままページを閉じてしまうのは少しもったいないです。「利益の出る商品の周りの商品は利益が出る可能性が高い」のです。かといって、ここでいきなり新規商品登録を始めてしまうと、作業の効率が下がってしまいます。そこで、商品情報をリスト化しておくのがよいでしょう。リストはそれぞれの作業を「いつ」「誰が」「どうやって」やるか、というところまで分類しておき、その時間にその人はその作業だけに集中すると効率がアップします。

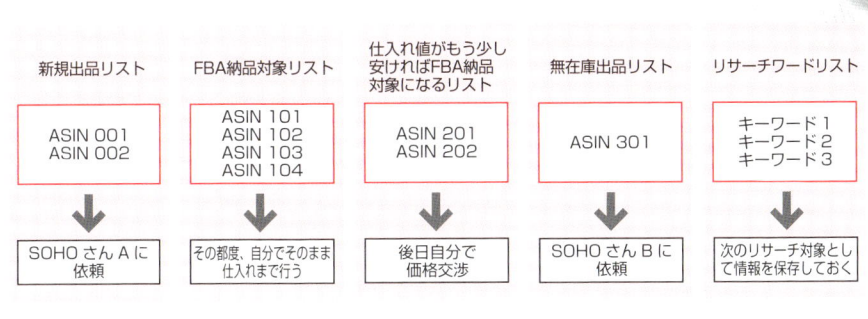

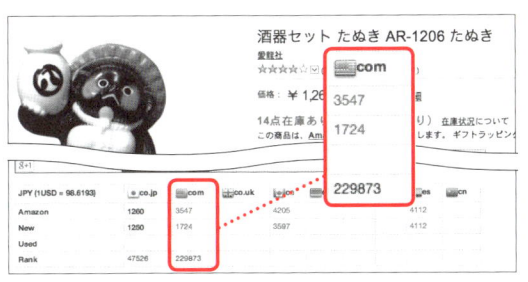

新規出品リスト	FBA納品対象リスト	仕入れ値がもう少し安ければFBA納品対象になるリスト	無在庫出品リスト	リサーチワードリスト
ASIN 001 ASIN 002	ASIN 101 ASIN 102 ASIN 103 ASIN 104	ASIN 201 ASIN 202	ASIN 301	キーワード1 キーワード2 キーワード3
↓	↓	↓	↓	↓
SOHOさんAに依頼	その都度、自分でそのまま仕入れまで行う	後日自分で価格交渉	SOHOさんBに依頼	次のリサーチ対象として情報を保存しておく

◀ パッと見て利益の出そうな商品があれば、その場で細かい利益計算を行い、ランキング変動まで調べましょう。

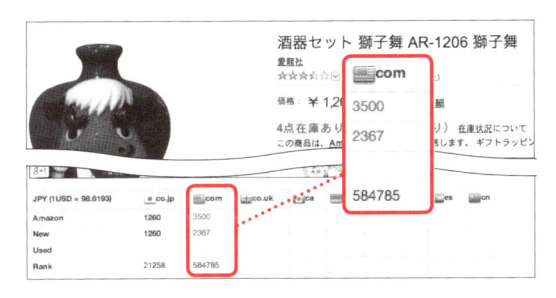

◀ FBA納品対象になるほどランキングは高くない商品でも、利益の出そうなものは無在庫で一応登録しておきましょう。

◀ 面白そうな商品タイトルがあれば、あとでキーワードの連想や派生を試してみましょう。

　リストの分類方法や、作業をどのように割り振るかは、各人のスタイルによって変わってきます。自分にとってもっともやりやすい方法を探してみてください。
　「ライバルに差を付ける商品リサーチ術」は以上になります。目標を立て、どんどんリサーチを進めて、稼げる商品を見つけてください！

Column

船便を活用する

半年、1年と長期間に渡って売れることが期待できるロングセラーの商品は、EMSと船便を併用してFBA納品することをおすすめします。船便というと、数百kg単位で送らないとメリットが出ないように思われるかもしれませんが、実は郵便局でも船便（国際小包）のサービスを提供しており、段ボール1箱から利用できます。送料はEMSよりもかなり安く、仮にアメリカまで20kgの小包を送った場合、EMSの送料が25,000円なのに対して、船便の送料はわずか10,250円と約2.5倍の差があります。

ただし、アメリカ宛の船便は到着までに約2ヶ月と時間がかかる上に、届く時期が予測しにくいというデメリットがあります。よって、船便を利用するのは「安定的にずっと売れていて、常に在庫を補充しておいた方がよい商品」だけにするとよいでしょう。「通常は船便で在庫を補充し続けながら、在庫が切れそうな時はEMSですばやく納品する」という流れが作れるとよいと思います。

また、長期間運送されるため、商品やパッケージが破損したり、時期によってはカビが生えてしまったりするリスクもあります。それから、もう1つ注意しなくてはいけないのが、荷物のサイズ制限です。アメリカ宛の荷物の場合、EMSは長さ＋（横周×2）で2.75mまでのサイズを送ることができますが、船便の場合は2mまでとなっています。

箱が小さいので、あまり荷物が詰められず、結局割高になってしまったということも考えられますので、注意が必要です。

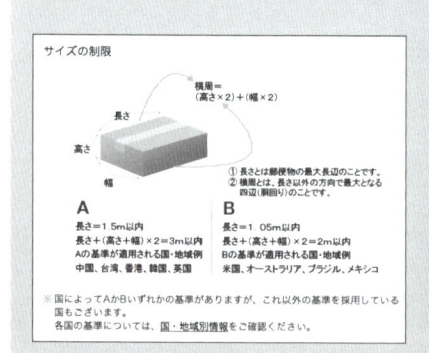

サイズの制限

横周＝（高さ×2）＋（幅×2）

① 長さとは郵便物の最大長辺のことです。
② 横周とは、長さ以外の方向で最大となる四辺（胴回り）のことです。

A
長さ＝1.5m以内
長さ＋（高さ＋幅）×2＝3m以内
Aの基準が適用される国・地域例
中国、台湾、香港、韓国、英国

B
長さ＝1.05m以内
長さ＋（高さ＋幅）×2＝2m以内
Bの基準が適用される国・地域例
米国、オーストラリア、ブラジル、メキシコ

※ 国によってAかBいずれかの基準がありますが、これ以外の基準を採用している国もございます。
各国の基準については、国・地域別情報をご確認ください。

● 日本郵便｜国際小包

参照URL http://www.post.japanpost.jp/int/service/i_parcel.html

第6章

ライバルに差を付ける商品仕入れ術

まずは、Amazonや楽天などの
小売りサイトで安い商品を探してみよう … 170

卸、まとめ買い交渉で
ライバルに差を付けよう ……………… 172

自動で安い商品を見つけてくる方法 … 174

実店舗仕入れを活用しよう …………… 176

もらえるマイルやポイントは
確実にもらっておこう ………………… 178

セール品を仕入れて差を付けよう …… 180

仕入れるだけではもったいない!
ここでも逆リサーチを活用しよう …… 182

商品の新着情報やトレンドを
敏感にキャッチして、一気に稼ごう … 184

Section 74　第6章 ▶▶ ライバルに差を付ける商品仕入れ術

まずは、Amazonや楽天などの小売りサイトで安い商品を探してみよう

| 基本 | 準備 | 無在庫販売 | FBA販売 | リサーチ | **仕入れ** | 輸出戦略 | トラブル対処 |

もっとも安く仕入れることができるサイトを探す

　この章では、商品仕入れ術について解説を行います。商品仕入れはリサーチと並んで、収益を伸ばしていくためのもっとも大切なポイントになりますので、しっかりと身に付けてください。まずは、Amazonや楽天など、一般の小売サイトを利用して安い商品を探し出す方法について解説します。ここでは、下記の商品を例にとって見ていきます。日本のAmazonでの販売価格を調べると、2,963円ということがわかりました。

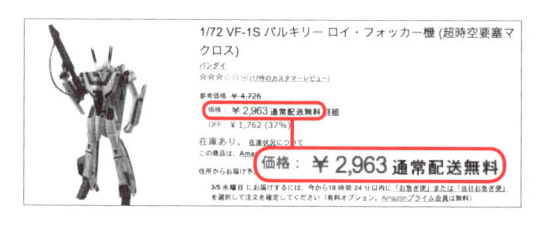

◀日本のAmazonの販売価格は2,963円です。

　それでは、楽天などほかのサイトで、この価格より安く購入できるサイトがないかを調べてみましょう。この時、JANコードやキーワードで商品を検索することになります。JANコードで検索するメリットは、完全一致する商品のみをスムーズに検索できる点にあります。しかし、すべてのショップが、販売しているすべての商品にJANコードを登録しているとは限りません。そのため、キーワードで検索した方が、最安値商品の取りこぼしが減ります。とは言え、はじめのうちは商品が完全に一致しているかどうかの見極めも難しいので、基本的にはJANコード検索で大丈夫でしょう。

◀楽天でJANコード検索をすると、左のような結果になりました。「並び替え」で<価格が安い>を選択し、商品価格が安い順に表示すると見つけやすくなります。

楽天での最安値は、1,980円でした。このショップで購入すると、送料が別途500円かかるので総額2,480円になりますが、それでもAmazonよりも500円ほど安く仕入れることが可能です。続いて、Yahoo!ショッピングも見てみることにしましょう。

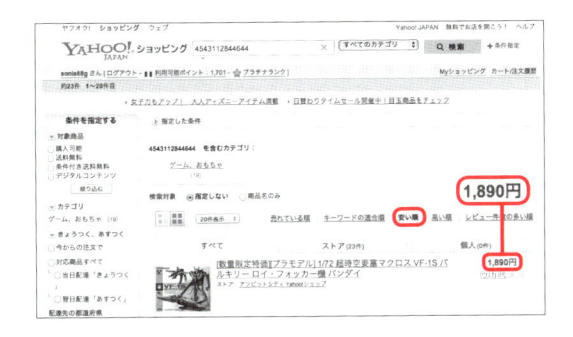

◀ Yahoo!ショッピングの検索結果です。ほかのショップより安く仕入れることができそうです。

Yahoo!ショッピングの最安値は1,890円でした。こちらのショップも、別途500円の送料がかかります。総額は2,390円なので、こちらのショップから仕入れるのがよさそうです。

JANコードでなくキーワードで探す場合は、Amazonの商品タイトルから適当なキーワードをコピーして検索していきます。結果的に先ほどのショップよりも安い商品が表示された場合は、それが本当に**同じ商品かどうかを判別する必要**があります。

そのほか、価格比較サイトやGoogleなどでも、JANコードやキーワードで検索をすることで、さらに安い商品が見つかることもあります。しかし、ネット上で仕入れ値の安い商品を探そうと思うと、いくらでも時間をかけることができてしまうので、注意が必要です。例えば30分かけて100円安い商品を探し出せたとしても、時給200円の効果しかないのであまり効率的ではありません。作業効率を考えて取り組むようにしましょう。

◀ Amazonの商品キーワードをコピー&ペーストして検索します。

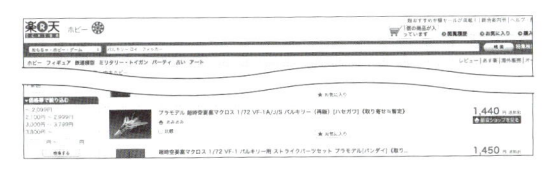

◀ キーワードで検索すると、完全一致以外の商品も表示されます。

Section 75

第6章 ▶▶ ライバルに差を付ける商品仕入れ術

卸、まとめ買い交渉でライバルに差を付けよう

| 基本 | 準備 | 無在庫販売 | FBA販売 | リサーチ | **仕入れ** | 輸出戦略 | トラブル対処 |

価格交渉につきまとうメンタルブロックを払拭する

　商品を安く卸してくれるメーカーや問屋、定期的に割引してくれるショップなどとのつながりができたらいいなと考えたことはないでしょうか？　ほかのセラーよりも有利な条件で仕入れができるルートを手に入れれば、一歩も二歩もリードした販売戦略が取れるようになります。しかし、卸やまとめ買いでの値引きを受けたいと思っているのにも関わらず、多くの人は実際に交渉をしようとはしません。これからあげるような、メンタルブロックが働くからです。ぜひあなたには、メンタルブロックを取り払って、たくさんの取引先を発掘していただきたいと思います。

● 個人を相手にしてくれるわけがない

　あなたが、法人ではなく個人としてAmazon輸出に取り組まれている場合、こういった考えが頭をよぎると思います。実際に、問屋やメーカーでは、「個人との取引はお断り」というところも多いです。しかし、個人にまったくチャンスがないかというと、そんなことはありません。個人でも取引可能なメーカーや問屋は、探せばちゃんと見つかります。私の周りでも、実際にメーカーや問屋と取引している個人の方たちがたくさんいます。また、ショップへのまとめ買い値引き交渉に関しては、個人でもほぼ影響はありません。積極的にチャレンジしてください。売上が伸びてきたら、卸交渉のために早めに法人格を作ってしまうのも1つの方法です。

● 交渉するのがいやだ

　初対面の相手に対して、いきなり「値引きしてください」とは、なかなか言い出しにくいですよね？　さらに、交渉の連絡をメールや電話で行って、相手に断られたり、無視されたりすると、ショックです。なんだか、自分が否定されたような気分になるのではないでしょうか。しかし、それは交渉が成立しなかっただけで、別に**あなた自身が否定されたわけではありません**。冷静に状況を把握して、「なぜ交渉が成立しなかったのか？」を考えるようにしましょう。交渉はビジネスにおいて、もっとも大切な要素の1つなのです。

● 交渉してみたけど……

　意を決して交渉のメールや電話をするのですが、返事がなかったり、断られたりすると、すぐに諦めてしまう人がいます。しかし、「何件の取引先に交渉してみたのか？」と聞いてみると、2〜3件とか、多くても10件程度という答えが多いです。結論から言うと、これくらいの交渉数で諦めるのは、根気がなさすぎです。卸や値引きの交渉で、**自分の希望する条件で取引ができるようになる**ケースは、実はそれほど多くありません。数％くらいだと考えておくとよいでしょう。100件連絡して、条件なども含めて話がまとまるのが、数件というイメージです。また、最初は自分の希望条件では取引ができなくても、実績が増えるにつれて、条件をよくしてくれる場合もあります。一度取引が始まった仕入れ先にも、定期的に相談してみるとよいでしょう。

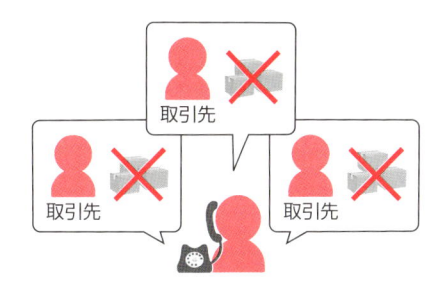

◀ 100件に連絡しても、希望の取引先に巡り合える確率はほんの数パーセントです。

● 交渉の仕方がわからない

　「どうやって交渉をしたらよいかわからない」と考える人もいます。交渉に際しては、自分の仕入れられる量を具体的に示して、相手のメリットにも訴えかけることを意識するとよいでしょう。交渉メールや電話で伝える内容は、シンプルでかまいません。あまりダラダラと伝えると相手の時間を奪うことにもなるので、気分を悪くしてしまうケースもあります。

```
宛先：●●●●●●●●●●●
件名：●●●●●●●●●●●

はじめまして、××と申します。
御社でお取扱いされている商品の購入を
検討しております。

大量購入によるお値引きは可能でしょうか？
以下の商品に関してお見積もりをいただければ幸いです。
商品A　36個
商品B　24個

今後も、継続的に購入をさせていただく予定でおります。
どうぞ、よろしくお願いいたします。
```

◀ 自分の希望をしっかりと相手に伝えましょう。

Section 76

自動で安い商品を見つけてくる方法

| 基本 | 準備 | 無在庫販売 | FBA販売 | リサーチ | **仕入れ** | 輸出戦略 | トラブル対処 |

商品相場をピンポイントで把握する

　ネット上の商品相場は日々変わっています。安い相場で出品された商品を、ピンポイントで仕入れられたらよいと思いませんか？　このセクションでは、その方法について解説していきます。

● Amazonから通知を受ける

● camel camel camel
（キャメル・キャメル・キャメル）

参照 URL　http://camelcamelcamel.com/

　「camel camel camel」を使うと、登録した商品のAmazon価格が**自分の指定した価格を下回った時に、メールで自動的に教えてくれます**。最初に＜ Sign Up ＞からアカウントを作りましょう。

　使い方はいたってシンプルです。まず、メールの自動連絡がほしい商品のAmazon商品ページのURLをコピーします。次に、camel camel camelの検索ボックスにそのURLをペーストして、＜ Find Products ＞をクリックすれば、該当の商品が表示されます。

　画面下にあるグラフが、商品相場の変動を示しています。グラフを参考に、メールで通知が送られてくる金額を指定し、＜ Start Tracking ＞をクリックすれば完了です。

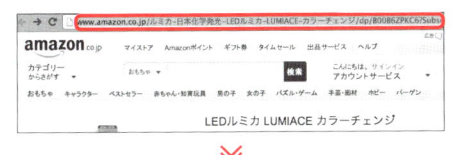

❶ 調べたい商品の Amazon ページから URL をコピーします。

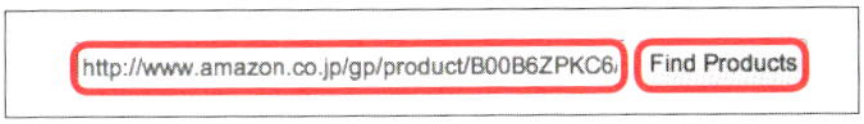

❷ camel camel camel の検索ボックスにペーストし、< Find Products >をクリックします。

❸ グラフを参考に、通知を受け取りたい金額を入力します。< Start Tracking >をクリックすれば完了です。

第6章 ライバルに差を付ける商品仕入れ術

● ヤフオクから通知を受ける

ヤフオクに出品された商品に関して通知を受けたい場合は、「ヤフオクオークションアラート」を活用しましょう。通知方法は「まとめて通知」と「すぐに通知」があります。基本的には「まとめて通知」にしておけば OK ですが、レアな廃盤商品を探す時や、価格をきっちり絞り込みたい時は、すぐに通知を受け取れるようにしておくとよいでしょう。

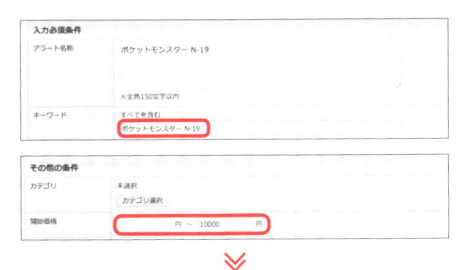

● ヤフオクオークションアラート

参照 URL http://alert.auctions.yahoo.co.jp/

❶ キーワードと価格を指定して、通知を受け取るようにしましょう。

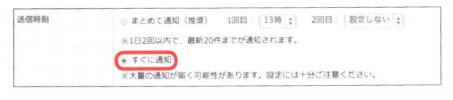

❷ レアな商品を探す場合は、<すぐに通知>を選択しましょう。

● 楽天市場から通知を受ける

楽天市場にも、アラート機能として「楽天スーパーエージェント」があります。ただしこの機能では価格帯の設定ができないので、廃番商品や限定商品などが出品された際のアラートに利用するとよいでしょう。

● 楽天スーパーエージェント

参照 URL http://event.rakuten.co.jp/campaign/agent/

仕入れ

175

Section 77 実店舗仕入れを活用しよう

> 基本 | 準備 | 無在庫販売 | FBA販売 | リサーチ | **仕入れ** | 輸出戦略 | トラブル対処

せどりで大きな利益を出す

日本のAmazonと海外のAmazonに価格差があるように、日本国内の実店舗と日本のAmazonの間でも、価格差のある商品というのは数多く存在します。国内の実店舗から仕入れた商品を、国内のAmazonなどで販売する手法は、**せどり**と呼ばれ、副業ビジネスとしても人気があります。そこで、実店舗仕入れと輸出販売をミックスさせて、さらに収益を伸ばしていきましょう。

実店舗仕入れの代表的な仕入先としては、以下のような店舗があります。

- ドラッグストア
  日用品、ダイエットグッズ、美容雑貨など

- 家電量販店
  家電、携帯電話関連商品、おもちゃなど

- ショッピングモール
  文具、キッチンツール、おもちゃなどかなり幅広い

- ホームセンター
  工具、日用品、キッチンツールなど

- リサイクルショップ
  中古、メディア類、おもちゃ、雑貨など

大きな利益が出る

実店舗価格 < 日本のAmazon価格 < 海外のAmazon価格

利益が出る　利益が出る

▲ 実店舗から直接仕入れるので、大きな利益が期待できます。

実店舗仕入れの狙い目は、セール品、およびネットでの流通が少なく、品薄＆定価超えしているような商品です。ただし、定価超えしている商品をピンポイントで探すには、商品知識が必要になります。主に、限定生産や廃番になったおもちゃや型落ち家電などがリサーチ対象になります。はじめは、店舗にある商品を1つずつ検索して、コツコツと知識を蓄積していきましょう。効率的に仕入れができるようになるまでにはある程度時間がかかりますが、その分商品知識が増えると稼ぎやすくなるので、長期的な視点でじっくり取り組んでみてください。

　セール品は、在庫処分品などのワゴンセールなどを狙っていくとよいでしょう。日本の Amazon で売っても利益が出そうな商品があれば、大量に購入して日米両方の Amazon で販売してしまうのもありです。

▲ 実店舗のワゴンセールの方が、安く販売されている商品です。

　実店舗リサーチの流れとしては、「店舗価格のチェック」→「日本の Amazon の価格チェック」→「アメリカの Amazon の価格チェック」という流れで行うとスムーズです。

　基本的には、日米の Amazon サイトで直接検索をすれば OK ですが、バーコードを直接読み込み、Amazon の商品価格をチェックできるアプリなどもあります。

● Profit Bandit（一部有料）
　作者：Seller Engine Software

▲ 初回起動時はメールアドレスの登録が必要です。

● せど楽チェッカー（有料）

▲ せど楽チェッカーは有料アプリですが、店内コードの検索に対応しています（ストア配信アプリではありません）。

Section 78

第6章 ▶▶ ライバルに差を付ける商品仕入れ術

もらえるマイルやポイントは
確実にもらっておこう

| 基本 | 準備 | 無在庫販売 | FBA販売 | リサーチ | 仕入れ | 輸出戦略 | トラブル対処 |

マイルやポイントがお得に貯まるサイト

　サイトを経由して買い物をするだけで、航空会社のマイルやポイントが貯まるサイトがあります。ネットで商品を仕入れる際は、これらのサイトを経由してもらえるマイルやポイントを確実にもらっておきましょう。

● **マイル系**

● ANA マイレージモール

参照URL https://www.ana.co.jp/amc/reference/tameru/mileagemall/

▲ 楽天や Yahoo! ショッピングなどでの買い物で ANA のマイルが貯まります。

● JMB モール（JAL）

参照URL https://partner.jal.co.jp/site/jmbmall/

▲ Amazon やビックカメラでの買い物で JAL のマイルが貯まります。

178

● ポイント系

● ハピタス
参照 URL http://hapitas.jp/

▲ 提携サイトで買い物をすると、サイト独自のポイントが貯まり、貯まったポイントは商品券などと交換できます。楽天、Yahoo! ショッピング、ビックカメラなどで買い物をするとポイントが獲得できます。

● JACCS モール
参照 URL http://www.jaccsmall.com/

▲ 楽天、Yahoo! ショッピング、ビックカメラ、Amazon などでの買い物でポイントが獲得できます。

● エントリー限定ポイント

　楽天や Yahoo! ショッピングで商品の購入をする時に、意外と見逃してしまいがちなのが、エントリー限定ポイントです。キャンペーンにエントリーすることで、通常付与されるポイントに加えて、期間限定ポイントなどがプラスされます。

　こうしたポイントは、エントリーやサイトの経由が面倒だという理由で、見逃してしまっている方が結構います。しかし、月に数百万円の仕入れをするようになってくると、ポイントが 1% プラスされるだけで、数万円の差が生まれてきます。エントリーやサイトの経由は数クリックで完了するので、面倒がらずにもらえるポイントはしっかりともらっておきましょう。

◀ エントリーの告知は、バナーなどで行われます。

Section 79

第6章 ▶▶ ライバルに差を付ける商品仕入れ術

セール品を仕入れて差を付けよう

| 基本 | 準備 | 無在庫販売 | FBA販売 | リサーチ | **仕入れ** | 輸出戦略 | トラブル対処 |

ネットショップのセール商品を仕入れる

　仕入れでほかのセラーに差を付ける方法のうち、それほど苦労せずに大きな利益を上げられる可能性があるのが、セールを活用するという方法です。

　まずは日本のAmazonのタイムセールやバーゲンコーナーから、逆リサーチをかけてみましょう。これらの商品は普段の価格よりも安くなっている可能性が高いので、1つ1つ見ていけば、利益の出る商品を見つけるのはそれほど難しくないはずです。特に、カテゴリ別に毎日開催されているタイムセールは、割引率が大きいことが魅力です。

カテゴリ別タイムセール開催スケジュール		
ホーム&キッチン	毎日開催	0:00〜23:00
Kindle本	毎日開催	0:00〜23:59
カー&バイク用品	毎週火曜日	0:00〜23:00
スポーツ&アウトドア	不定期開催	0:00〜23:00
食品&飲料	毎週水・金曜日	0:00〜23:00

▲ 目的のカテゴリの特売日は、日付が変わった瞬間にタイムセールのページにアクセスしましょう。

　Amazonのバーゲンセールでも、割引された商品を購入できます。バーゲンの商品は、タイムセールと違い、すぐに売り切れてしまうといったことが少ないので、ゆっくり仕入れることができます。

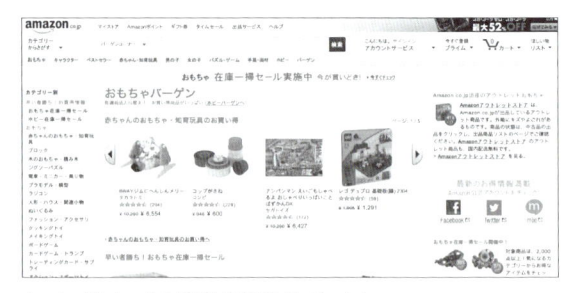

▲ バーゲンセールもほぼ毎日開催されています。

日本のAmazon以外にも、ほかのネットショップや楽天市場に出店しているショップが独自に開催しているセールもあります。バナーなどで表示されているセール情報を定期的にチェックしてみるとよいでしょう。

▲ Amazon以外のネットショッピングサイトでも、さまざまなセールが行われています。ポイントバックが大きいセールは要チェックです。

　ネット上でのセール以外に、実店舗で行われているセールも数多く存在します。実店舗でのセール商品の中には、日本のAmazonに転売するだけで利益が出る商品もたくさんあります。街に出かけた時などは、こういったセール情報も敏感にキャッチできるよう意識して、着実に利益を伸ばしていきましょう。

　さらに、日本のAmazonで50％以上の割引がある商品を検索する方法があります。検索は2ステップで完了です。

> 1. カテゴリを絞る
> 2. URLの最後に「&pct-off=50-」を付け足す

　もし90％以上の割引率で絞りたい場合は、**2.** の数字を50から90に変更すればOKです。
　いちいちカテゴリを絞ったり、URLを書き換えたりするのが面倒だという方は、カテゴリごとの割引率をまとめたサイトを作成したので活用してください。

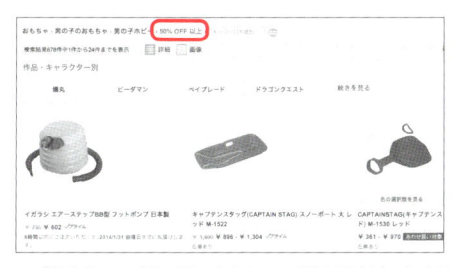

● 割引率カテゴリ別検（無料で利用できます）

参照URL　http://villagegreen.jp/amazondc/index.html

▲「おもちゃ＞男の子のおもちゃ＞男の子ホビー」カテゴリで50％OFF以上の商品を検索した結果です。

Section 80

第6章 ▶▶ ライバルに差を付ける商品仕入れ術

仕入れるだけではもったいない！ここでも逆リサーチを活用しよう

| 基本 | 準備 | 無在庫販売 | FBA販売 | リサーチ | **仕入れ** | 輸出戦略 | トラブル対処 |

最安値の周りには最安値が集まる

商品をリサーチしていると、楽天などAmazon以外のショップが販売している商品が最安値だという場合があります。そんな時は、そのまま商品を仕入れるだけでは、少しもったいないです。なぜなら、そのショップにはほかにも利益の出る商品がたくさん眠っている可能性があるからです。商品リサーチのセクション（Sec.65 参照）でお伝えした思考方法の応用です。「利益の出る商品の周りには、ほかにも利益の出る商品が隠れている可能性がある」→「最安値商品を販売しているショップには、ほかにも最安値の商品が隠れている可能性がある」というわけです。

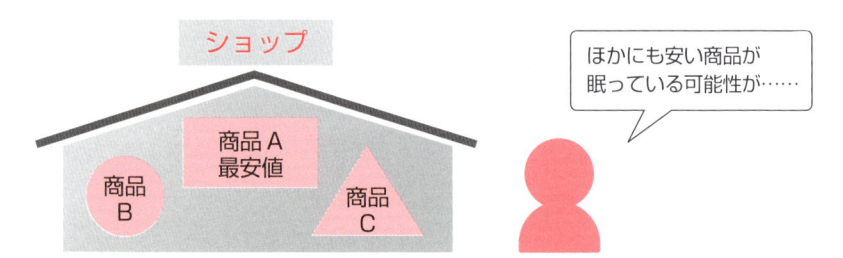

▲ 最安値の商品があったショップは、ほかの商品も最安値の可能性があります。

そこで、逆リサーチの発想で、そのショップを起点にしてリサーチをかけていきましょう。Amazon以外のショップで最安値商品を見つけたら、そのショップ内の商品を1つずつ検索し、日本のAmazonとどちらが安いかを比較していきます。ここで大切なのは、いきなりアメリカのAmazonとの価格差を調べるのではなく、先に日本のAmazonの価格をチェックすることです。商品をいくつか調べてみても、日本のAmazonより安い商品がほかに1つも出てこないようであれば、「その商品だけがたまたま最安値だった」ということなので、リサーチを終了しましょう。

商品のリサーチは、なるべく効率よく進めたいので、関連する商品から順に調べていくことにしましょう。ショップ内カテゴリがある場合は、それを利用するとよいでしょう。

❶ 最安値の商品を見つけたら、そのショップのカテゴリをクリックし、絞り込みを行います。

❷ カテゴリ別に検索したら、商品をクリックします。

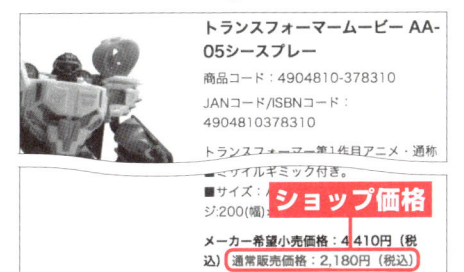

❸ 日本のAmazonと商品の価格を比較します。商品ページにJANコードが記載されている場合もあるので、活用してください。

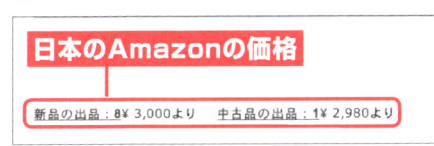

ショップ価格

日本のAmazonの価格

❹ 日本のAmazonよりも安い商品だった場合は、アメリカのAmazonの商品情報も調べましょう。

　このように、仕入れ値が安い可能性のある仕入先を見つけておき、そこを起点にリサーチすることで、より有利な状況でFBA販売をすることが可能になります。

Section 81
商品の新着情報やトレンドを敏感にキャッチして、一気に稼ごう

第6章 ▶▶ ライバルに差を付ける商品仕入れ術

| 基本 | 準備 | 無在庫販売 | FBA販売 | リサーチ | **仕入れ** | 輸出戦略 | トラブル対処 |

新着情報やトレンドを知る

商品の新着情報やトレンドを敏感にキャッチして、大きな利益を出していきましょう。人気シリーズや話題の新製品の多くは、発売直後にもっとも需要が高まります。ものによっては1日に何十個、何百個と売れていくこともあり、短期間でいっきに稼ぐことも可能です。また、発売されたばかりの商品というのは、競合セラーが少なかったり、一時的に在庫切れを起こしたりするケースも多く、うまく立ち回れれば、たった1つの商品で大きな利益を出すことができます。

これからご紹介する方法などを参考にして、常にアンテナを張っておき、積極的に新製品を取り扱いましょう。

● メーカーサイトやキャラクターの公式ショップなどで、新着商品情報をチェック

例えば、海外で人気の高いポケモングッズの場合、これから発売される人気キャラクターの新製品情報をいち早くキャッチして新規登録すれば、稼げる可能性があります。

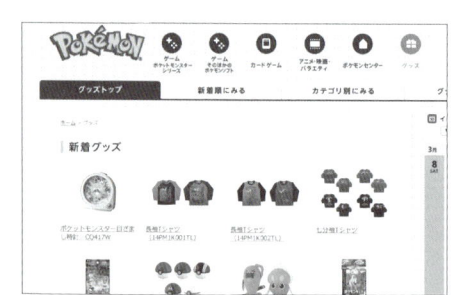

● ポケモンセンター｜ポケットモンスターオフィシャルサイト
参照URL http://www.pokemon.co.jp/gp/pokecen/

◀ ポケモンなどの人気シリーズの新商品は国内外問わず人気です。

● 予約注文商品をチェックする

日本のAmazonなどで、予約段階で人気が出ている商品も狙い目です。予約受付中商品の中で、ベストセラー1位になっているものや、アメリカのAmazonで人気の高いシリーズがあればチャンスです。

◀ 左のニューリリースから＜予約受付中＞を選択します。

● 雑誌で流行をチェック

雑誌でトレンドをチェックするのもおすすめです。

▲ 日経トレンディ、monoマガジンなどの、商品紹介系の雑誌が狙い目です。

▲ 模型誌など趣味性の高い雑誌もチェックしましょう。

▲ 週刊誌などの少年漫画誌には、新情報がいち早く掲載されることがあります。

● YouTubeの商品紹介動画

　YouTubeには、発売されたばかりの新製品、ネット上で密かに話題になっている商品、みんなが気になっている商品などを自ら購入して、その商品についてのレビューを投稿している方たちがいます。彼らの発信している情報を参考に、流行を追いかけてみましょう。もちろん、日本だけでなく海外の投稿者情報のチェックも効果的です。

▲ 有名な投稿者が投稿した商品紹介動画などは、大きな反響を呼びます。

● ブログやまとめサイト

　ブログやまとめサイトからの情報収集もおすすめです。ブログやまとめサイトからは、ピンポイントの商品情報を収集をしようとするのではなく、「市場全体がどのように流れているのか」という視点で、チェックしていくとよいでしょう。

● BLOGOS
参照URL http://blogos.com/

● ハフィントンポスト
参照URL http://www.huffingtonpost.jp/

💡 **Column**

意外とやっかいな、EMS のサイズ制限

　無在庫販売商品の発送にあたっては「SAL の小形包装物のサイズ制限に注意をしましょう」ということをお伝えしました（P.80 参照）。実は FBA 納品をする時には、EMS のサイズ制限が理由で、意外と送料がかさんでしまうケースがあるので覚えておきましょう。

　アメリカ宛 EMS のサイズ制限は、長さ＋横周で 2.75 メートルまでとなっています。これは具体的な段ボールのサイズでいうと、45cm × 45cm × 95cm の箱になります。このサイズの段ボールに、以下の商品を詰めて EMS で送る場合を例に考えてみましょう。

　右の商品の外箱サイズは、約 45cm × 45cm × 12cm、重量は約 1kg です。段ボールのサイズは 45cm × 45cm × 95cm なので、商品を順番に詰めていくと、1 つの段ボールに 7 個までしか商品を入れることができません。例えばあるセラーが、この商品を合計 21 個（21kg 分）納品しようとしていたとしましょう。EMS の送料は 1 箱ごとに計算するので、1 箱に詰められていれば 26,100 円だった送料が、10,700 円× 3 箱で 32,100 円もかかってしまう計算になります。

　ということで、特に**軽くてかさばる商品**を送る時などは、EMS のサイズ制限内の段ボールに、商品が何個入るかということを考えながら FBA 納品にかかる送料を計算していくようにしましょう。

	7kg	21kg
送料	10,700 円	26,100 円
1kg あたりの送料	1,528 円	1,242 円

▲ EMS でアメリカに商品を送った時の送料。

第7章

さらに一歩進んだ Amazon輸出戦略

- Amazon販売で売上を
  伸ばすための基本戦略を確立しよう … 188
- 在庫の構成比を考えよう ……………… 190
- Amazonを集客力の高い
  ネットショップと考えよう …………… 192
- ビジネスレポートを活用して、
  利益を最大化しよう(FBA販売編) …… 194
- ビジネスレポートを活用して、
  利益を最大化しよう(新規商品登録編) …196
- 国際間転売で稼ぐ方法 ………………… 198
- 中国製品を欧米に売る方法①
  (仕入れ編) …………………………… 200
- 中国製品を欧米に売る方法②
  (商品選定編) ………………………… 202
- 30分で海外ネットショップを
  出店してみよう ……………………… 204
- まだ埋もれているお宝商品を
  発掘して販売する方法 ………………… 206

- リバース輸出 ……………………………… 208
- 海外せどり ……………………………… 210
- パラレル販売で
  リサーチ効率をアップさせよう ……… 212
- 外注やスタッフを雇うタイミングは
  いつがよいのか? …………………… 214
- 効率よく仕組化を行うために
  気を付けるべきポイント ……………… 216
- 失敗しないための、海外現地パートナーとの
  関係構築方法 ………………………… 218
- Amazon輸出ビジネスで
  成果を出したあとの展開 ……………… 220
- 送金(両替)のタイミングは
  どうするべきか? …………………… 222

Section 82

Amazon販売で売上を伸ばすための基本戦略を確立しよう

| 基本 | 準備 | 無在庫販売 | FBA販売 | リサーチ | 仕入れ | **輸出戦略** | トラブル対処 |

Amazon 輸出で大きく利益を出しているセラーとは？

Amazon輸出で大きく利益を出しているセラーには、次の２つのパターンがあります。

1. ツールや外注を使って、無在庫大量出品している
2. FBA に大量に商品を納品している

最終的には**1**、**2**のどちらか、もしくは両方を併用して利益を上げていきたいところです。しかし、物販ビジネスの経験が少ない方がこれから Amazon 輸出に取り組もうとする場合、いきなりこの２つの手法で稼いでいこうとするのは難しいでしょう。そこでこのセクションでは、初心者の方がこれから Amazon 輸出をスタートする場合、どのような流れで利益を上げていけばよいのかについて解説していきます。

それぞれ、持っている資金の量や使える時間などの条件が限られているので、ご自分の状況に合った戦略で利益を積み重ねていってください。

● 資金と使える時間から戦略を練る

資金はあまりないが、時間は比較的余裕があるという方は、無在庫販売をメインに Amazon 輸出をスタートするとよいでしょう。ただし、やみくもに商品を大量出品してしまうと、出品した商品の在庫切れや価格調整の管理が大変になります。商品リサーチをきちんとしながら、無在庫で商品を出品することをおすすめします。新規のセラーが無在庫出品する商品をリサーチする上で大切なことは、「最安値で出品した時に利益が出るもの」を探していくことです。評価の少ない新規セラーが無在庫で商品を出品した場合、最安値でないとなかなか商品が売れないからです。この条件でリサーチしていくのは、なかなか時間のかかる作業ですが、コツコツと登録数を増やしていってください。3ヶ月に1つしか売れないような商品でも、100種類出品できれば、1日に1個は商品が売れていく計算になります。また、並行して無在庫での新規商品登録を進めていくとよいでしょう。

反対に、資金はある程度あるけれど、あまり時間を割けないという方は、2通りの戦略が取れます。1つ目は、前述した無在庫販売を外注を活用して行うという方法です。リサーチ方法、商品の選定基準、価格改定の基準などをマニュアルに落とし込み、SOHOに仕事を依頼しましょう。この場合、SOHOへ支払う外注費が利益より大きくなってしまう可能性もあるので、最初は自分で作業を行い、いくらでSOHOに依頼すれば利益が出せるかを考えてから仕事を依頼するようにしましょう。

　2つ目は、無在庫販売はせずにFBA販売だけに集中するという方法です。無在庫販売と比べてFBAで出品した商品は、第4章で解説した通り、かなり売れやすくなります。また、FBA販売した商品はバイヤーがよい評価を付けてくれる可能性が高いので、評価稼ぎにもつながり、無在庫販売をスタートした時にも商品が売れやすくなるでしょう。FBA販売では、最初は1つの商品をまとめて10個仕入れるよりも、10種類の商品を1つずつ仕入れて、売れ行きを確認しながらリサーチの精度を上げていくとよいと思います。

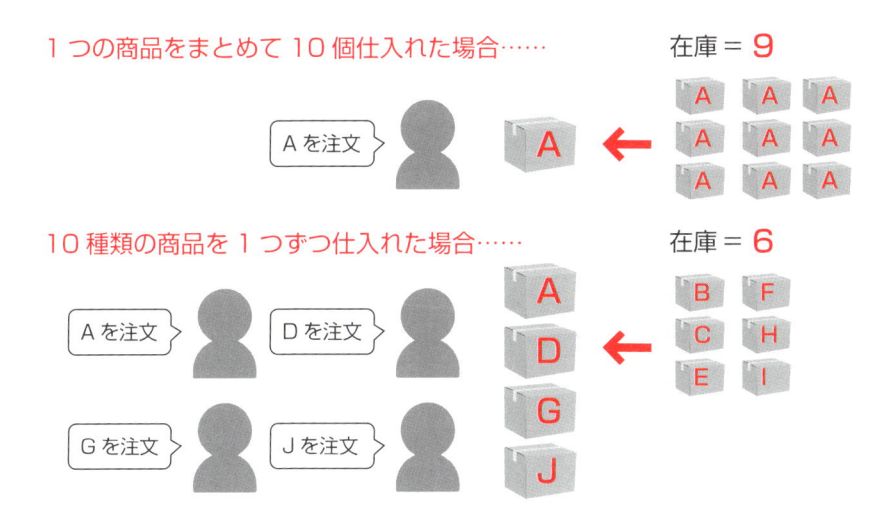

▲ はじめのうちは多くの種類の商品を仕入れた方が、売上は伸びやすいでしょう。

　一度にある程度のまとまった量を送らないと、FBA納品する送料が割高になってしまいます。最低でも5〜10kg分くらいの商品を、まとめてFBA倉庫に送りたいところです。これくらいの重量の商品を送る場合、商品仕入れ代金とFBA倉庫に納品する送料を考えると、最初に少なくとも10万円くらいの投資が必要になるかと思います。商品が売れたら、その売上は次の仕入れに回して、在庫を少しずつ増やしていってください。

　個人的には、多少資金がある人であれば、最初からFBA販売していくことをおすすめします。

Section 83

在庫の構成比を考えよう

| 基本 | 準備 | 無在庫販売 | FBA販売 | リサーチ | 仕入れ | **輸出戦略** | トラブル対処 |

それぞれの在庫に役割を持たせる

　仕入れる商品の目的を決め、それぞれの在庫の構成比を考えて商品仕入れを行うようにすると、仕入れられる商品の幅がぐっと広がります。売上が少しずつ伸びてきたら、仕入れるすべての商品で利益を出そうと考えるのではなく、それぞれの在庫に役割を持たせて、在庫全体で利益を生み出すように考えていくとよいでしょう。仕入れる商品の目的には、以下のようなものが考えられます。

● 売上を上げるための商品

　まず第一に、売上を大きくするための商品があります。売上自体の規模を大きくすることで、リスクを取れるようになる効果があります。例えば、月間の売上が$1,000しかない状態で、2万円の商品を仕入れるのはかなりシビアな判断が必要です。しかし、月間$10,000の売上があればどうでしょうか？　このように、売上自体を増やすことで手元で動かせる毎月の資金が増えるため、ある程度のリスクを取りながら仕入れを行うことが可能になります。もちろん、事前のリサーチでリスクを最大限回避する努力は行いますが、リスクの低い商品ばかりを扱っていると、なかなか成長や発見もありません。

売上$10,000　　　20,000円
低リスクで扱える

◀ 売上が増えれば、ある程度高額な商品を動かすこともできます。

● 利益率を改善させるための商品（ロングテール商品）

　2つ目に、利益率の改善を目的とした商品があります。一般的に、販売機会の少ない商品は競合セラーも少なく、利益率が高くなる傾向にあります。月に数個〜数ヶ月に1つくらいしか売れないような、ロングテール系の商品を少量ずつ幅広く取り扱うことで、利益率をアップさせていきましょう。ヘッド部分の商品で売上を伸ばし、テール部分の商品で利益率を上げていくというイメージです。

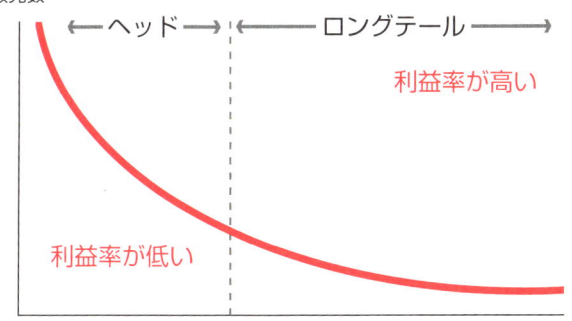

◀ テールに利益率の高い商品を配置して、全体の利益率を改善しましょう。

● 取引数や評価数を増やすための商品

　取引数を増やして、高い評価を数多く獲得することは、Amazon輸出を行う上で大切なポイントです。取引数を増やして高い評価を数多く獲得したり、セラーレイティングスを高い状態に保ったりしていれば、ショッピングカートの獲得率が上がり、注文キャンセルや出荷遅延時のアカウント停止リスクも下がります。このように、1つ販売して、数十〜100円程度の利益しか取れない商品でも、考え方を変えれば、大切な在庫構成要素になります。また、本来は取引数と評価を稼ぐためだった薄利多売・高回転系の商品でも、それによって安い仕入れ先を開拓できれば、利益を継続的に生み出してくれる商品に生まれ変わります。

● 重量かさ増し用の商品

　一度にFBA納品する商品の重量が5kgの場合と15kgの場合とでは、FBA納品までにかかる1kgあたりの送料は数百円単位で変わってきます。そこで、FBA納品にかかる1kgあたりの送料を相対的に減らすために、重量かさ増し用の商品を取り扱うのもおすすめです。その商品自体で利益が出なくても、ほかの商品の1kgあたりの送料を削減できれば、トータルでの経費削減効果があります。

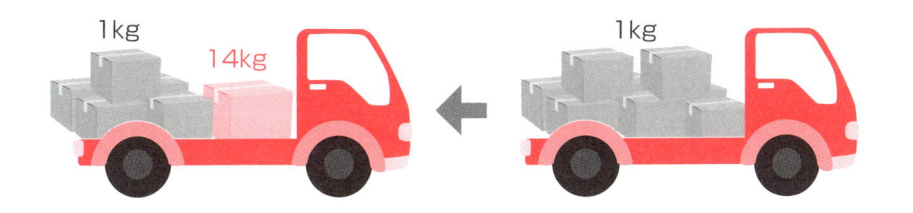

▲ 低重量の商品を送ると1kgあたりの送料が増えるため、かさ増し用に重い商品を追加しています。

Section 84
Amazonを集客力の高いネットショップと考えよう

基本　準備　無在庫販売　FBA販売　リサーチ　仕入れ　**輸出戦略**　トラブル対処

Amazonの集客力を利用する

　Amazonで商品を販売する最大のメリットは、やはり集客力です。Amazonの抱えている膨大なユーザーのおかげで、私たちセラーはAmazonに商品を出品するだけで、宣伝や広告をまったくしなくても、どんどん商品を販売していくことが可能になるのです。

　そこで、Amazonを集客力の高い自社のネットショップのように捉えて、利益を上げていく方法について考えていきましょう。

◀ 新着リリースの売り切れている商品などは、大きな集客力を秘めています。

● 新規商品登録、無在庫販売、外注化を組み合わせた手法

　Amazonには、商品を購入してくれる可能性のある見込み客が、すでに存在しています。さらに、出品数の制限も基本的にはありませんので、「Amazonに出品されていないけれど、売れる可能性のある商品」をとりあえず新規商品登録をして出品してみることで、テスト販売を行うことが可能です。また、無在庫販売を併用することで、「ほぼノーリスク」での出品が可能になります。無在庫販売であれば在庫が残ってしまう心配もないので、出品した商品が売れても売れなくてもよいというわけです。

　そして、「新規商品の無在庫出品」を外注化すれば、ほとんど手間をかけずに、ほぼ

無限に出品商品を増やしていくことが可能になるのです。SOHOに依頼する**商品登録**に関しては、「登録１件につき○○円」など成果報酬で行うとよいでしょう。商品登録を依頼する外注費の相場は、SOHOのスキルや住んでいる国、キーワードや商品説明をどれくらい入力するかなどにもよりますが、おおよそ１件数十〜数百円程度と考えればよいでしょう。

　この時に、１つだけ意識しなくてはいけないことは「**商品登録の外注費＜利益**」にするということです。あたりまえの話になってしまいますが、新規商品の無在庫出品で得られる利益よりも、外注費の方が大きくなってしまっては本末転倒です。

　そこで大切になってくるのが、出品する商品の選定です。FBAなどで在庫を持つ場合と比べれば、そこまでシビアにリサーチをする必要はありませんが、まったく売れない商品や、売れてもそれほど利益の出ない商品を大量に出品しても、無駄な経費をかけるだけになってしまいます。

　すでに売れている商品の関連商品や新製品、日本製であることをアピールできる商品、和風のものなど、まずはターゲットを絞って商品登録の依頼を進めていきましょう。

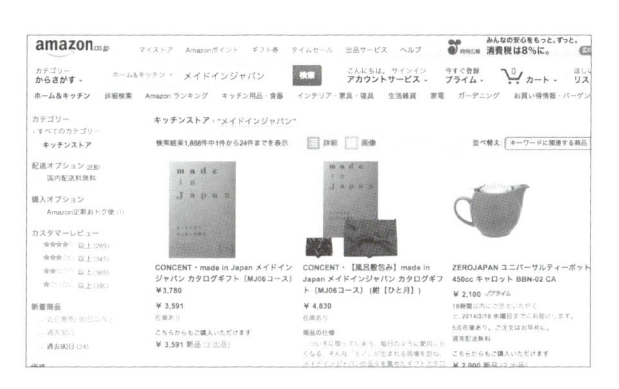

◀ メイドインジャパンのブランドを押し出した商品もよいでしょう。

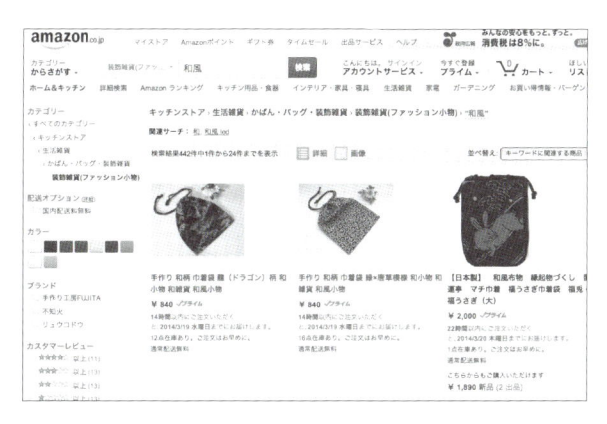

◀ 和風など、大まかなイメージを持った商品も狙い目です。

Section 85

ビジネスレポートを活用して、利益を最大化しよう（FBA販売編）

[基本] [準備] [無在庫販売] [FBA販売] [リサーチ] [仕入れ] [輸出戦略] [トラブル対処]

ビジネスレポートを分析する

　Amazon のセラーセントラルには、ビジネスレポートと呼ばれる、分析用レポートが用意されています。このレポートを最大限活用して、売上アップにつなげていきましょう。特に Buy Box Percentage をチェックすることで、自分の出品している商品が、すべての出品者の中でショッピングカートをどれくらいの割合で獲得しているかがわかります。

```
Reports
• Payments
• Amazon Selling Coach
• Business Reports
• Fulfillment
• Advertising Reports
• Tax Document Library
```

◀「Reports」から＜Business Reports＞をクリックします。

● Buy Box Percentage（ショッピングカート獲得率）をチェックする

　ショッピングカートを獲得しているかどうかは、Amazon 輸出での売上の増減に直結します。特に FBA 納品している商品については定期的にチェックして、価格調整などに活かしていきましょう。

　例えば、ある商品 A を販売しようとして、競合の FBA セラーが 2 人いた場合、仕入れをする時に自分を含めた 3 人でショッピングカートを回す予定で仕入れ数を決めたとします。この場合、1/3 の 33% の割合でショッピングカートが獲得できていれば、販売数は予想に近い数字になることが考えられます。

　しかし、実際に Buy Box Percentage をチェックしたところ、獲得率が 10% しかなければ、自分の商品が購入される確率は下がります。この場合、商品を値下げしてショッピングカートの獲得率を上げることを検討してみるとよいでしょう。反対に 50% の獲得率があった場合は、予想より多くの商品が購入される可能性がありますので、商品の値上げ、もしくは仕入れ数を増やすことを検討してみましょう。

例えば……

- 月間の販売実績　9個
- 競合FBAセラー　2人
- 自分の仕入れ数　3個（1ヶ月分）

セラーA ⇄ セラーB ⇄ 自分

それぞれ
1/3（3個ずつ販売）予定

ショッピングカートを3人で回す

↓

Buy Box Percentage をチェック

↓

Buy Box Percentage

10%だったら……値下げを検討
50%だったら……値上げ、もしくは仕入れ数を増やすことを検討

▲ Buy Box Percentage は、ビジネスレポートの「By ASIN」から＜Detail Page Sales and Traffic by Parent（Child）Item＞をクリックすることで確認できます。

　無在庫販売を行っている場合でも、「出品している商品が全然売れない」と悩んでいる方は、一度自分の出品している商品の Buy Box Percentage をチェックしてみるとよいでしょう。おそらくかなり低い数値になっていると思われます。その場合は、商品を FBA 販売する、アカウントヘルスを向上させる、評価を増やす、値下げをするなどの対策を取りながらショッピングカート獲得率を上げていけば、商品が売れていく感覚を掴むことができるでしょう。

Section 86

ビジネスレポートを活用して、利益を最大化しよう（新規商品登録編）

| 基本 | 準備 | 無在庫販売 | FBA販売 | リサーチ | 仕入れ | **輸出戦略** | トラブル対処 |

ビジネスレポートから新規登録商品を見つける

　新規登録をする商品に関しても、ビジネスレポートを活用して効果的に収益を上げていきましょう。新規商品登録した商品についてチェックするビジネスレポートの項目は、「Page Views」（ページビュー）と「Buy Box Percentage」（ショッピングカート獲得率）、「Units Ordered」（商品の注文数）です。

● Page Views（ページビュー）×コンバージョン率

　商品のページビューは、商品の売れ行きに大きく関係する項目です。たくさんの見込み客の目に商品が触れれば、それだけ商品が売れるチャンスが広がります。また、商品ページを訪れた見込み客が商品を購入する割合をコンバージョン率（転換率、成約率）と言います。ネットショップなどで商品の販売数を増やしていこうと思ったら、ページビューを増やして、コンバージョン率を上げていくという流れになります。商材や商品ページのクオリティ、価格にもよりますが、ネットショップなどの商品ページのコンバージョン率は、一般的に1〜5%程度だと言われています。

ページビュー × コンバージョン率 = 販売数

▲ ページビューとコンバージョン率を増やして、販売数を伸ばしましょう。

ページビューを増やすためには、適切なキーワード設定が肝心です。インターネットで目当ての商品を探す時、商品を探す側はキーワードを入力して検索するか、もしくは商品写真で探すしかないからです。Amazonでは、「商品タイトル」と「Search Terms」（Sec.39参照）に、適切なキーワードを盛り込んでいくようにしましょう。

　また、コンバージョン率を上げるには、商品価格や商品ページの内容が重要になってきます。魅力的な商品でも、価格が高ければ、商品の購入まではなかなか至りませんし、商品ページの情報が少なかったり、文章が怪しかったりすれば、ページを訪れた見込み客の商品購入意欲は下がってしまいます。

● ビジネスレポートの活用方法

　これらのこととビジネスレポートで得られるデータを元に、新規商品登録した商品の効果的な販売方法について考えていきましょう。

　まずは仕入れ値の3～5倍など、十分に利益が取れる価格で新規商品を登録してみましょう。せっかく利益を取れる商品を安売りする必要はありません。新規登録してしばらくすると、ビジネスレポートのデータが閲覧できるようになります。ビジネスレポートからPage Views（ページビュー）とBuy Box Percentage、Units Orderedをチェックしてください。ページビューが少なければ、キーワード選定がよくないか、そもそも需要のない商品だった可能性があります。ページビューが100から300件程度集まっていて、Buy Boxの獲得率も高いのに、商品が売れていなければ、商品価格が高いか、商品説明などの情報が不足している可能性があります。出品価格の値下げや、商品情報を追加していきましょう。

　新規商品登録でも、ビジネスレポートを活用して売上を伸ばしていってください。

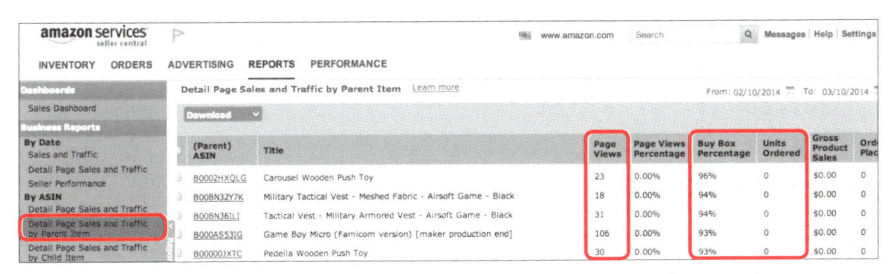

▲ Page Views、Buy Box Percentage、Units Orderedは、ビジネスレポートの「By ASIN」から＜Detail Page Sales and Traffic by Parent（Child）Item＞をクリックして確認することができます。

Section 87

第7章 ▶▶ さらに一歩進んだAmazon輸出戦略

国際間転売で稼ぐ方法

| 基本 | 準備 | 無在庫販売 | FBA販売 | リサーチ | 仕入れ | **輸出戦略** | トラブル対処 |

イギリスやドイツなどの Amazon を視野に入れる

　日本の商品を世界に向けて販売するだけが Amazon 輸出ではありません。日本の Amazon で仕入れてアメリカの Amazon で販売することで利益が出せるなら、イギリスやドイツの Amazon で仕入れて、アメリカの Amazon で販売して利益を出すことのできる商品は存在するはずです。

▲ Amazon.de（ドイツ）
€10.96=1,523 円（€1=139 円）

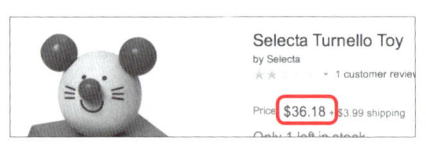

▲ Amazon.com（アメリカ）
$36.18=3,726 円（$1=103 円）

アメリカ 3,726 円 − ドイツ 1,523 円 = 2,203 円の差

　これらの商品をリサーチ＆販売する時も、基本の流れは同じです。まずは「uk import」や「made in france」などのキーワードで商品を絞り込み、そこから派生させてリサーチを行います。そのあとは、イギリス、フランス、アメリカの転送業者やSOHO を活用して、バイヤーの元に商品を届けるという流れを構築できれば、世界中どこの商品でも販売することが可能になります。

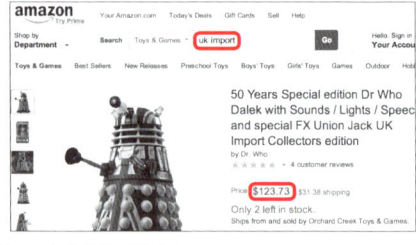

▲「uk import」でリサーチした例。商品重量は 1.7kg ほどで、十分利益が出ます。

● Amazon以外の各国の仕入れ先

さらに、仕入れ先は各国のAmazonに限りません。例えば、世界の工場である中国のネットショップから商品を仕入れることを考えましょう。中国にはタオバオやアリババといったネットショップがあります。これらのサイトで仕入れた商品を、中国の転送業者やSOHO経由でアメリカやヨーロッパで販売できれば、販売する商品の幅は無限に広がります。

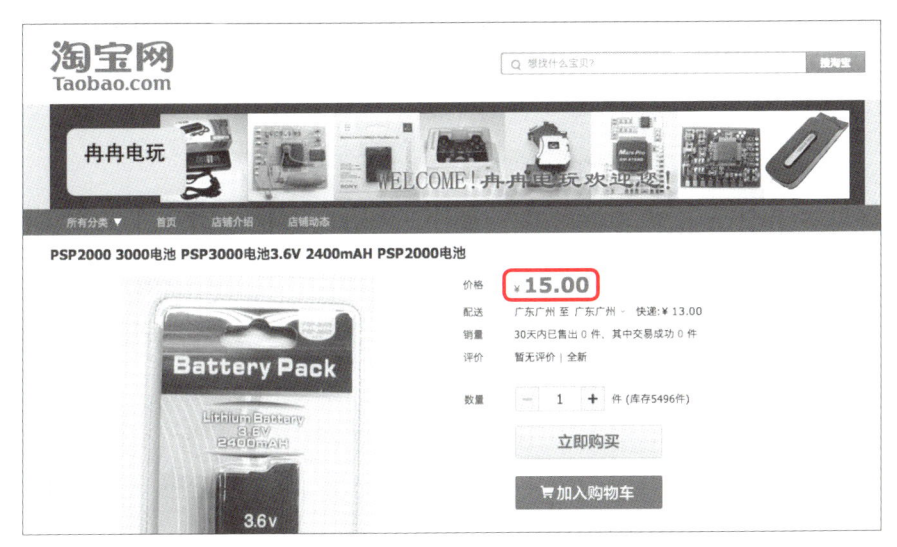

▲ 商品代金は15元です。中国国内の送料は13元ですが、数十個まとめ買いしても送料は上乗せされない可能性が高いです。日本円に換算すると15元=252円になります（1元=16.8円の場合）。

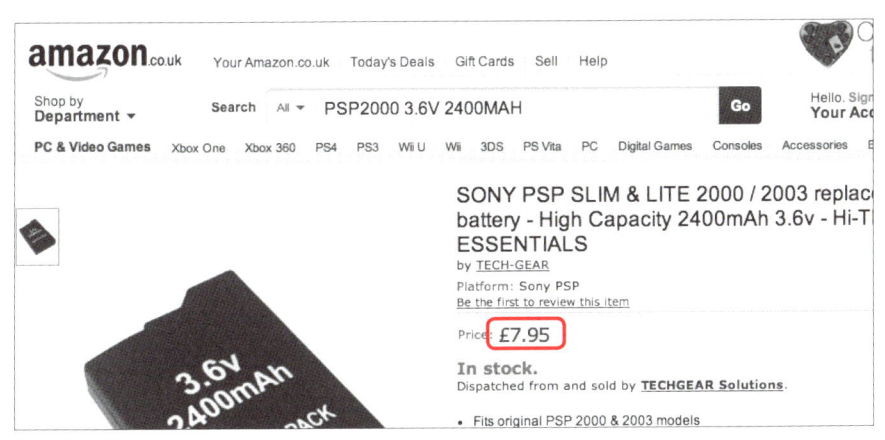

▲ 同じ商品のAmazon.uk（イギリス）での値段です。日本円に換算すると£7.95=1,327円になります（£1=167円の場合）。

Section 88

中国製品を欧米に売る方法①
(仕入れ編)

| 基本 | 準備 | 無在庫販売 | FBA販売 | リサーチ | 仕入れ | **輸出戦略** | トラブル対処 |

中国製品を仕入れる

　前のセクションの最後に「中国製品を欧米に販売しましょう」というお話をしました。そこでこのセクションでは、実際にどのように中国製品を仕入れて、世界へ向けて販売していけばよいのかについて解説していきます。中国製品の仕入れには、大きく分けて以下の4つの方法があります。

● 中国国外に商品を直送してくれるサイトで仕入れる

　日本を含めた中国国外に、中国製品を直接発送してくれるサイトがあります。こうしたサイトは英語で作られており、クレジットカードでの決済も可能なので、海外のAmazonなどから商品を購入する時と比べ、それほど違いはなく仕入れができるはずです。仕入れた商品は、アリエクスプレスのセラーから、商品を購入してくれたバイヤーや欧米の転送パートナーに直送してもらうとよいでしょう。

● アリエクスプレス (AliExpress)
　参照URL　http://www.aliexpress.com/

● 中国仕入れパートナー経由で、中国の小売・卸サイトなどで商品を仕入れてもらう

　中国に日本語の話せる仕入れパートナーを見つけて、中国国内向けの小売や卸サイトで商品を仕入れてもらい、そこからバイヤーや欧米のパートナーに商品を送ってもらう方法です。

● タオバオ (taobao)
　参照URL　http://www.taobao.com/

● アリババ (Alibaba)
　参照URL　http://www.alibaba.com/

これらのサイトで商品を仕入れようとした時、決済が中国元でしかできなかったり、中国国外に商品を送ってくれなかったりするセラーもいます。そのため、いったん中国の仕入れパートナーを経由して商品を仕入れるこの方法は、非常に効率的です。また、この手法を取れば、いろいろなセラーから仕入れた商品を一箇所にまとめて発送することができるので、送料の節約も可能です。さらに、仕入れパートナーにセラーとの値引き交渉を任せることで、中国語しかできないセラーとの交渉も可能になります。

中国の仕入れパートナーを探すには、上記のタオバオやアリババのセラーに「買い付けを代行してくれませんか？」と直接問い合わせたり、クラウドワークスなど日本のSOHOサイトで「日本語を話せる中国在住の方限定」などとして募集をかけたりするとよいでしょう。

● 現地の市場（問屋街）で買い付けをする

中国には、義烏、深セン、広州などさまざまな市場があり、数多くの商品が販売されています。市場の近くに住んでいる仕入れパートナーを見つけて、直接市場で商品を買い付けてもらうのもよいでしょう。さらに自分で現地の市場を回れば、ネットでのリサーチだけでは見えてこなかった、思いも寄らないお宝商品が見つかる可能性もあります。タオバオやアリババなどのサイトで販売しているセラーの中には、これらの市場で買い付けして、商品を販売しているケースもあります。

● 工場から直接商品を買い付ける

現地の市場に出店している店の中には、自社の工場を持っている店と、ほかの工場から商品を買い付けして販売している店があります。自社の工場を持っている店の場合は、市場での交渉次第で大きな値引きをしてくれる場合もありますが、ほかの工場から仕入れて販売している店に関しては、値引きできる金額の範囲が決まっています。そこで、商品を生産している工場に直接話をして、市場の店が仕入れている価格に近い金額で商品を仕入れてみましょう。仕入れをより上流から行うのは、物販ビジネスの基本です。現地の仕入れパートナーと一緒に、ぜひチャレンジしてみてください。

アメリカなどへ直送してくれる小売サイトから仕入れる	中国国内向けの小売や卸サイトから仕入れる	中国現地の問屋街から仕入れる	中国の工場から直接仕入れる
仕入れ値 高			安
難易度 低			高
ロット 少			多

Section 89 中国製品を欧米に売る方法② (商品選定編)

第7章 ▶▶ さらに一歩進んだAmazon輸出戦略

| 基本 | 準備 | 無在庫販売 | FBA販売 | リサーチ | 仕入れ | 輸出戦略 | トラブル対処 |

商品の選定を行う

　中国からの商品仕入れの方法が理解できたところで、次はどのような商品を販売していけばよいか、「商品選定」の方法についてお話ししていきます。

●「和」テイストの商品

　和のテイストをあしらった、いわゆる和風の商品は海外でも人気が高いです。これらの商品は中国で生産されていることも多いので、取り扱ってみるとよいでしょう。
　実はこうした商品は、日本人ではなく、アメリカのセラーやメーカーが取り扱っていることも多かったりします。日本の文化をアメリカ人がアメリカ人向けに販売しているというわけです。アメリカセラーのビジネスセンスに感心する一方で、日本人としては少しくやしい気分にもなります。

▲ ジャパニーズカルチャーは、人気の高い分野です。

● 日本で販売されている中国製品を参考にする

　日本では、さまざまな中国製品が販売されています。それらを参考に、中国から商品を仕入れて、欧米で販売していきましょう。

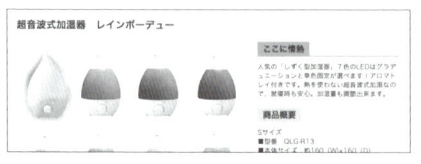

▲ 少し探せば中国製品はたくさん見つかります。

一般の小売店にもたくさんのヒントが転がっているので、買い物に行ったついでなどに、その商品がどこの国で生産されているのかをチェックしてみるとよいでしょう。

● ダイソー
参照URL http://www.daisojapan.com/

● ドン・キホーテ
参照URL http://www.donki.com/j-kakaku/index.php?&pr=j

● 東急ハンズ
参照URL https://hands.net/

　いきなり中国から商品を仕入れるのは敷居が高いと感じる場合は、日本の小売店で中国製品を購入し、出品してみることで、アクセスや売れ行きをチェックするとよいでしょう。いわゆるテストマーケティングです。この時は、商品単体で利益を得ようと考える必要はありません。自分が長期的にその商品をどのように仕入れて販売していくかを考えて、リサーチと出品を行います。

　中国からの商品仕入れのコツは、「ニーズをつかむ」ことにあります。バイヤーはブランド名などで商品を探しにきているわけではなく、「性能」「カラー」「サイズ」「価格」などを気にしています。同じような性能やデザインの商品が、同程度の価格帯で販売されていれば、売れる可能性は高くなるというわけです。

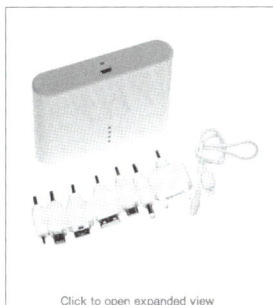

◀ バイヤーは「12,000mAh」の「mobile battery」を求めています。

● **オリジナル商品の作成**

　小売サイトや市場で商品を購入してそのまま販売するのもよいですが、最終的には工場に依頼して、オリジナルのデザインや仕様の商品を取り扱ってみるのも面白いです。自分のアイデアを商品化して、世界に向けて販売していくのは、中国仕入れの醍醐味の1つでもあります。

Section 90

第7章 ▶▶ さらに一歩進んだAmazon輸出戦略

30分で海外ネットショップを出店してみよう

| 基本 | 準備 | 無在庫販売 | FBA販売 | リサーチ | 仕入れ | **輸出戦略** | トラブル対処 |

Weeblyでネットショップを展開する

　Amazonでの販売が軌道に乗ってきたら、海外向けのネットショップを作成してみましょう。Amazon内での取引だけでは、常に価格競争に頭を悩ませることになります。独自のネットショップを出店し、自分だけのバイヤーを増やしていってください。ここでは実際に、Weeblyという無料のサイト作成サービスを使って、ネットショップを作っていきましょう。Weeblyは海外のサービスでありながら日本語に対応しており、ドラッグ＆ドロップで視覚的にネットショップをデザインしていくことができます。また、WeeblyのショッピングカートにPayPalアカウントを同期させることで、PayPal決済での注文を受けることが可能になります。

　まずはアカウントを作成し、ログインしましょう。Facebookアカウントでも登録することが可能です。

　あなたもぜひオリジナルのネットショップを立ち上げて、輸出ビジネスをさらに楽しんでください。

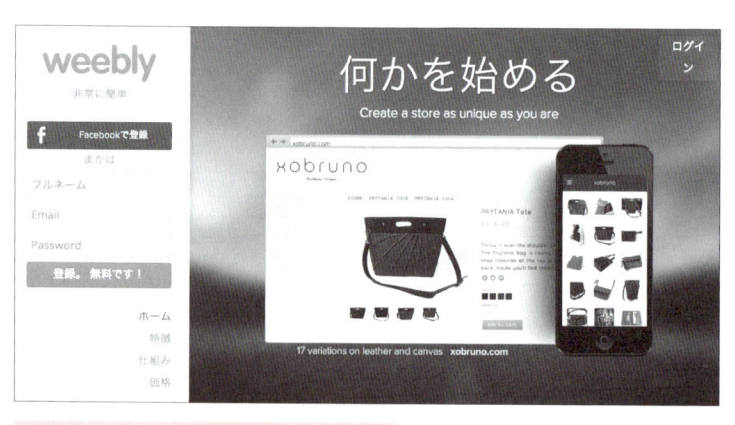

● Weebly
参照 URL http://www.weebly.com/

❶ アカウント作成後に、Weebly にログインすると、どのスタイルのサイトを作成するかを選択する画面が表示されます。ネットショップを作る場合は＜ストア＞をクリックします。

❷ 次に、ネットショップのデザインを選択します。

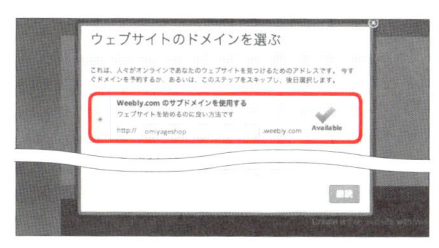

❸ ドメインを指定しましょう。最初は「Weebly.com のサブドメインを使用する」で問題ありません。

❹ ＜サイトを作成する＞をクリックすると、サイトが完成します。

❺ 次は商品を登録してみましょう。＜製品を追加＞をクリックします。

❻ 商品タイトル、商品説明、画像、価格などを入力し、＜製品保存＞をクリックします。

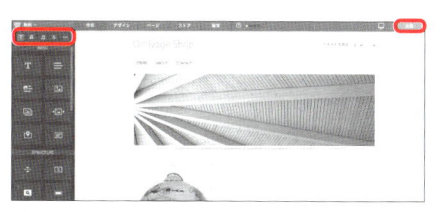

❼ ネットショップにテキストや画像、問い合わせフォームなどを埋め組む作業も簡単に行えます。ドラッグ＆ドロップで自由にショップのカスタマイズを楽しみましょう。編集や商品の登録が終わったら、＜公開＞ボタンをクリックし、ショップへ反映させてください。

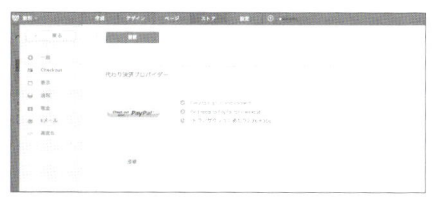

❽ PayPal アカウントの同期は「ストア」→「check out」から行います。すでに PayPal アカウントをお持ちであれば、メールアドレスと決済通貨の登録をするだけで完了です。

第7章 さらに一歩進んだ Amazon 輸出戦略

輸出戦略

205

Section 91
まだ埋もれているお宝商品を発掘して販売する方法

| 基本 | 準備 | 無在庫販売 | FBA販売 | リサーチ | 仕入れ | **輸出戦略** | トラブル対処 |

Amazonでまだ取り扱っていない商品とは？

　日本のネットショップなどで販売されていて、海外のAmazonでは販売されていない商品は、星の数ほど存在しています。それらの商品を海外のAmazonに登録し、収益を上げていくことについて考えていきましょう。

　ここでは特に、日本の工芸品や地域特産品、中小の日本メーカーが生産している商品などを取り扱っていくことを例に解説します。これらの商品は、日本のAmazonでも販売されていないものが多く、ほかのセラーに仕入れ先が見つかりにくいというメリットがあります。中小メーカーなどは商品の販売先を拡大したいと思っているところも多く、良好な関係を築くことができれば、独占的に商品を卸してもらえる可能性もあるでしょう。また、Amazonを通じて、世界的にはまだ埋もれていた日本製品の魅力を発信していくことで、単純な転売ビジネスとは一味違うやりがいを感じることもできると思います。

　このスタイルの販売を展開していくと、生産者側は、私たちが海外に販路を広げることを喜んでくれ、私たちも安定したビジネスを構築していくことができます。

　まずは、Googleを使って出品する商品を探していきましょう。「工芸品」、「みやげ」などのキーワードに地域名をプラスして検索してみてください。

◀ 検索上位の商品は、すでにAmazonで販売されている可能性が高いです。

この時、1ページ目から順番に見ていってもよいのですが、検索結果で上位表示されているショップというのは、「インターネット販売に強いショップ」です。そのため、すでに Amazon や楽天などに出店している可能性があります。仕入れ先、生産元と良好な関係を築きたいと思った場合は、お互いの足りないところを補い合えることがベストです。そのため、検索上位に表示されていないショップや、「サイトのデザインがいまいちかな」と思うショップを積極的に調べていくと面白いでしょう。

検索結果には、サイト上では商品を販売せずに、店舗で販売している商品を紹介しているだけのショップも数多くヒットします。これらのショップには電話やメールで「商品の発送をしてくれるか」「継続的に取引できないか」といった形で問い合わせてみましょう。反対に、こうした交渉をしたくないので、通販しているショップに絞って検索をしたいという場合は、検索キーワードに「通販」「販売」などを加えると効率的です。

販売してみたい商品が見つかったら、日本の Amazon に出品されているかどうかを検索してみましょう。

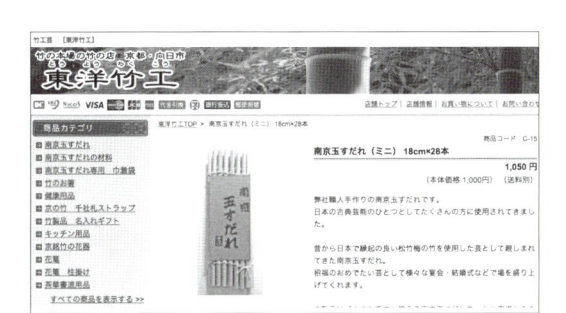

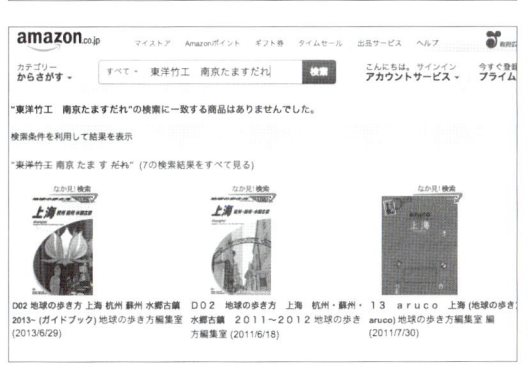

◀ 販売できそうな商品が見つかったら、Amazon で検索してみましょう。

日本の Amazon でまだ販売されていない商品であれば、海外 Amazon での取扱いを検討してみましょう。場合によっては、「日本の Amazon や楽天での販売も代行させてくれませんか？」と提案してみるのも面白いでしょう。

Section 92

第7章 ▶▶ さらに一歩進んだAmazon輸出戦略

リバース輸出

基本 | 準備 | 無在庫販売 | FBA販売 | リサーチ | 仕入れ | **輸出戦略** | トラブル対処

並行輸入品を検索する

　私たちが、海外のAmazonで日本の製品を販売しているのと同じように、日本のAmazonで海外の製品を販売しているセラーもいます。輸出の場合は、手数料や送料などを含めた価格が「日本＜海外」となっていれば利益が出ますが、輸入の場合は「海外＜日本」となっていればよいというわけです。これらの商品は、日本のAmazonで「並行輸入」というキーワードで検索するとたくさん出てきます。

◀ まずは、日本のAmazonでどんな並行輸入品があるか見てみましょう。

　こうした商品を1つずつ海外のAmazonで検索して価格差を調べれば、これまでお伝えしてきた手法と同じやり方で「Amazon輸入」ができます。

▲ 日本で並行輸入されているこの商品は、ランキングの人気も高いので海外のAmazonでチェックしてみると……。

◀ 海外のAmazonでは、日本の半額程度で販売されていました。

このように海外から商品を仕入れて、日本で販売することで利益を得られる商品はたくさん見つかります。Amazon 輸入は、Amazon 輸出と逆の手順を行えばよいので、興味のある方はぜひ実践してみてください。

● 価格差が逆転している商品を探す

ここでは少し視点を変えて、日本にすでに輸入されている商品を使って利益を出せないかを考えていきましょう。というのも、実は輸入商品の中には、日本と海外の価格差が逆転してしまっている商品があるからです。

例えば、「並行輸入」というキーワードで検索したこちらの商品の価格をアメリカの Amazon と比較すると、次のようになっています。

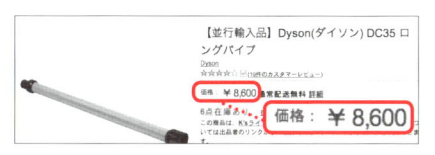

▲ 並行輸入にも関わらず、海外の Amazon の方が価格が高い商品です。

こうした商品が出てくる理由は、

- 仕入れたあとに相場が崩れてしまったため、赤字で売り切ろうとしている
- 海外で新しいモデルが発売され、旧型のモデルの在庫が日本にしかない
- 一時的な在庫切れや相場の歪みで価格差が逆転している

などさまざまです。

こうした価格差の逆転現象は短期的なものも多く、その時の流行、市場の在庫、相場の変動を考えて仕入れるスタイルになります。感覚的には、国内の小売店やネットショップから商品を仕入れて、国内の Amazon やヤフオクで販売する、「せどり」と呼ばれる手法に似ています。仕入れをするにはある程度の知識や経験が必要になってきますが、思わぬ利益の出る商品も見つかりますので、輸出のリサーチついでに価格差をチェックしてみるのも面白いでしょう。

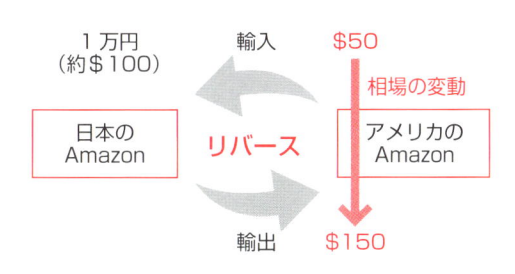

Section 93

海外せどり

| 基本 | 準備 | 無在庫販売 | FBA販売 | リサーチ | 仕入れ | **輸出戦略** | トラブル対処 |

海外せどりの手法を理解する

　先ほどのセクションでは、一度日本に輸入された商品を再度海外で販売する「リバース輸出」について解説をしました。リバース輸出を行うことで、商品仕入れの幅はグッと広がります。ここでは、リバース輸出をさらに一歩発展させた「海外せどり」の手法について解説していきます。以下の商品は、もともとアメリカから日本に輸入されてきた商品です。

◀ 商品のEANコードをチェックして、「49」「45」以外で始まっているものを探しましょう。

　その商品が輸入品なのか、日本の製品なのかは、EANコードをチェックすることである程度判別できます。EANコードは国際的な商品の識別コードの規格の1つで、日本ではJANコードと呼ばれています。EAN（JAN）コードの頭2文字は「国コード」と呼ばれ、商品の流通先の国を表しており、日本の国コードは49もしくは45となっています。つまり、商品のEAN（JAN）コードが49、45以外で始まっていれば、「その商品は日本国外からの輸入品である可能性が高い」ということになります。

　それでは、先ほどの商品のEAN（JAN）コードを確認してみましょう。「マーケットプレイスに出品」のボタンをクリックすると、次のような画面に移動します。

　JAN/EANのところを見ると、この商品は06で始まっていることがわかります。06は北米での流通商品に付与される国コードなので、この商品の仕入れ先はアメリカもしくはカナダではないかと予想できます。

◀ 日本のEANコード「45」「49」以外で始まっているものを探しましょう。国コードの代表的なものとしては、00～09の北米、10～13のアメリカ、カナダ、30～37のフランス、40～43・440のドイツ、50のイギリス、69の中国、などがあります。

次に、この商品のアメリカAmazonでの価格を調べてみましょう。すると、北米流通の商品にも関わらず、日本の方が安くなっているので、「リバース輸出」が成立する可能性があります。

◀ アメリカのAmazonでは$61で販売されていることがわかります。

　このまま商品を仕入れてもよいのですが、ここでさらに思考を展開させていきましょう。この商品が、もともと北米で販売されていたのであれば、北米から仕入れられれば一番安い可能性があるのではないでしょうか？　商品名をコピーして、Googleで検索してみましょう。

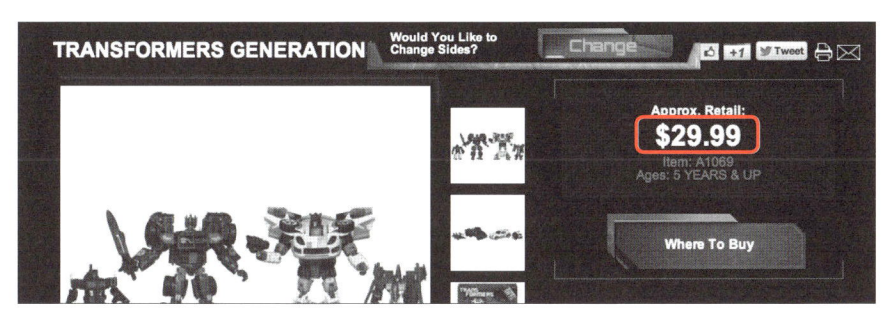

▲ メーカーサイトの小売価格も見つかります。

　おそらく、アメリカ国内での流通量が少なくなってきたため、アメリカAmazonでの相場が上昇したのでしょう。こうした商品の在庫がeBayやアメリカのほかのネットショップに存在していて、表示の価格で仕入れることができれば、日本で商品を仕入れるよりも大きな利益を出すことが可能になります。ネットショップなどでは、表示上在庫が「0」になっていても、在庫を持っている可能性があります。メールなどで問い合わせてみるとよいでしょう。仕入れ先が見つかったら、アメリカの転送パートナー宛に荷物を送ってもらい、そのままアメリカAmazonのFBA倉庫に納品してしまいましょう。

Section 94

第7章 ▶▶ さらに一歩進んだAmazon輸出戦略

パラレル販売で
リサーチ効率をアップさせよう

| 基本 | 準備 | 無在庫販売 | FBA販売 | リサーチ | 仕入れ | **輸出戦略** | トラブル対処 |

ほかの国で販売実績のある商品を調べる

　本書では、アメリカのAmazonで商品を販売していくことを中心にお話ししてきました。しかし、せっかくリサーチした商品をアメリカのAmazonだけで販売するのは、少しもったいないと感じるかもしれません。そこで、リサーチした商品をアメリカ以外のAmazonでも並行してパラレル販売していくことを考えましょう。

　2014年現在、Amazon.comがアメリカ国外でサイトを運営している国は、12カ国あります。その中でも、イギリス（amazon.co.uk）、フランス（amazon.fr）、ドイツ（amazon.de）、カナダ（amazon.ca）の4カ国での販売は、比較的スムーズに始めることができますので、同じようにアカウントを作成して商品を出品していきましょう。

　Amazon世界価格比較ツール「Amadiff.com」（Sec.72参照）を活用することで、Amazon.com以外での販売価格やランキングがひと目でわかります。ほかの国でも売れ行きのよさそうな商品があれば、積極的に出品していきましょう。

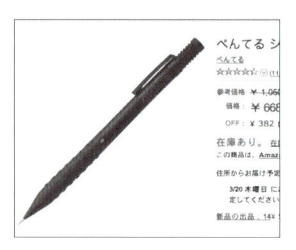

◀ イギリス、カナダ、ドイツ、フランスなどで販売実績がある商品です。

　また、Amazon.comではすでに売れている実績があるのに、イギリスなどほかの国のAmazonに出品されていない商品も数多く見つかるはずです。それらの商品を新規登録することで、先行者利益を得られる可能性もあります。ただし、「Amadiff.com」では、実際には出品されているのに、データが取得できていないケースも多いので、出品する前にはASINコードなどで検索し、各サイトで商品が出品されていないことをしっかりと確認するようにしてください。

JPY (1USD = 98.6193)	.co.jp	.com	.co.uk	.ca	.de	.fr	.it	.es	.cn
Amazon	269	1763		2079			2703		
New	269	986		1950			2478		
Used									
Rank	14447	137330					84967		

▲ アメリカでの販売実績はありますが、イギリス、ドイツ、フランスなどでは出品されていない可能性があります。

● ヨーロッパ圏やカナダで販売する際の注意点

　ヨーロッパ圏やカナダのAmazon販売で注意しなくてはいけないのが、VATと呼ばれる付加価値税や関税が、アメリカと比較するとかなり高いという点です。これらの税金は商品の受け取り時に支払いが発生する可能性があるので、基本的には無在庫販売の場合はバイヤーが、FBA販売をする時は現地の荷受パートナーが支払うことになります。しかし、Amazonヨーロッパの規約では、VATなどの費用は商品代金に含めて販売しなければいけないと言われています。FBA販売の場合は、費用を立て替えてくれた荷受パートナーに支払えば問題ありませんが、無在庫販売の場合は、すべてのバイヤーに対してかかった費用の返金をすることは、実質的にはなかなか難しいでしょう。

　規約的にはNGですが、バイヤーから返金要求があった時のみVATや関税の返金をしているセラーもいるようです。ここはセラーの判断によりますが、無在庫販売はせずに、FBA販売のみに取り組むというのも1つの戦略ではないでしょうか。

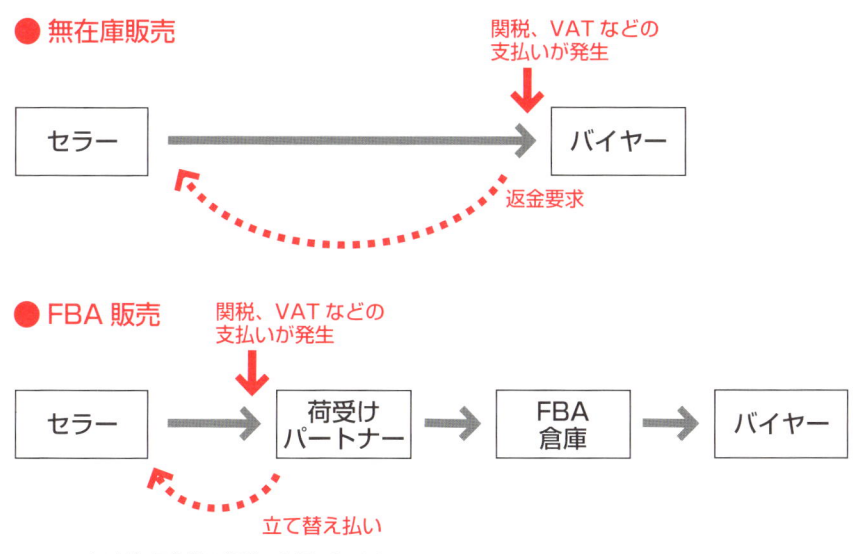

● 無在庫販売

セラー → バイヤー（関税、VATなどの支払いが発生）
←‥‥‥ 返金要求

● FBA販売

セラー → 荷受けパートナー（関税、VATなどの支払いが発生）→ FBA倉庫 → バイヤー
←‥‥‥ 立て替え払い

▲ VATによる付加価値税や関税は高額になります。

Section 95

第7章 ▶▶ さらに一歩進んだAmazon輸出戦略

外注やスタッフを雇うタイミングは
いつがよいのか？

| 基本 | 準備 | 無在庫販売 | FBA販売 | リサーチ | 仕入れ | **輸出戦略** | トラブル対処 |

外部の人手を借りる

　このセクションでは、作業を外注化する（スタッフを雇う）タイミングについてお話ししていきます。これは昨年私が、日本各地で行っていた日本郵便主催の国際郵便セミナーの質疑応答やアンケートで、もっともたくさんもらった質問のうちの1つになります。

　作業の外注化に関しては、輸出販売が軌道に乗り始め、ある程度の収益が安定的に生み出せるようになると、必ず考えるテーマです。そして外注化のタイミングをいつにするかというのは、輸出販売で利益を上げていくために、とても大切なポイントです。

　外注化には、大きく分けて2つのタイミングがあります。それぞれどのようなメリットがあるのかを見ていきましょう。

● 一人で作業できる限界まで売上を伸ばしてから外注化する

　1つ目は、すべての作業を、自分一人の時間の限界まで行っていき、一人でこなしきれなくなってから外注化を行うという方法です。このやり方だと、外注費の支払いがしばらくの期間発生しないので、利益を最大限手元に残せます。在庫販売を伴う物販は投資的に資金を回転させる必要があるので、手元に利益をたくさん残した方が、売上の成長スピードは上がります。

　また、SOHOに作業を教える時間、仕事の品質を管理する時間、外注費の支払いや請求書のチェックにかかる時間などもギリギリまで発生しないので、ビジネス成長の瞬発力は高くなります。月の利益で100万円くらいまでのところであれば、外注を使わずに一人でも十分利益を出していけるでしょう。

100万円の資金を1ヶ月で1.2倍にできるとして……

外注費ゼロの場合

100万円 → 1ヶ月後 120万円 → 2ヶ月後 144万円 → 3ヶ月後 172.8万円 →手元の資金は少しずつ増えていく

外注費20万円/月の場合

100万円 → 1ヶ月後 120万円（-外注費20万円）→ 1ヶ月後 120万円（-外注費20万円）→ 1ヶ月後 120万円（-外注費20万円）→手元の資金は増えていかない

● 売上が少しずつ伸びてきたら、なるべく早い段階で外注化を進める

2つ目は、月の利益で20万円くらい稼げるようになってきたら、早い段階で少しずつ仕事を外注に出してしまうというやり方です。早い段階で、マニュアルを作成したり、SOHOを面接したりするのに時間を取られるので、一時的に売上の伸びがストップしてヤキモキするかもしれません。しかし、私の意見としては、前述した一人で行うやり方よりもこちらの方法をおすすめします。と言うのも、長い期間で見ると、早めに外注化を進めた方がビジネス成長のスピードが加速するからです。

また、単純作業を外注に任せることで自分はより生産的な仕事に時間を使ったり、新しいビジネスのアイデアを考えたりすることができるようになります。

それから、「自分がやった分だけ収入が伸びていく」という状態は、一見するとよいように思えますが、反面「仕事を休むと収入がストップする」ので、休むことに対して恐怖心が生まれるようになる場合があります。

自分の仕事量で収入が増減する状態ではなく、外注の人数を調整することで収入をコントロールできる状態に持っていけた方が、精神的にもリラックスした状態でビジネスを成長させていくことができるのです。

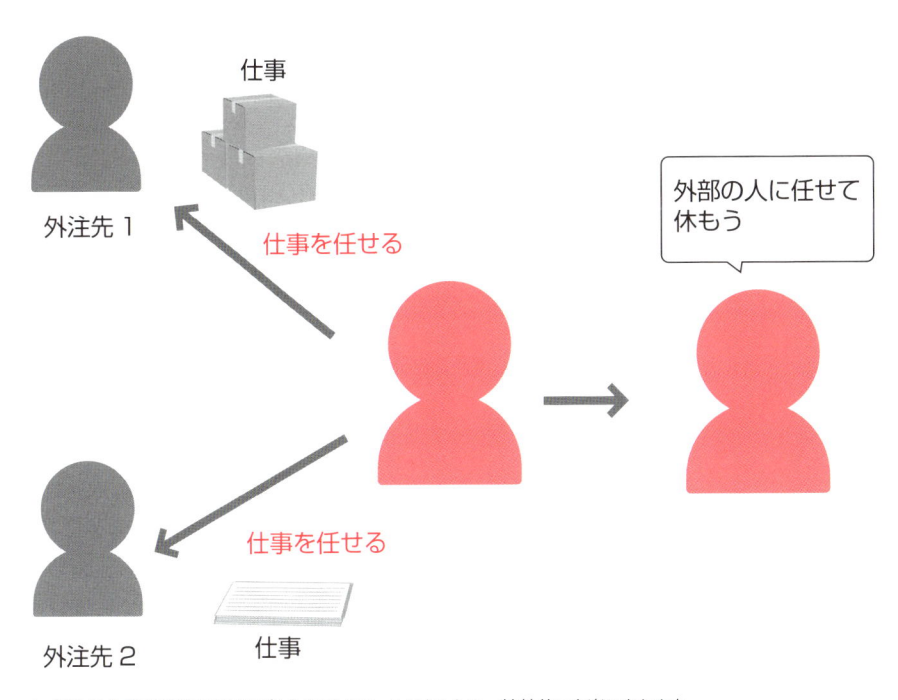

▲ 外注の人数を調整することで収入をコントロールできるため、精神的にも楽になれます。

Section 96
効率よく仕組化を行うために気を付けるべきポイント

| 基本 | 準備 | 無在庫販売 | FBA販売 | リサーチ | 仕入れ | **輸出戦略** | トラブル対処 |

効率よく仕事を進めるために仕組みを作る

このセクションでは、SOHOやスタッフに仕事を任せ、Amazon輸出ビジネスを仕組化していくにあたって、気を付けるべきポイントについてお話ししていきます。効率的に仕組化していくには、以下の流れを意識して作業を任せてみましょう。

● 自分がやっている作業の全工程を書き出す

リサーチ、商品登録、価格改定、受注処理、梱包など、作業ごとに工程表を作って、何気なくやっていた業務の可視化をしましょう。

● できる限り作業のスリム化（効率化）をする

作業を可視化することで、重複している工程、入れ替えた方がよい工程、もっとスピーディに作業ができる方法などが見えてきます。そのほか、細かいところで言えば右クリックを使った方がよいのか、ショートカットキーを使った方がよいのか、といったところまで作業をスリム化しましょう。

● 作業にランクを付けて、依頼する作業を見つけ出す

工程表を見ながら、自分でやる必要がある作業（A）、仕事を覚えてもらうのに少し時間がかかる作業（B）、すぐに依頼できる作業（C）などといった感じで、作業にランク付けをしましょう。その中から、次に依頼する作業を選択して、どのような人材がほしいかを一緒に書き出すと、人材募集の時にも役立ちます。

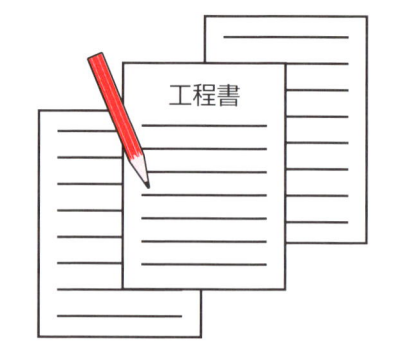

● **マニュアルに落とし込む**

　依頼する作業が決まったら、動画やpdfなどのマニュアルを作成しましょう。動画マニュアルの方が視覚的でわかりやすいのでおすすめです。動画マニュアルの作成は、慣れてくればpdfで作成するよりも時間がかかりませんし、日本語のできない海外のSOHOにも作業を伝えやすいです。動画作成ソフトは「Windows動画 キャプチャ」などのキーワードで検索すると、無料のものがいろいろと出てくるので、使いやすいものを利用してください。Macの場合は、無料のQuickTime Playerを使うとよいでしょう。

● **しっかりと教育する**

　マニュアルで作業の流れを伝えたら、不明点などがないかを確認して、本当にマニュアルに沿って作業できているかをチェックします。自己流にアレンジして作業をされてしまうと、あとあと「どうしてこんなに時間がかかるんだろう……？」と悩む原因にもなります。

● **継続的にコミュニケーションを取る**

　仕事を任せたら、そのまま放置するのではなく、定期的にコミュニケーションを取って、お互いにとってよい関係性を維持しましょう。人は無関心にされると、モチベーションが下がってきたり、なまけ心が生まれたりする場合があります。そして、同じ人に長く働いてもらえれば、仕事を教える手間が省けたり、働いている人のスキルや意識の向上で、思わぬところで助けてもらえたりすることがあります。

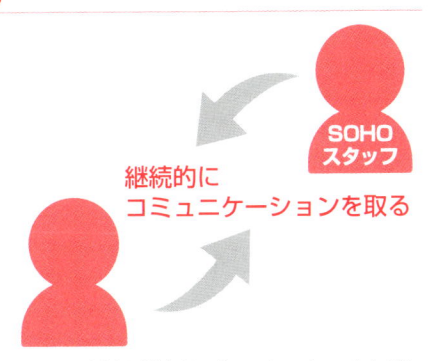

▲よい関係性を維持すれば、モチベーションも上がり、仕事の効率もアップします。

　以上のことに注意しながら、効率よく仕組化を進めていきましょう。

Section 97
失敗しないための、海外現地パートナーとの関係構築方法

第7章 ▶▶ さらに一歩進んだAmazon輸出戦略

| 基本 | 準備 | 無在庫販売 | FBA販売 | リサーチ | 仕入れ | **輸出戦略** | トラブル対処 |

海外 SOHO について理解すべきこと

　信頼できる、海外現地代行会社や海外 SOHO の存在は、あなたの輸出ビジネスを大きく発展させてくれます。しかし逆に言えば、彼らとのパートナーシップがうまく築けなければ、ビジネスをスムーズに発展させていくことはなかなか難しいでしょう。
　ここでは、海外に住む現地パートナーと良好な関係を作っていくための方法についてお話していきます。

● 仕事の価値観の違いを理解する

　日本人の行う仕事は丁寧で、細かいところまで気が回ります。また、日本人は仕事熱心な人が多く、「私生活より仕事が優先」という考え方が美徳とされている傾向にあります。しかし、日本人のそういった感覚は、実は世界標準ではありません。海外パートナーの持っている、国民性や仕事観を理解しましょう。特に「お金を稼いで、家族と幸せに暮らすために働いている」と考えている人たちに、日本人と同じようなクオリティの働きぶりを求めてしまうと、それがストレスとなり、結果的にあなたのもとを離れていってしまう可能性があります。そうなってしまった場合、その人が能力の高い優れた人材であればダメージは大きいですね。
　そのため、いきなり最初から 100% の仕事をしていただこうと思うのではなく、「50% くらいできたらまあ御の字か」くらいの気持ちで始め、徐々に信頼関係を築いていくとよいでしょう。

● 情報の流出に注意する

　海外 SOHO の中には、同業他社に情報を流したり、自分で同じビジネスを始めたりして、いきなり私たちの競合相手になってしまう人も存在します。さらに、彼らにとっては、それが悪いことだとも思っていなかったりするので、難しいところです。疑い出したらキリがありませんが、最初からこちらの手のうちを明かしすぎない方がよいでしょう。

● 実際に会いに行く

いろいろな人と出会い、仕事をお願いしていくうちに、「この人とは長期的によい関係を作って一緒に発展していきたい」と思う人に出会えるかもしれません。そんな時は、現地まで行って直接本人に会うことをおすすめします。一度会っておくのとおかないのとでは、お互いの信頼の深さがまったく違ってきます。一度対面しておくことで、今までは少し許せなかったことがお互い許せるようになったり、相手のために頑張ろうと思ったりするものです。パートナーの住んでいる地域が、よほど遠いのでなければ、旅行や現地での新しいビジネスの開拓もかねて、思い切って会いに行ってしまいましょう。

● 安定した仕組みを構築する

相手を信じるのはとても大切なことです。しかし、ビジネスにおいては、そのパートナーだけに頼り切っている状態というのはかなりリスクが高いです。一人に頼っていると、そのパートナーが何らかのトラブルで動けなくなった時、あなたのビジネスも止まってしまうことになります。そこから新しくパートナーを見つけようと思ったら、元の状態に戻るまでに、数ヶ月かかってしまうかもしれません。何かあってもすぐにリカバリーができる、安定したビジネスモデルを構築しましょう。

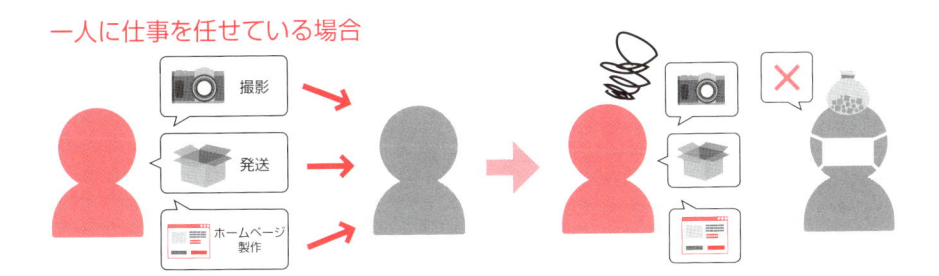

一人に仕事を任せている場合

複数人に仕事を任せている場合

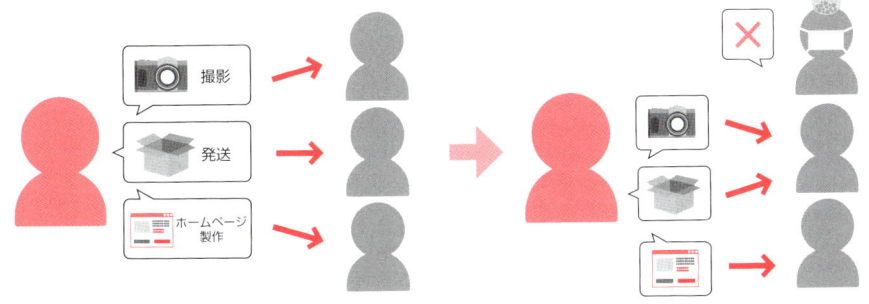

Section 98

Amazon輸出ビジネスで成果を出したあとの展開

[基本] [準備] [無在庫販売] [FBA販売] [リサーチ] [仕入れ] **[輸出戦略]** [トラブル対処]

Amazon輸出ビジネスを大きく展開させる

　Amazon輸出ビジネスで短期間に成果を出したあと、Amazon輸出の周辺ビジネスを中心に、事業を大きく展開させているセラーの方も存在します。Amazon輸出でどのように稼ぎ、ビジネスの基礎を学んだあと、私たちはどこへ向かって行けるのか。その点について、大学院在学中に起業し、起業1年目にして年商2億まで会社を発展させた、貿易起業家のShuheiさんにインタビューを行いましたので、ぜひ参考にしてください。

――**Amazon輸出で短期間に成果を出すために、意識してきたポイントがあれば教えてください。**
　Amazon輸出で成果を出す上で常に考えてきたのが、リサーチ、仕入れ、物流です。

――**リサーチに関してはどのように進めていきましたか？**
　リサーチに関しては、早い段階で専用のツール（「ツクヨミ」）を作りました。1ページずつ商品を見比べる単純作業は無駄な時間だと思ったからです。数千点の商品の中から1品ずつ価格差やランキング、重量、体積、販売者数、在庫数などを比較抽出し、その後商品を選択して利益や利益率をシミュレーションするツールです。開発を重ね、今では一般のユーザーさんにも利用してもらえるようになっています。ツールの性能上ハイエンドユーザー向けで 、Amazon輸出を始めたばかりの人には必要ないかもしれませんが、脱初心者の段階で行き詰まっている人は、ぜひ使ってみてください。

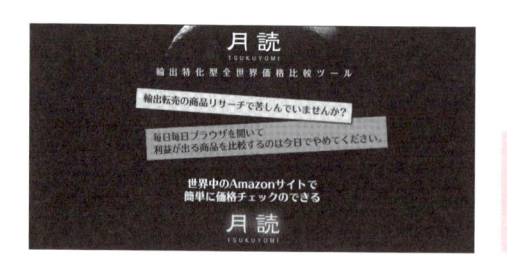

● ツクヨミ
[参照 URL] http://tsukuyomi.jp.net/special/

――仕入れに関して意識した点はどのようなところでしょうか？

私の場合、仕入れは仕事をしていく中で生まれた人脈から卸売りしてもらうことで成り立っています。初心者の場合、まずはネットの卸問屋などから卸元を探すことをおすすめします。条件のよいものであれば、小売価格の半額程度で仕入れることが可能です。

――なるほど、初心者の場合でも積極的に卸元を探した方がよいということですね。では、物流はどうでしょうか？

Amazon FBA への納品に 3 週間近くかかる代行業者、配送業者を使っている人が多いですが、貿易業界では 2 週間もすれば世間のニーズが変化することは常識です。商社は売れるものを見つけたらすぐさま購買を行い、3 日で販売できる状態まで持っていきます。仮にツールなどを使って売れている商品を見つけても、物流まで考えていないと、販売する頃には世間のニーズが微妙に変化しているのと、ライバルが増えていることから、思うように売れないという事態になりがちです。

また、送料や手数料の高い代行業者を使っていては仕入れ原価が上がってしまうので、早さだけでなく、価格ももちろん大切です。スピードと価格の兼ね合いで自分に合った配送方法を選びましょう。一般募集を制限していますが、私の知る限り最安かつ最速の代行会社はこちらです。

● ダイコー@輸出
参照URL http://daiko-yushutsu.com/

――最後に、今取り組んでいるビジネスや、今後取り組んでいこうと思っているビジネスや夢などがあれば、教えていただけますか？

物販以外では、ネットショップ運営時に学んだ SEO・SEM の知識を応用して歯医者や不動産屋、各種イベントの集客を担当することがメインの仕事になっています。ポータルサイトの運営やマッチングサイトの構築なども行っていますが、基本的にコアな部分だけ自分で手を付けて、あとは外注しています。

こうすることで時間のレバレッジが利くので、収入を上積みしやすいです。夢はいろいろありますが、「手離れのよい仕組みづくり」をこれからも行っていくつもりです。ビジネスは夢を叶えるための手段にすぎないと思っています。読者の方もいろいろな夢があると思いますが、その第一歩として輸出ビジネスを始めてみてはいかがでしょうか？

Section 99
送金（両替）のタイミングはどうするべきか？

| 基本 | 準備 | 無在庫販売 | FBA販売 | リサーチ | 仕入れ | **輸出戦略** | トラブル対処 |

送金のタイミングを決める2つの指標

Amazon輸出ビジネスに取り組んでいると、頭を悩ませることの1つとして「送金（両替）をどのタイミングで行うか？」という問題があります。

輸出ビジネスは売上がドルであがりますが、私たちが普段使用している通貨は円です。当たり前のことですが、ドルのままアメリカの銀行口座やペイオニアに資金をためておくと、次の仕入れや自分への給与を支払うための資金が不足してきます。ですので、ドルで上がった売上をどこかのタイミングで円に変える必要があるのですが、いったいどのタイミングで送金をするのがベストでしょうか？

送金のタイミングは、次の2つの指標を基準として、自分の売上高、資金量などを考慮しながら決めていくとよいでしょう。

1. 手数料

アメリカの銀行口座から国際送金をしたり、ペイオニアから資金の引き出しをしたりすると、その都度手数料がかかります。できればこの手数料は節約したいので、送金回数はなるべく減らしたいところです。しかし、送金回数を減らせばそれだけ資金繰りが悪くなってしまいます。そこで、私がおすすめするのは、次のいずれかの方法です。

1. 月の売上と同程度の資金を月に1回送金（両替）する
2. 14日周期でAmazonから支払われる売上と同程度の資金を14日周期で送金（両替）する

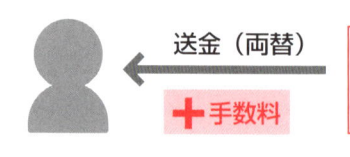

・アメリカの銀行口座
・ペイオニア

◀ 送金するたびに手数料がかかるので、送金回数と資金繰りのバランスが重要です。

2. 為替相場

　為替相場は日々変動しています。なるべく有利な為替の時に送金（両替）をしたいと考えるのが普通です。しかし実は、輸出で得た売上を送金する時にはこの考えは持たない方がよいのです。

　私がこのように考えている根本には、私自身が実際に味わった経験があります。私が本格的にAmazon輸出ビジネスを始めた2012年は、歴史的な円高が続いていました。その頃の為替相場は1ドル=78円ほどで、利益率30%程度を維持していました。また、アメリカの銀行から日本の銀行へ国際送金をする際に、数千円単位の送金手数料が発生するので、Amazonで売り上げたドルでの売上は、日本円の資金が不足してくるまでは基本的にアメリカの銀行口座から送金しないようにしていました。

　ところが、2012年の11月末から日本の政治情勢の変化によって、為替相場が急激に円安に振れ始め、わずか3ヶ月のうちに1ドル=87円ほどになりました。そして、その頃ちょうど日本円の資金が不足してきたので、貯まっていた売上を一度に日本の口座に送金したのです。

　その結果として、1ドル=78円で計算した時に30%ほどだったはずの利益率は、結果的に10%程度上がって、40%以上になりました。「利益率が上がってよかったじゃないか」という声が聞こえて来そうですが、このケースはたまたまラッキーだっただけです。反対に円高に振れて、利益率が減少してしまう可能性もあったということです。

　社会情勢や経済の流れに目を向けていれば、長期的な為替相場の予想はある程度できるかもしれません。しかし、「為替相場を読む」という行為は物販ビジネスの本質とは離れています。さらに、短期的な為替相場の予想はプロのトレーダーでも勝率5割を切ると言われています。1/2の確率なのに、プロでも負け越すのです。ということは、私たち為替の素人は、相場を予想して送金のタイミングを決めるべきではありません。

　というわけで、為替変動が利益率に大きな影響を与えないように、送金のタイミングは為替相場を気にせず「月に1回、毎月5日」などきっちりと決めてしまいましょう。そして、その時点での相場が若干不利であっても、迷わず送金してしまうことをおすすめします。

▲ 短期的な為替変動を予測するのはプロでも困難なので、送金のタイミングを為替相場で決めるべきではありません。

Column

消費税還付を受けよう

　輸出業者は大企業に限らず、仕入れの時にかかった消費税や、輸出事業に関わる業務で支出した経費にかかった消費税の還付を受けることができます。2014年5月の時点で日本の消費税は8%ですので、商品代金が1万円の商品に対して実に800円もの消費税を支払っていることになります。これが還付されれば、利益率は大きく改善されます。実際にAmazonで毎月たくさんの商品を販売し、売上を伸ばしているトップセラーの多くは、消費税の還付を受けている可能性が高いです。商品リサーチをしていると「その価格で売って、本当に利益が出るの？」というセラーをたまに見かけることがあると思います。それらのセラーは特別な仕入れ先を持っていたり、米国法人を設立して国際送金にかかる手数料を減らしたりする以外にも、こうした方法で利益率を高めているのです。そう、「見かけ上は利益が出ていなくても、後日消費税が還付されればその分が利益になる」というわけです。

　消費税還付に関する手続きは、税理士に相談するとよいでしょう。特に、輸出企業の消費税還付手続き経験のある税理士に依頼することをおすすめします。費用に関しては、私の経営する米国法人の場合を例にすると、1回の還付申請で数万円ほどです。消費税は今後10%まで上がることが決まっています。月々の仕入れが50万〜100万円くらいの単位になってきたら、消費税還付についてぜひ検討してみてください。

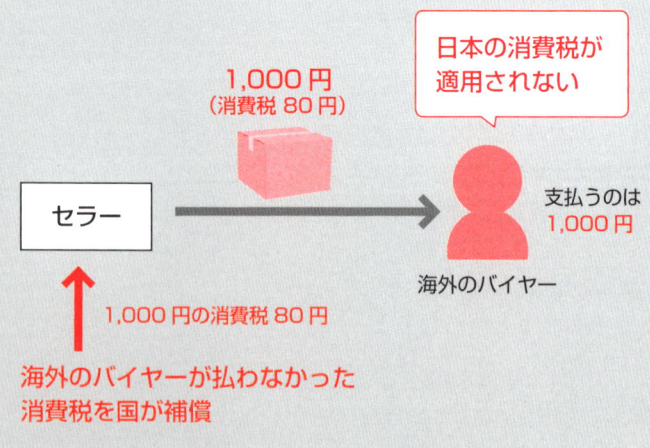

▲ 今後消費税は増税していくので、還付について知っておいて損はないでしょう。

第8章

目標に向かって進んでいこう

- はじめの一歩を踏み出そう ……………… 226
- 目標設定をしよう ………………………… 228
- 将来的にどのようにビジネスに
  関わりたいかを考えておこう …………… 230
- あせらずに、少しずつステージを
  上げていけば大丈夫 ……………………… 232

Section 100

第8章 ▶▶ 目標に向かって進んでいこう

はじめの一歩を踏み出そう

| 基本 | 準備 | 無在庫販売 | FBA販売 | リサーチ | 仕入れ | 輸出戦略 | トラブル対処 |

結果を出すのに必要な要素とは？

　私はこれまで、セミナーやコンサルティングを通じて、たくさんのAmazon輸出実践者の方とお話してきました。そしてもちろん、実践者の方たちの中には「すでに、結果を出せている人」と「まだ、結果を出せていない人」の両方がいます。結果を出せている人と、出せていない人、その2つを分ける違いは、いったいどこにあるのでしょうか？　本編の最後となる、この第8章では、結果を出すために必要な考え方や行動について、考えていきましょう。

　これまで解説してきたように、Amazon輸出はシンプルなビジネスです。価格差のある商品を探して出品し、売れたら商品を発送する、もしくはFBAに納品して売れるのを待つ。基本的には、その作業を繰り返すだけです。時間をかけてリサーチしながら、無在庫の商品を出品していけば、ほとんどの人が利益を出すことはできるでしょう。

　しかし、時間をかければ、ほとんどの人が利益を出せるといっても、最初のうちは毎日2時間の作業を10日間続けたとしても、500円しか稼げないかもしれません。時給に換算するとわずか25円です。場合によってはFBA販売商品の選定に失敗したり、無在庫商品の値付けを間違えたりして、赤字を出してしまう可能性もあるでしょう。時給25円では、普通にアルバイトでもしていた方がましかもしれません。これでは、Amazon輸出はやっぱり稼げないのだと思い、やめていってしまうのも仕方のないことかもしれません。

　しかしここで、結果を出せている人たちの多くは、次のように考える傾向にあります。「利益は少ないけれど、自分の力で稼ぐことができた。それではどうすれば、もっと効率的に稼いでいけるだろうか？」

　まずは、時間がかかってもよいので、また少ない金額でもよいので、海外のAmazonで商品が売れるのだという感覚を掴んでみてください。そのあとに、より効率的に利益を出していく方法を考えて実践していくとよいでしょう。

　スポーツでも勉強でも、最初からいきなり結果を出すのは難しいです。同じように、これまで自分で輸出ビジネスをやってこなかった人が、一気に結果を出そうと思って

も、なかなか思うようにいかないこともあるでしょう。まずは小さくてもよいので、成功体験を味わってください。

「多くの時間をかけて数百円稼げた」

すばらしいと思います。輸出ビジネスの初心者が、0からのはじめの一歩を踏み出せたのですから。単純作業が多いAmazon輸出は、作業を反復すればするほど作業の精度が向上して、利益を出しやすくなります。

商品リサーチを例にあげると、最初は1時間リサーチしても価格差のある商品を1つも見つけられないかもしれません。しかし、リサーチ作業の反復を続けることで、1時間に数個は商品を見つけられるようになってくるでしょう。

このように、リサーチの精度が向上していく原因は、リサーチを繰り返していくうちに、経験や知識がデータとして蓄積されてくるからです。

「こんな商材も海外で売れるのか」「逆に、こんなメーカーの商品は価格競争が起きやすくなっているな」「リサーチ時間の短縮をするために、ここでショートカットキーを使おう」「トップセラーは、こんな売り方を展開しているのか」

商品の発送作業も同じです。最初は、ほとんどの人が国際郵便など送ったこともないでしょう。1つ1つの手順を調べながら発送作業をすることになるので、結果的に1つの商品を発送するのに、30分も1時間もかかってしまうかもしれません。しかし、何度も発送作業を繰り返しているうちに、1つの商品を発送するのに、10分もかからなくなるでしょう。結果をあせらず、あなたなら必ずできると信じて、はじめの一歩を踏み出してみてください。

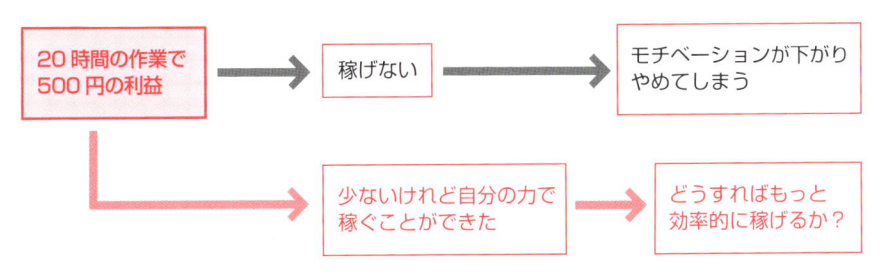

```
20時間の作業で    →  稼げない     →  モチベーションが下がり
500円の利益                          やめてしまう
     ↓
          少ないけれど自分の力で   →  どうすればもっと
          稼ぐことができた            効率的に稼げるか？
```

▲ どうすれば利益を出せるのかを常に考え続けられる姿勢は、Amazon輸出で利益を上げる上でもっとも重要な要素です。

Section **101**　　　　　　　　　　　　　第 8 章 ▶▶ 目標に向かって進んでいこう

目標設定をしよう

| 基本 | 準備 | 無在庫販売 | FBA販売 | リサーチ | 仕入れ | 輸出戦略 | トラブル対処 |

達成したい目標をイメージする

　Amazon 輸出で結果を出すために、まずは達成したい目標を**具体的に****イメージ**してみましょう。あなたは Amazon 輸出ビジネスで、毎月どのくらいの収入を得たいと思っていますか？　月に 10 万円でしょうか？　それとも 50 万円でしょうか？　人によって、思い付いた金額はさまざまだと思います。

　しかし、その前にちょっと立ち止まって、もう少し自分のことを掘り下げて考えてみましょう。目標の収入を設定するのは確かに大切なのですが、その収入を達成したあとの自分をイメージできていないと、目標は**ただの数字**になってしまいます。

　例えば、あなたがサラリーマンとして働いていて「Amazon 輸出で月に 20 万円の副収入を得る」と目標を設定したとしましょう。現在の生活にプラス 20 万円の収入があれば、生活はかなり楽になるということはイメージができると思います。

　ところで、その 20 万円は何のために必要なのでしょうか？

・もう少し広くて快適な部屋に住みたい
・オシャレなレストランで食事をしたい
・家族全員で年に一度は海外旅行に行きたい
・子どもの将来のために貯金をしたい

▲ 具体的なビジョンを設定して、目標に必要な金額を決めましょう。

いろいろな理由があると思います。それでは次に、これらのことを達成するためには、いったいいくらのお金が必要になるのかを考えてみましょう。そのためには、さらに具体的にイメージを膨らませる必要があります。

　「広くて快適な部屋」というのは、どのような間取りで、どのような駅の近くにありますか？　日当りや周囲の環境はどうでしょうか？　イメージができたら、そこに住むにはいくらの家賃がかかるかを、不動産屋に足を運んで調べてみましょう。
　「家族全員で行く海外旅行」は、どこに行ってどのようなホテルに宿泊するのでしょうか？　旅行をするのはどのようなシーズンで、現地ではどのようなことをするのでしょうか？　イメージができたら、旅行会社に相談してみてください。

　このようにすることで、実際に自分が過ごしたい毎日を送るためには、いくらのお金が必要か見えてきます。実は、プラス10万円で足りるかもしれないですし、30万円が必要になってくるかもしれません。
　さらに、具体的にイメージすることは、モチベーションを高く保ち続ける原動力にもなります。数字の上での目標だけを追いかけていると、銀行の残高を増やすことが人生の目標のようになり、仕事をするのが精神的にきつくなってしまう可能性もあります。その部屋に住んだ自分は、どんな感情を抱いているのでしょうか？　旅行に行った時、家族と幸せな時間を過ごせているでしょうか？　イメージしてみてください。
　人によっては副収入と考えずに、独立するためのきっかけとして、最初の20万円を稼ぎたいと思うかもしれません。その場合も同じように、「自分は何のために稼ぐ必要があるのか」をしっかりと考えておくとよいでしょう。

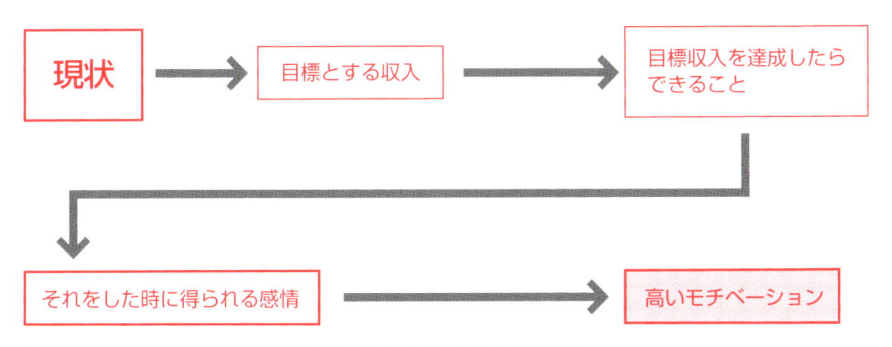

現状　→　目標とする収入　→　目標収入を達成したらできること　→　それをした時に得られる感情　→　高いモチベーション

▲　具体的に目標金額を設定することで、高いモチベーションにつながります。

Section 102
将来的にどのようにビジネスに関わりたいかを考えておこう

| 基本 | 準備 | 無在庫販売 | FBA販売 | リサーチ | 仕入れ | 輸出戦略 | トラブル対処 |

どのようなスタンスでビジネスに関わるかイメージする

　Amazon輸出ビジネスで稼いでいる方の中には、同じ金額を稼ぐのにも、自分ではほとんど何の作業もしない方もいれば、すべての作業を自分一人で行っている方もいます。Amazon輸出をはじめとする物販ビジネスは、梱包や発送、在庫のチェックなどの単純な作業も多いため、「どうしても自分でやらなくてはいけない作業」というのは意外と少ないものです。この「どうしても自分でやらなくてはいけない作業」以外を他人に任せることにより、自分はほとんど時間を使わなくても利益を生み続ける状態を作り出すことも可能です。

　そこで、目標設定をする際には、**将来的に自分がどのようなスタンスでビジネスに関わっていたいか**ということも、はじめに考えておくとよいでしょう。自分がどのようなスタンスでビジネスに関わっていたいのかによって、ビジネスの構築の仕方は大きく変わってきます。

　自分ですべての作業をやっていれば、人間関係のストレスもないですし、誰かを教育する手間も省けます。しかも、働いて稼いだ利益はすべて自分のものになります。一方で、アルバイトを雇ったり外注に仕事を依頼したりすれば、月々の人件費の支払いが発生するので、手元に残る利益は少なくなります。しかし、自分に自由な時間ができるので、その時間を使って新しいビジネスにチャレンジしたり、家族とゆっくり過ごしたりすることも可能です。

　自分一人で働いて、月に100万円を稼いでいる状態と、誰かに作業をお願いして月に50万円を稼いでいる状態。あなたにとってはどちらが幸せでしょうか？　それを、はじめに考えておくとよいでしょう。どちらにしても多くの人は、はじめは自分一人でがむしゃらに働くことになるでしょう。最初のスタートは、それでよいと思います。

　しかし、あなたが将来的に誰かに作業をお願いして、自由な時間を増やしたいと思っているのであれば、少しずつ利益が出てきた時点で、少し立ち止まって考えてみてください。

一人で仕事をやり切る

外注を使う

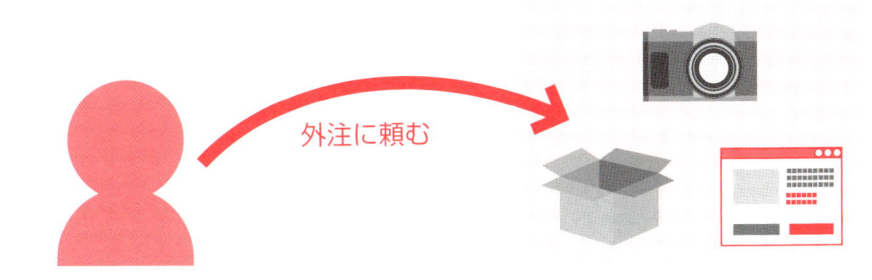

▲ 当然利益に差は出ますが、将来的にどちらの立ち回りがよいか考えてみてください。

　「自分がこの作業をやり続けることで、今手にすることができる利益」と「お金を払って、誰かに仕事を頼むことで、将来得られる自分の時間」は、どちらがよいかを具体的にイメージしてください。そこで、今の利益よりも将来の時間の方が大切だと感じたのであれば、「自分でやれば早い」と思っている作業ほど、外注化や仕組化して誰かに任せるようにしていきましょう。

　そこで「せっかく稼げるようになってきたのに、また利益が減ってしまう……」と感じるかもしれませんが、自分の望んでいる毎日を過ごすために、そこはぐっと我慢してください。仕事を誰かに任せるにしても、事務所を借り従業員を雇ってやっていきたいのか、外注に作業を依頼して自分は身軽な状態でいたいのか、自分にとってどちらの状態が幸せだろうかと考えてみましょう。

　前のセクションでもお話しましたが、Amazon輸出について具体的なイメージを持って取り組む人と、ただ漠然と作業をしている人とでは、当然差ができてしまいます。そのため、早いうちから商品の販売知識だけでなく、ビジネスに関わるスタンスをイメージするとよいでしょう。

Section 103

第8章 ▶▶ 目標に向かって進んでいこう

あせらずに、少しずつステージを上げていけば大丈夫

| 基本 | 準備 | 無在庫販売 | FBA販売 | リサーチ | 仕入れ | 輸出戦略 | トラブル対処 |

日々の作業に目標を落とし込む

　自分の過ごしたい毎日がイメージできて、目標とする月の利益を決めたら、具体的な日々の作業に、目標を落とし込んでいきましょう。Amazon 輸出で、目標とする利益を日々の作業に落とし込むには、リサーチ作業を中心に考えるとよいでしょう。月に 30 万円の利益を出したいのであれば、利益 1,000 円の商品を 300 個販売すればよいのです。もしくは、利益 500 円の商品を 600 個でもよいでしょう。しかし、これではリサーチ作業に目標を落とし込みにくいので、商品の販売個数ではなく、商品の種類で考えていくことにしましょう。

　例えば「月間に 1,000 円の利益を上げてくれる商品を、300 種類集める」といった感じです。月間の利益 1,000 円というのは、200 円の利益×5 個の販売でもよいですし、2ヶ月で 1 個 2,000 円の利益を生んでくれる商品でもよいわけです。このような商品のリストを 300 種類集めれば、数字の上では目標を達成することができます。

🏷 月に 30 万円稼ぎたい場合

月間1,000 円の利益が出る商品リスト

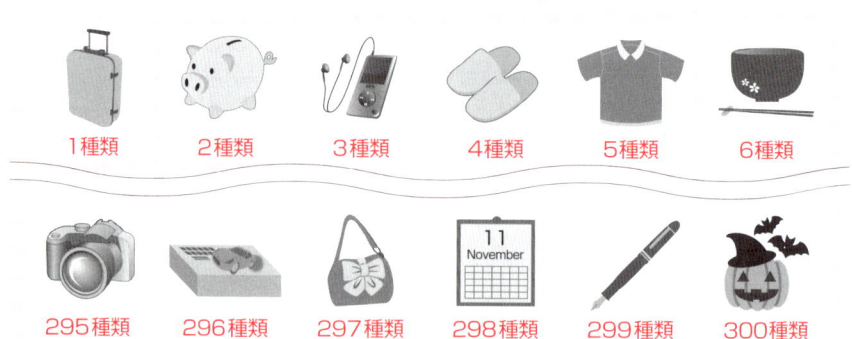

| 1種類 | 2種類 | 3種類 | 4種類 | 5種類 | 6種類 |

| 295種類 | 296種類 | 297種類 | 298種類 | 299種類 | 300種類 |

▲ 目標額を達成できるように商品をリストアップしていきましょう。

次に、自分の現状を把握して、300種類の商品リストを集めるための、**時間配分をしていきましょう**。例えばあなたが、サラリーマンの副業で初心者の状態からAmazon輸出ビジネスを始めたとしましょう。使える時間は、平日は1日2時間、土日はそれぞれ4時間です。ここでは簡易的に1ヶ月を4週間として計算すると、1週間で18時間、1ヶ月で72時間をAmazon輸出ビジネスにあてられる計算になります。

この時間を仮にリサーチだけに使ったとしたら、1ヶ月で目標の300リストを集めるには、1時間あたり約4.2個の商品をリストアップする必要があります。しかし、さすがに最初から、1時間に平均4個の商品を探すのは難しいでしょう。そこで、リサーチ時間を増やすか、目標達成までの期間を伸ばすことにします。平日3時間、土日それぞれ6時間をあてれば、1時間あたり約2.8個の商品を探せばよいことになります。さらに目標達成までの期間を1ヶ月半（6週間）に伸ばせば、1時間あたり1.9個を探せばよい計算になります。

目標達成までの期間と、日々の作業時間が決まったら、あとは、日々決めた目標個数の商品を見つけるために、作業に没頭してください。決まった時間内は、インターネットを見たり、ほかの情報にアクセスしたりすると効率が悪いので、集中して作業していきましょう。

このように目標を立てて進んでも、実際には思ったよりも商品が見つからないこともあります。そうなった場合は、また目標を少しずつ調整して「少し頑張れば日々の目標を到達できるライン」まで落とし込んでいってください。反対にリサーチに慣れてきて、商品が効率的に見つかるようになった場合は、目標を上方修正してみるとよいでしょう。

平日	2時間
休日	4時間

→ 1ヶ月 **72時間**

目標には1時間あたり何個リストアップが必要？

▲ 具体的な目標を決めたら、次は時間に落とし込んでいきましょう。

Column

資金があまりないのですが大丈夫でしょうか？

　Amazon輸出への具体的なイメージが固まってきたあとで、仕入れを行う資金が圧倒的に不足しているということに頭を抱えるかもしれません。

　ですが、基本的には問題ありません。無在庫販売をすれば、商品が売れてから仕入れが発生するので、最初の資金はほとんど必要ないのです。また、FBA販売を行う場合でも、クレジットカードをうまく活用すれば、商品の仕入れにかかった支払いを最大で2ヶ月程度先延ばしにすることも可能です。

　しかし、物販ビジネスにおいては、資金はないよりもあった方が圧倒的に稼ぎやすいです。本編で解説してきたように、商品をまとめ買いして仕入れ値を抑えたり、ロングテールの商品在庫を持ったりすることで、ほかのセラーよりも有利な状況が作り出せるからです。

　それ以外にも、資金があれば長期的なビジネスモデルの構築を早い段階から始められるというメリットもあります。Amazon輸出を始めた早い段階から、外注やツールの開発に資金を投資してきちんとした仕組みを作っておけば、あとあとの成長速度が自分一人の力でコツコツ取り組んだ時よりも圧倒的に早くなります。ということで「資金はなくても利益は出せる、あればより利益が出やすい」と言えます。

　そのため、「銀行や日本政策金融公庫などから融資を受ける」というのも1つの手です。日本では「借金は悪いこと」と思われる傾向にありますが、事業融資と、家や車のローンを同じように考えない方がよいと思います。というのも前者は将来もっと大きな収益を手にするための「投資」に使われるものであるのに対して、後者は「消費」のために使われているからです。ただし、闇雲に融資を受けるのは危険ですので、事業計画をきちんと立てて、銀行の融資窓口や税理士などに相談してみるとよいでしょう。

無在庫販売	→	商品が売れてから仕入れが発生
FBA販売	→	クレジットカードで決済を先延ばし

▲ 資金がなくても、Amazon輸出を行う手段は残されています。

第9章
Amazon個人輸出のこんな時どうする?

Q.税金の申告と支払いは
どうすればよいですか? …………… 236

Q.参入者がたくさん入って来ると
稼げなくなりませんか? …………… 237

Q.Amazonが仕組みを変えたら
稼げなくなりませんか? …………… 238

Q.バイヤーに追加で代金を
請求したいのですが ………………… 238

Q.アカウント審査が入った時はどのように
対処すればよいのでしょうか? …… 240

Q.価格差のある商品がなかなか見つからない
のですが、どうしたらよいでしょうか? 241

Q.基本+αで商品が見つかってきましたが、
もっと効率を上げる方法は
ないのでしょうか? ………………… 243

Q.ASINコードで商品がヒットしなかったの
ですが、どうすればよいでしょうか?… 244

Q.新規登録した商品にアクセスが集まらない
のですが、どうしたらよいでしょうか? … 246

Q.出品しようとすると、エラーが表示される
商品があるのですが…………………… 247

Q.中国から仕入れる商品が本物かどうか
確認することはできますか? ………… 248

Q.海外PL保険とは何でしょうか? ……… 249

もしものために
よくある事例を確認しておこう

　ここからは、私がセミナーの質疑応答でよく受ける質問や、コンサルティングをしている方から実際に相談されたものの中から、事前に知っておいた方がよいと思う内容について解説をしていきます。こちらも本編と同様しっかり読み込んで、ぜひあなたの Amazon 輸出ビジネスに役立てください。

Q. 税金の申告と支払いはどうすればよいですか?

A.海外で得た収入を含め、申告が必要です

　海外で得た収入に対しても、もちろん収入を申告し、税金を支払う義務があります。一般的には、ペイオニアを利用してアメリカ非居住者として Amazon 輸出をされている方は日本で、海外法人を作ってその口座で取引をされている方はアメリカ法人として、申告しているケースが多いようです。

　税務に関する具体的な相談は、専門の税理士さんに問い合わせましょう。できれば、Amazon 輸出ビジネスを行っているクライアントをすでに持っている方か、個人輸出・輸入取引の税務に詳しい方に依頼をするのがおすすめです。何社か同時に相談をしてみて、輸出入ビジネスの税務手続きの経験があるかどうか、どのようなタイプのクライアントがいるのかなどを、可能な範囲で聞いてみるとよいでしょう。下記サイトは、実際に弊社が税務申告を依頼している先の URL になります。

●ベンチャーサポート（日本）
参照 URL　http://www.venture-support.jp/

●フェニックスデール（アメリカ）
参照 URL　http://www.phoenixdale.com/

Q. 参入者がたくさん入って来ると稼げなくなりませんか？

A.新規の参入者に負けないよう、工夫をしましょう

　輸出入に限らず、ビジネス全般において需要と供給のバランスというのは常に意識しなくてはいけないテーマです。第1章でお話ししたように、EC市場全体の規模は成長を続け大きくなっていますが、Amazon輸出への参入者もこの数年で徐々に増加している傾向にあります（もちろん、Amazon輸出をやめていく人もたくさんいます）。

　市場の規模が大きくなるスピードよりも、参入者が増加するスピードの割合が増えてくれば、そのビジネスは徐々に稼ぎにくくなっていくでしょう。

　しかし、その一方で参入者が増えてきても安定して稼ぎ続けられるセラーもたくさん存在しています。ということは「自分が稼ぎ続けられるセラーになってしまえばよい」というわけです。それでは、彼ら「稼ぎ続けられるセラー」と競争に巻き込まれて稼げなくなってしまうセラーとの差は一体何でしょうか？

● 1つ1つの作業を丁寧に積み上げる

　本書ではAmazon輸出の最初の一歩を踏み出して稼いでいくための、さまざまな方法についてアドバイスをしてきました。しかし、それらを1つ1つ実践して、丁寧に積み上げていく人というのは、果たしてどれくらいの割合でいるのでしょうか？

　恐らく大半の人は、本書に書いてあることの半分も実行しないと思います。結果を出せない多くの人が陥る負のスパイラルは、「結果を焦るあまりに、目の前の作業を雑にこなしてしまう」ことによって起こります。この「少しずつの積み重ね」は、気付くと大きな差になっています。

● 同じことをやっているようで、少しずつ進化をしている

　継続して稼ぎ続けられる人というのは、「現状維持」を考えていません。常に「成長」し続けています。テクノロジーは日々進化をし、世界は常に変化している以上、「現状維持」を求めるのは「後退」しているのと同じことです。自分が継続して稼ぎ続けられるビジネスを持ちたいのであれば、常にアンテナを張り、自分自身を次のステップに成長させようという気持ちを持って取り組んでいただきたいと思います。

◀ 現状を維持しようとするのではなく、常に向上心を持って取り組みましょう。

Q. Amazonが仕組みを変えたら稼げなくなりませんか？

A. 半分「Yes」で半分「No」です

　まず、Amazonは世界中のAmazonを統合しようという動きで進んでいるようです。何年後になるかはわかりませんが、そうなってしまえば「日本のAmazonで仕入れて、アメリカのAmazonで転売する」という単純な手法だけでは、稼げなくなる可能性が高いです。

　しかし、その一方でアメリカで仕入れた商品をアメリカのAmazonで売ったり、日本で仕入れた商品を日本のAmazonで売ったりして利益を出しているセラーもいます。そう、価格差というのは、なかなかなくならないものなのです。

　Amazon輸出は「誰にでも小資本から、気軽にスタートできるビジネス」です。「スタートのハードルが低い」というところが、このビジネスの最大のメリットです。そのため、Amazon輸出で稼いだ資金やAmazon輸出を通じて学んだネット通販のスキルを元にして、自分のネットショップを持ったり、ほかの人が真似できないような仕入れ先を開拓したり、実際に店舗を運営してみたり、発送代行などネット通販に関連するほかのビジネスを立ち上げてみたりと、常に変化していくことが大切です。1つの手法にしがみ付いていては、いつか終わりが来ます。常に成長することを忘れずに、学び続けていれば、稼げなくなるなどということはありません。

　そして、最後に精神面の話をさせていただくとすれば、この質問はとてもうしろ向きだと感じます。「いつか稼げなくなるから、今無駄な努力をしない方がいいですよ」と私から言ってほしいのでしょうか？　3年後、5年後に今と同じ手法で稼げなくなるからといって、それは「今Amazon輸出にチャレンジしない」理由にはなりません。

　ご自身の描く将来へ向けて、ぜひ最初の第一歩を踏み出してほしいと思います。

Q. バイヤーに追加で代金を請求したいのですが

A. 一度返金し、再度注文してもらいましょう

　Amazonでたくさんの取引を繰り返していると、バイヤーから「Standard（SAL）で注文をしたけど、やっぱりExpedited（EMS）で発送してほしい」と言われたりすることがあります。また、一度発送した商品が、現地郵便局の保管期限切れなど、バイヤー側の都合で返送されてきてしまった場合に、バイヤーから再度商品を送ってほしいと言われることも出てくるでしょう。

こうした時は、送料の差額分を追加でバイヤーに請求したいと考えるかと思います。しかし、残念ながらAmazonのシステム上では、代金の返金はできても追加請求はできない仕組みになっています。また、PayPalや銀行振込など、外部の決済を促すことは、Amazonの規約上は禁止されています。外部での決済を促す内容を含むメールをAmazonのシステムを介して送ってしまうと、アカウントの停止などにつながる可能性があるので、十分注意してください。

　それでは、上記のように追加で代金を請求したいという時は、どのような対処を行えばよいでしょうか？　基本的には、一度バイヤーに返金をして、再度注文をしてもらうことをおすすめします。Standard（SAL）からExpedited（EMS）への変更依頼であれば、一度注文をキャンセルして、再度Expeditedで注文をしてもらうよう依頼するとよいでしょう。バイヤー都合の保管期限切れで、返送されてきてしまった商品の再送依頼があった場合は、すでにかかっている送料分を差し引いて返金し、再度注文をしてもらいましょう。

　バイヤーが商品を再注文する時に、ほかのセラーの商品の価格の方が安くなっていたりすると、自分の商品を購入してくれない可能性もありますが、そこはAmazonのプラットフォームを使ってビジネスをしている以上、仕方のないことです。アカウント停止のリスクを避けるためにも、Amazonの規約に沿った形で取引を進めていくようにしましょう。

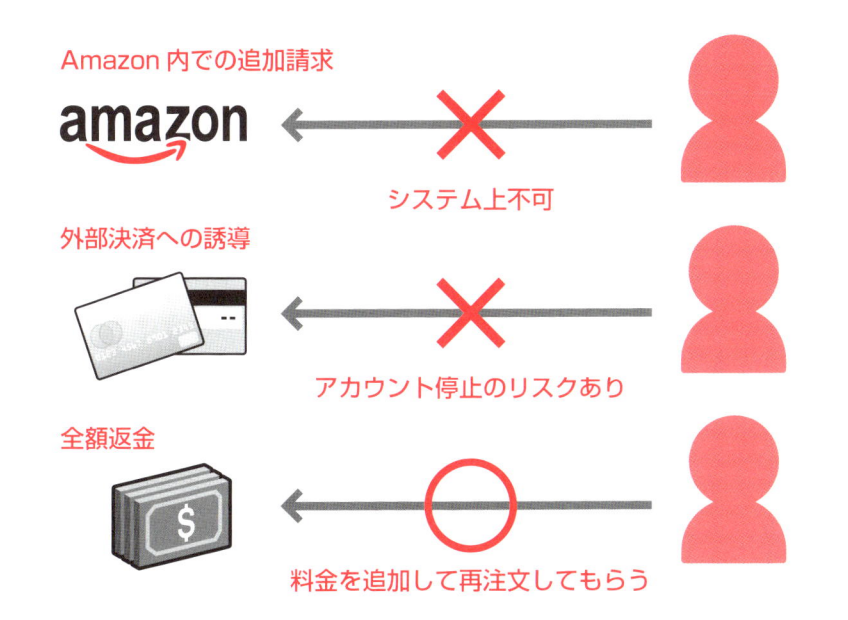

Amazon内での追加請求
システム上不可

外部決済への誘導
アカウント停止のリスクあり

全額返金
料金を追加して再注文してもらう

Q. アカウント審査が入った時はどのように対処すればよいのでしょうか?

A. ケースごとに適切な対処をしましょう

第3章で解説したアカウントヘルスが低下したり、Amazonの規約違反をしたりすると、アカウントの審査や停止などの措置が取られることがあります。アカウントの審査や停止には、大きく分けて4つのケースがあります。それぞれのケースについて見ていきながら、セラー側が起こすべきアクションについて解説していきます。

1. アカウント審査（売上の保留なし）

新規のアカウントで、いきなり大量の商品を出品したり、売上が急激に伸びたりした場合に発生する可能性があります。販売自体はそのまま継続でき、売上の保留もありません。審査はおおよそ数日で完了し、アカウントは正常な状態に戻るケースが多いです。セラー側からは、特に何もアクションをする必要はないでしょう。

2. アカウント審査（売上の保留あり）

アカウントヘルスの低下や購入者からのクレームが多い場合に、発生する可能性があります。売上の一部が保留されますが、販売自体は継続できます。アカウントヘルスの状態を正常に戻していくことで解除されます。高回転の商品をFBAで取り扱うなどして、正常な取引の数を増やしていくとよいでしょう。

3. アカウント停止

アカウント審査時になかなかアカウントヘルスが改善されなかったり、重大な規約違反やクレームを起こしたりしてしまった時に、発生する可能性があります。この場合は、売上の保留に加えて販売自体も制限されてしまいます。まずは、現状受注しているすべての注文を、速やかに出荷しましょう。その後Amazonのセラーサポートに、アカウント停止を解除してもらうための改善計画を提出してください。

改善計画を提出しても、アカウント停止が解除されない場合もありますが、諦めずに内容を変えながら何度かトライしてみましょう。改善計画には、以下の内容を盛り込むようにします。

1. アカウント停止になった原因
2. 上記の問題がなぜ起こってしまったのか
3. 問題の再発防止のための具体的な改善策と実施期日
4. 効果が見込まれる時期

4. アカウント取消

悪質な規約違反や偽物の販売、アカウント停止中に改善計画を提出しなかったりした場合に発生する可能性があります。アカウント取消になると、今後 Amazon での販売ができなくなってしまいます。売上も最大で 90 日間保留されたあとに振り込まれます。この状態からアカウントを復活させるには、アカウント停止の時と同様に改善計画を送り続けるしかありませんが、復活させるのはかなり困難です。

▲ アカウントが取消されると、復活は困難です。

Q. 価格差のある商品がなかなか見つからないのですが、どうしたらよいでしょうか？

A. 参入障壁の低い商品を避け、ひとひねり入れたリサーチをしてみましょう

既存カタログに対する無在庫販売は、Amazon 輸出の販売スタイルの中でも、もっとも参入障壁が低いので、激しい価格競争が起こっている分野です。そこを基準にリサーチを続けていくと、価格差のある商品を見つけることが難しい場合もあります。単純に「Japan Import」のキーワードで検索すると、上位に表示されている商品の多くは、100 人以上のセラーが出品をしています。

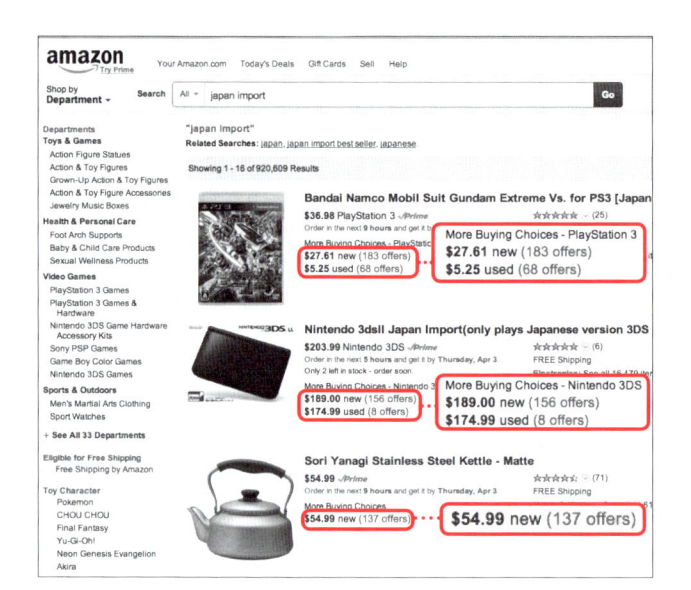

◀ キーワード候補上位の商品は、100以上のセラーが参戦しています。

　おそらくこれらの商品の関連商品リンクを順番にたどっていっても、すでにほかの人がチェックしている可能性が高いので、リサーチの効率は悪く、時間をかけてもなかなか価格差のある商品を探すことはできないかもしれません。

　「Japan Import」というキーワードの関連商品をたどっていく作業は、リサーチの基本中の基本です。基本はもちろん大切ですが、慣れてきたら単純にそれを繰り返すのではなく、少しだけ頭をひねって、リサーチをしていきましょう。例えば「Japan Import」に「White」というキーワードをプラスして検索してみると、出品セラーが少ない商品がたくさん表示されました。これらの商品を起点にリサーチをしていけば、価格差のある商品をより効率的に探すことができるでしょう。基本に少しだけアイデアをプラスしてみることが大切です。

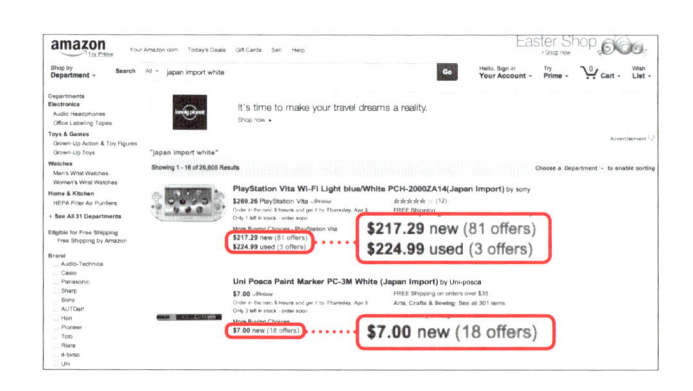

◀ 基本に＋αを加えて、リサーチを展開していきましょう。

Q. 基本＋αで商品が見つかってきましたが、もっと効率を上げる方法はないのでしょうか？

A. リサーチの順番を工夫してみましょう

　それでは、次はもう少し発想を展開させていきます。下記の画像のように4つ商品が並んでいる場合、多くの方は上から順番にリサーチをしていくでしょう。そこで、少し発想を変えて、下の2つから順にリサーチしてみましょう。なぜ、下の2つの商品を先にリサーチするかというと、競合セラー数が少なく、プライムの表示がないからです。

　プライム表示がある商品というのは、すでに誰かがFBA販売をしているということです。それらの商品はすでにほかのセラーがリサーチをして、利益が出ると思ったから取り扱っているので、商品が売れる可能性は高いでしょう。しかし、すでに参入者が多くいて、商品は売れても利益が出ない状態である可能性もあります。

　一方で、「競合セラーが少ない商品」「プライム表示がない商品」というのは、まったく的はずれな商品の可能性もありますが、価格差がある商品である可能性が高いです。また、競合のFBAセラーがいなければ、自分だけ少し高めの値段設定をしても、商品が売れる可能性があるというメリットもあります。

　反対にプライム表示のある商品で利益を上げていくためには、ほかのセラーよりも仕入れなどの面でアドバンテージを取っていく必要があります。ということは、プライム表示のある商品は、まとめ買いや価格交渉などをしながらのリサーチが有効になっていくでしょう。少しの発想にプラスして、小さな論理を積み重ねて仮説を立て、結果を検証することも意識をしながら、リサーチを実践してみてください。

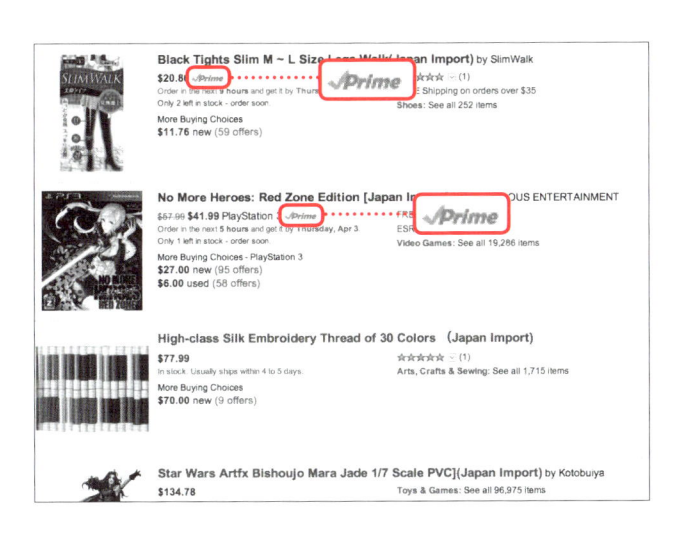

◀ プライムマークのない商品を中心にリサーチしましょう。

Q.ASINコードで商品がヒットしなかったのですが、どうすればよいでしょうか?

A.ここで諦めてはいけません。まずはJAN(EAN)コードで検索してみましょう

　アメリカのAmazonのASINコードを使って、日本のAmazonで商品を探した時に、商品がヒットしない場合があります。しかし、その商品が利益を取れる可能性があり、仕入れができそうな場合は、そこで諦めてしまうのはもったいないです。

　商品がASINコードでヒットしなかった場合は、まずJAN(EAN)コードで検索してみましょう。商品ページの右下にある< Sell on Amazon >をクリックします。「Health & Personal Care」など、カテゴリによっては、< Sell on Amazon >のボタンがない商品もあります。その時は「商品名+JAN」「ASIN+JAN」などで、インターネット検索してみてください。

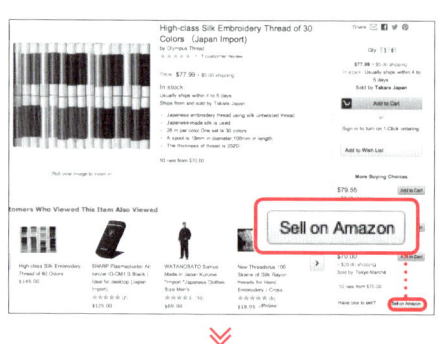

❶ 商品ページの< Sell on Amazon >をクリックします。

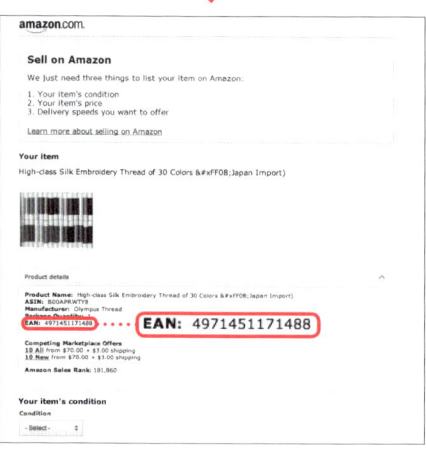

❷ すると、商品の出品画面に移動します。AmazonにJAN(EAN)コードの登録がある商品は、ここで確認することが可能です。

商品によっては、アメリカのAmazonと日本のAmazonが異なるJAN（EAN）コードで登録されてしまっていて、ヒットしない場合もあります。そのような時は、Googleの画像検索を使いましょう。

❶ 「https://www.google.co.jp/」にアクセスして、＜画像＞をクリックします。

❷ アメリカのAmazonの画像をいったんパソコンに保存して、Googleの画像検索にドラッグ&ドロップします。

❸ 検索をかけた画像と同じ、もしくは似ている画像のあるページが表示されます。この商品は日本のAmazonで出品されていることがわかりました。

このように、ASINコードでヒットしない商品を探していけるようになってくると、思わぬお宝商品にたどり着ける可能性が高くなります。というのも、ASINコードで検索ができない商品というのは、ツールなどを使って大量の商品データを管理しているセラーのリサーチ対象から外れることになるからです。

ほかにも、商品名などのキーワードで商品を地道に探していく方法もありますので、ぜひ実践してみてください。

Q. 新規登録した商品にアクセスが集まらないのですが、どうしたらよいでしょうか？

A.商品登録した際のキーワードを見直しましょう

　一番のポイントは、キーワードにあります。アクセスを集めるにはまず、「商品タイトル（Product Name）」と「キーワード（Search Terms）」の２つに適切なキーワードを盛り込んでいくことを考えましょう。ここでは、思いつく限りのキーワードを字数制限ギリギリまで入力するとよいでしょう。リサーチの時と同じように、キーワードを連想させていってください。

　関係のないキーワードを入力しても仕方がありません。「NINJA」というキーワードで集めたバイヤーに、忍者のコスプレグッズは売ることはできても、日本の文具を売ることはできません。

　また、「Product Name」と「Search Terms」に入力するキーワードは、どのように考えるのがよいでしょうか。基本的には、集客したいメインのキーワードは「Product Name」に入れてください。「Product Name」は商品タイトルとして、商品ページに大きく表示されます。それに加えて、Googleなどの外部検索にもヒットするからです。バイヤーが思わずクリックしたくなるようなキーワードも加えておくとよいでしょう。

　一方の「Search Terms」は、商品ページには表示されず、Amazonの内部検索にだけヒットします。「Product Name」に入力しきれなかったものや、集客に使えそうだけれど、隠しておきたいキーワードはこちらに付け加えておきましょう。

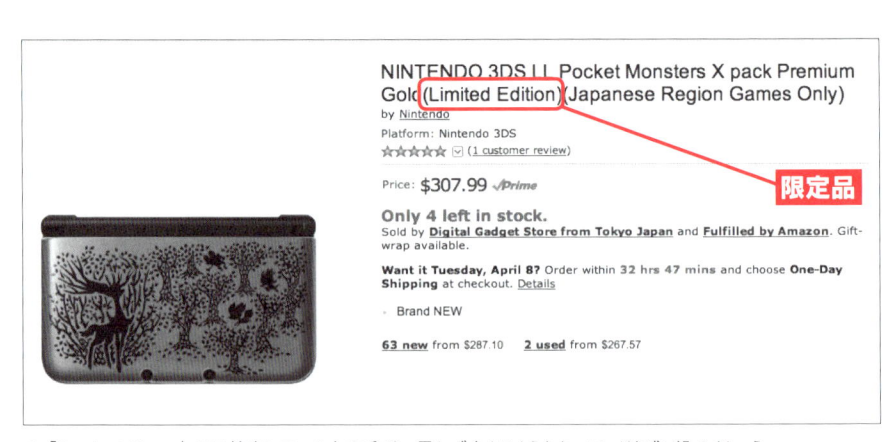

▲「Product Name」には検索している人の手が、思わず止まるようなキーワードを盛り込みましょう。

Q. 出品しようとすると、エラーが表示される商品があるのですが……

A. Amazonに出品許可を申請しましょう

　Amazonには商品を出品するにあたって、事前にAmazonからの出品許可が必要なカテゴリが存在します。この中には洋服や時計など海外で人気の高い日本製品が出品されているカテゴリも含まれており、これらの商品を出品しようとすると、エラーが発生します。

◀ Amazonの出品規約をチェックしておきましょう。

▲ 出品許可が必要な商品の< Sell on Amazon >をクリックすると、右のような画面が表示され、販売することができません。

　出品許可が必要なカテゴリに商品を出品したい場合は、Professionalプランで出店し、希望のカテゴリへの出品許可申請を行いましょう。「審査がある」→「参入障壁がある」ということですので、審査が通れば競合が少ない状態で販売をしていける可能性が高いです。積極的に申請するとよいでしょう。

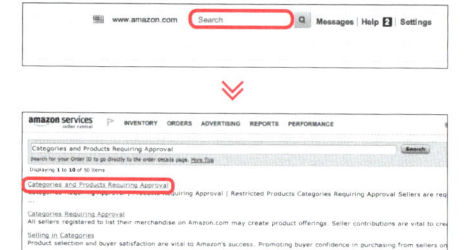

❶ セラーセントラル右上の検索窓に「Categories and Products Requiring Approval」と入力して検索します。

❷ 検索結果から＜Categories and Products Requiring Approval＞をクリックしてリンクを開きます。

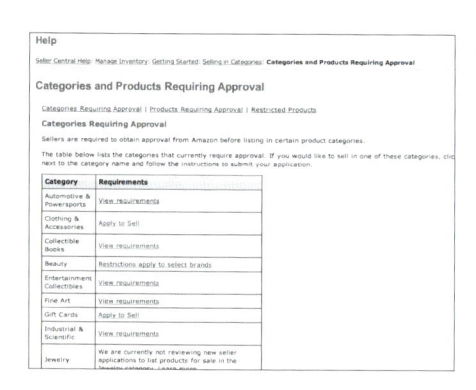

❸ ページの一番下に、カテゴリが表示されています。出品したいカテゴリの「Requirements」をクリックして、案内に従って必要事項を入力していきます。販売者情報や、写真のアップロード、販売サイトなどの情報を求められたりするので、あらかじめ準備しておくとよいでしょう。販売サイトはWeeblyやBASEなど無料のネットショップ作成サービスを利用して作りましょう。

● BASE
(参照URL) http://thebase.in/

Q. 中国から仕入れる商品が本物かどうか確認することはできますか？

A. 確認は難しいので、ノーブランド品に絞って仕入れを行いましょう

　中国仕入れでもっとも注意が必要なのは、知的財産侵害物品やコピー商品を誤って仕入れてしまう行為です。中国からのコピー商品の流通は世界中で高い割合を占めており、日本の税関での輸入差し止め件数でも、中国からの商品が9割以上となっています。

　タオバオなどのサイトを通じて、その商品が本物かどうかを見極めるのは困難です。基本的には、ブランドやメーカー名が記載されているような商品、商標のロゴが付いているような商品は危険なので、取り扱わない方がよいでしょう。

　また、本物と同じ工場で作っていても、正規の流通ルートを通していない、横流し品もあるので注意をしましょう。中国製品を取り扱う時は、基本的に「ノーブランド品」もしくは「自社で製造した商品」に限定するのが安全です。また、商品名に「正品」「AUTHENTIC」と本物をうたうキーワードがあっても、取り扱わない方がよいでしょう。

Q. 海外 PL 保険とは何でしょうか？

A. 賠償事故で発生した損害をカバーするものです

　販売した製品の欠陥などが原因で、バイヤーに何らかの損害を与えてしまった場合、製造業者や加工業者に加えて、輸入業者の責任が問われる可能性があります。大きな事故に発展してしまえば、数千万円以上の損害賠償を求められることもあるでしょう。しかし、私たちのように小さなビジネスを運営していると、いきなりそんな金額を支払えと言われたら、死活問題になってしまいます。

　そこで、こうした賠償事故で発生した損害をカバーするのがPL保険（生産物賠償責任保険）です。日本でもたまに、「輸入業者が事故に対して数億円の損害賠償をした」というニュースが入ってくることがあります。万が一のことがありますので、なるべく加入しておきたいところです。

　日本国内で販売した商品に対して適用される「PL保険」に加えて、海外へ向けて販売した商品に対して適用される「海外PL保険」というものがあります。海外PL保険には、日本国内の保険会社からも申し込みができます。「海外　PL保険」で検索し、数社から見積りをもらうとよいでしょう。商工会議所経由で加入できる海外PL保険もありますので、比較してみてください。

　しかし、売上の規模や、扱っている商材、補償内容などにもよりますが、海外PL保険料は高く、年間数十万円はかかってしまいます。利益とのバランスを考えて、保険への加入を検討してください。

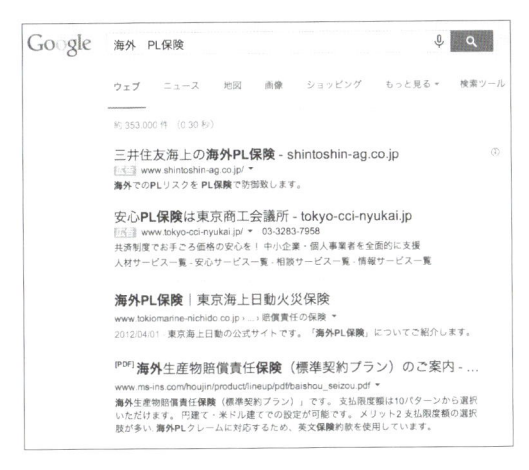

◀ 扱う商品の額が一定金額を超えてきたら、加入を検討してみましょう。

Column
「行動すれば必ず結果は付いてくる」

　私の個別コンサルティングを受講されている方が交流するチャットルームがあります。そのチャットルームで、私は定期的にコラムを書いているのですが、「行動すれば必ず結果は付いてくる」というテーマで書いたものを、ここに一部抜粋して掲載させていただきます。

● 決め手は行動力！

　先日、Ａさんから「今月は利益が１００万円に届きそうな感じです」と、メッセージをいただきました。メッセージを確認したのが深夜だったのですが、嬉しくて、しばらく眠りにつけませんでした＾＾。
　ご本人もおっしゃっていましたが、月末までまだ少し時間があるので、最後まで気を抜かずに頑張っていただきたいと思います。
　先日、30日の売上２万５千ドルの目標を達成されたＢさんと（ちなみに今日の面談では３万４千ドルに届いたとおっしゃっていました）今回のＡさんに共通していたのが「FBAの納品回数が圧倒的に多かったこと」です。私は「最低でも週に１回はFBA納品できるようになりましょう」と伝えていますね。でも、このお２人は桁違いの納品回数です。
　Ａさんは今月18箱（１日で送れるのが１〜２箱）
　Ｂさんは16日連続FBA納品
　行動すれば必ず結果は付いてくるということを、すばやい行動力＆強い決断力、そして継続する力で証明してくれました。

- すぐ行動する力
- 思い切って決める力
- 継続して続ける力

　この３つを常に意識して毎日動いているだけで、半年後、１年後に明らかに自分が変わっていることに気付けるはずです。言葉にしてしまうと簡単なことですが、潜在意識にすり込むことが大切です。私は５年前に、まったくの０から物販を始めました。

当時は、いろいろなことがうまくいかず、毎日、地べたを這いずりまわっているような気持ちで、いつまでたっても自分の未来が変わらない気がしていました。でも、毎日少しずつ意識を前向きに持って動いているうちに、少しずつ自分の思考や状況が変わっていったのです。

　すぐ行動に移せないなら「あと回しにしないクセ」をつけるようにしましょう。面談が終わったあとに、私と話したことをその日のうちにやっていますか？　今日発送しようとした商品を明日に回していませんか？　クレームのメールを読んで「あとでいいや」なんて思っていませんか？

　仕入れの判断が思い切ってできないなら、仕入れの精度を上げていきましょう。精度が上がれば、在庫リスクは下がります。仕入れのリスクを感情ではなく数字で考えるクセをつけましょう。すべての商品で利益を上げることは、私にもできません。在庫全体で利益を出せばよいのです。「まだ、精度が低い」「この商品大丈夫かな？」と感じたら、迷わず私に相談してください。

　なぜ、継続して続けられないのでしょうか？　目標達成の動画は見ましたか？　何のために利益を出す必要があるのでしょうか？　稼いだあとの自分の状態はどんな感じでしょうか？　一人でその状態に行くのが大変だと感じたからコンサルを受けられているわけですよね。だからこそ、目標に届くイメージがわかない気分の時こそ、私とどんどん面談をしてください。「●●日か〇〇日に面談お願いします！」って、これだけのメッセージを送ってくれればOKです。

　もちろん、このコンサルルームや個別のチャットを通じてコンサル生さんどうしで交流してもらうのも、大きな刺激になると思います。引き続き頑張っていきましょう！

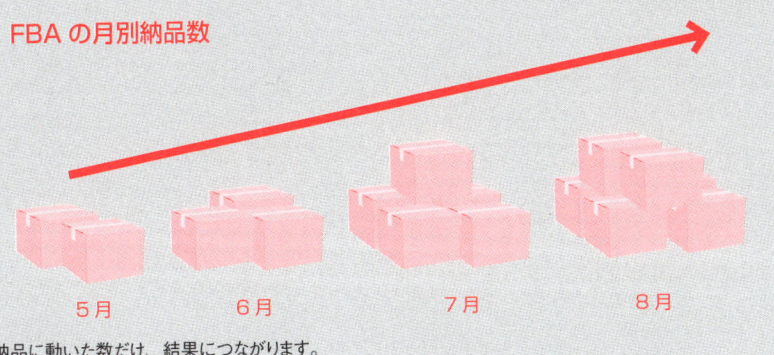

FBAの月別納品数

5月　　6月　　7月　　8月

▲ 納品に動いた数だけ、結果につながります。

おわりに

　最後までお読みいただき、ありがとうございました。

　私は少年時代から音楽が好きで、21歳の頃バンドのギタリストとして、大手のメジャーレーベルからCDデビューをしました。当時業界でも最上級と言われた契約内容で、若かりし私は「これでこの先10年位は安泰だ……」と甘い夢を描いていました。しかし、デビューから約1年半後に、バンドはボーカルの脱退で突如解散。もちろん、レーベルとの契約もそこで打ち切られてしまいます。真相のほどはわかりませんが、当時の関係者から聞いた話だと、レーベルからは2億円の投資をしてもらい、回収できたのはたったの3千万円ほどだったということです。

　そこから、インディーズ（アマチュア）の世界に戻りバンド活動を続けるのですが、なかなか再デビューのきっかけをつかめずに、30歳を過ぎました。その頃は、アルバイトをしながらバンド活動をしていたので、楽しくはありましたが収入は少なく厳しい生活を送っていました。

　そんな中、私はふとしたきっかけから物販ビジネスに出会います。最初は「アルバイトの代わりに」と思い始めた物販ビジネスでしたが、自分で稼げる面白さに少しずつのめり込んでいきました。たくさんの小さな失敗をしたり、悪い人間に騙されお金を持ち逃げされたりもしましたが、徐々に同年代のサラリーマンと同じくらいは稼げるようになってきました。「すべての失敗は成功の糧」と思い、少しずつでも前に進んでいたのがよかったのだろうと思います。

　当時は、今後もバンド活動を続けながら、このまま物販ビジネスで生活費を稼いで生きていこうと思っていました。

　しかし私の人生は、知人から言われた一言をきっかけに、大きく変化することになります。中古品の転売ビジネスを細々とやっていた私に、飲み会の席で酔っ払った知人が「かっきー（私のあだ名です）、最近ゴミ拾いして生活してるんでしょ？」と言ってきたのです。お酒も入り、半分ふざけて言っているのはわかってはいたのですが、物販ビジネスのおかげで、ようやく厳しい生活から抜けだせそうになっていた私には、かなりショッキングでした。それと同時に、「中途半端にやっているからバカにされるんだ、もっと本気でお金に向き合って稼いでやろう」と心に決めたのです。

その後は、これまでと比べ物にならないくらいガムシャラに働きました。輸入を中心にビジネスの規模を拡大していき、スタッフを雇用し、日本で1つ目の会社を設立します。そして、2011年には輸出ビジネスをスタートし、ハワイにも法人を設立。昨年は輸出ビジネスの専門家として、1冊目の本も出版させていただき、全国の日本郵便でのセミナー講演も行いました。

　5年前の僕は、未来なんて見えていませんでした。でも、最初の一歩を踏み出したことで、人生が大きく変わっていきました。

　もし、あなたが今、何かを始めることに不安を抱いていたとしても、勇気を持って最初の一歩を踏み出していただきたいと思います。

　今の自分の1つ1つの選択や行動は、未来の自分を作っています。

2014年　4月　バンコクにて
柿沼たかひろ

Index
索引

英字

Amazon	10
Amazon.com	11
Amazon プライム	34,47,48
Amazon マーケットプレイス出品規約	40
Amazon 輸出	16
Amazon 輸出ビジネス	10
Amazon ランキングの仕組み	134
ASIN コード	34,59,81,244
DHL	114,124
eBay	16,142,144,160
EMS	53,68,124,168,186
E コマース	12
e パケット	66,68,70
FBA 在庫販売	45
FBA シッピングプラン	116,126,138
FBA 商品の梱包	120
FBA 倉庫に商品を直送	114
FBA 手数料	108
FBA 納品後	126
FBA 納品送料＆関税	110
FBA 販売	104
FBA ラベルサービス	130
Google	162
Google Chrome を拡張	164
JAN（EAN）コード	100,170,210,244
SAL 小形包装物	68
Terapeak	16,94,160
Weebly	204

あ行

アカウント審査	240
アカウントヘルス	50,74,97,240
インディビジュアルプラン	30
英語力	22

か行

海外 PL 保険	249
海外 SOHO	86,90,112,198,217,218
海外現地パートナー	218
海外せどり	210
海外ネットショップ	204
海外の売れ筋商品	18
海外法人設立	28
外注化	21,84,86,214
価格交渉	172
価格高騰	72
関税	42,110,114
基本戦略	188
逆リサーチ	158,166,180,182
キャンセルオーダー	74
キャンセル・返品の対処	128
キャンセルリクエスト	74
銀行口座	25,26,222
クレジットカード	24,234
検索機能	154
現地荷受人	110,112
国際間転売	198
国内 SOHO	84,88,189,193,214
混合在庫設定	131
梱包	66,120,122

さ行

在庫切れ	49,72,163
在庫の構成比	190
在庫販売	45
在庫リスク	144
仕入れリスク	146
資金	20,44,188,222,234
資金の回転率	140
仕組化	84,86,216
実店舗仕入れ	176
周波数	38
出品許可申請	247
消費税	42,224
商品を出品	10,62,98,100
商品をリスト化	166
ショッピングカート	96,106,194
ショッピングカート獲得率	191,194
新規参入者	237
新規商品登録	92,94,100,196,246
税金の申告と支払い	236

セール商品を仕入れ	180
せどり	176
セラーアカウントを作成	24,30
セラーセントラル	32
送金（両替）のタイミング	222
送料	52,70,74,107,110,124

た行・な行

中国仕入れ	199,200,202,248
注文に対応	64
追加請求	239
電圧	38
トレンド	150,161,184
納品スピード	132

は行

パーソナルアカウント	26
派生リサーチ	60,156
発送伝票の作り方	66
パラレル販売	212
パワーセラー	11,20
ハンドリングタイム	46,48,106
ビジネスアカウント	26
ビジネスレポート	194,196
評価	41,76,78,97,188,191
船便	168
不良品・不良在庫を管理	142
プロフェッショナルプラン	30
並行輸入品	208
返品、返金	74
返品ポリシー	102,128
ポイント	24,35,178
ポジティブ・フィードバック	78

ま行

マイル	24,178
無在庫大量出品	82
無在庫販売	44,46,48
メイド・イン・ジャパン	14
目標設定	228

や行

輸出規制品	36
輸出禁制品	36

ら行

ランキング変動ツール	136
リサーチ	150,152,158,162
リターンリクエスト	75
リバース輸出	208,210
レンタルオフィス	25
ロングテール商品	190,234

■著者略歴
柿沼たかひろ（かきぬま・たかひろ）

1977年生まれ、横浜市出身。成蹊大学卒業。輸出入ビジネスの専門家。2008年に輸入ビジネスをスタート。取引の規模を年々拡大し、2011年には日本法人を設立。同年にAmazonを使った輸入販売を応用した独自の手法で、Amazon輸出ビジネスのノウハウを確立する（2012年にハワイ法人を設立）。現在は、自社の貿易事業の他に、コンサルティングやセミナー活動を通じて、個人の独立起業や企業の海外進出をサポート。「自分で稼げる力を身につけ、自由な人生を手に入れる」をコンセプトに、それぞれのライフワークに応じたコンサルティングを手がけ、多数のエキスパートを輩出してきた。全国各地で行っている輸入入セミナーの受講者は、2年半で延べ900名以上。日本郵便 海外通販セミナー Amazon輸出講師。著書「個人輸入＆輸出で儲ける超実践テク131」（技術評論社）。

公式サイト：http://takahirokakinuma.com/
メルマガ：http://takahirokakinuma.com/mail-magazine/
Facebook：http://www.facebook.com/takahiro.kakinuma

- 編集／DTP……………………………リンクアップ
- カバー／本文デザイン ………………リンクアップ
- 担当 ……………………………………大和田洋平（技術評論社）
- 技術評論社ホームページ ……………http://book.gihyo.jp

■問い合わせについて
本書の内容に関するご質問は、下記の宛先までFAXまたは書面にてお送りください。なお電話によるご質問、および本書に記載されている内容以外の事柄に関するご質問にはお答えできかねます。あらかじめご了承ください。

〒162-0846
東京都新宿区市谷左内町21-13
株式会社技術評論社　書籍編集部
「ネットでらくらく！Amazon個人輸出 はじめる＆儲ける 超実践テク103」質問係
FAX：03-3513-6167

※なお、ご質問の際に記載いただいた個人情報は、ご質問の返答以外の目的には使用いたしません。
　また、ご質問の返答後は速やかに破棄させていただきます。

ネットでらくらく！Amazon個人輸出 はじめる＆儲ける 超実践テク103

2014年7月25日　初版　第1刷発行

著者　　　柿沼たかひろ
発行者　　片岡　巌
発行所　　株式会社技術評論社
　　　　　東京都新宿区市谷左内町21-13
　　　　　電話：03-3513-6150　販売促進部
　　　　　　　　03-3513-6160　書籍編集部
印刷／製本　港北出版印刷株式会社

定価はカバーに表示してあります。

本書の一部または全部を著作権法の定める範囲を越え、
無断で複写、複製、転載、テープ化、ファイルに落とすことを禁じます。

©2014　株式会社ビレッジグリーン

造本には細心の注意を払っておりますが、万一、乱丁（ページの乱れ）や落丁（ページの抜け）がございましたら、小社販売促進部までお送りください。送料小社負担にてお取り替えいたします。

ISBN978-4-7741-6511-0　C3055

Printed in Japan